多媒体光盘使用说明

U0682316

多媒体光盘内容

本书配套的多媒体教学光盘内容包括视频教程和素材与源文件。

❖ 视频教程为书中实例操作步骤的视频演示，共**40**小节，播放时间长达**365**分钟，课程设置与书中的内容相对应。

❖ 素材与源文件为完成操作所需的素材，以及操作完成后生成的**PSD**源文件。

读者可以先阅读图书再浏览光盘，也可以直接使用光盘学习使用Photoshop CS5软件完成平面设计的方法与技巧。

光盘使用方法

1. 进入光盘主界面

将本书的配套光盘放入光驱后会自动运行多媒体程序，并进入光盘的主界面，如图1所示。

提示：如果光盘没有自动运行，只需在"我的电脑"中双击光驱盘符进入光盘根目录，然后双击start.exe文件即可。

2. 打开"多媒体视频教学"页面

单击光盘主界面上方导航条中的"多媒体视频教学"按钮或者"点击进入多媒体视频教学"提示按钮，即可进入"多媒体视频教学"页面，如图2所示。

图1　光盘主界面

"多媒体视频教学"页面主要包含以下2个组成部分。

❖ "目录浏览区"是光盘中所有视频教程的目录。

❖ "视频播放区"是播放视频文件的窗口。

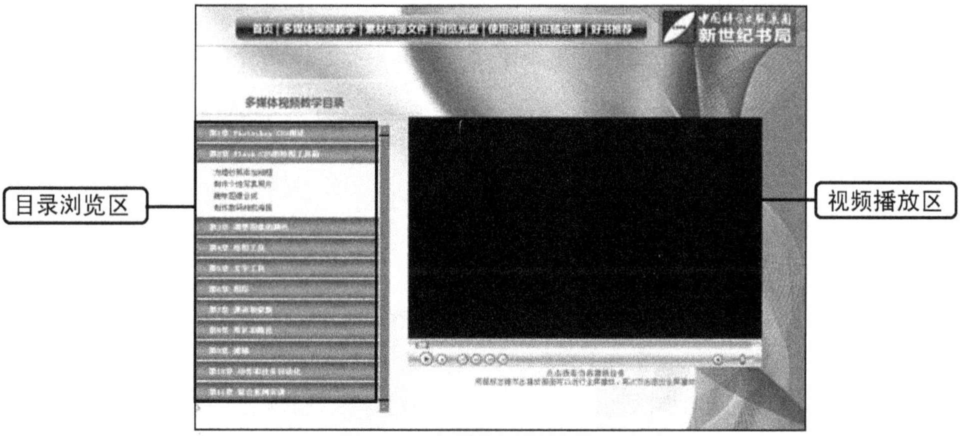

图2　"多媒体视频教学"页面

3．播放教学视频

在"目录浏览区"中有以章序号顺序排列的按钮，单击按钮，将在下方显示以节标题或实例名称命名的该章所有视频文件的链接。单击链接，将在"视频播放区"中播放对应的视频文件。

4．播放控制

单击"视频播放区"中控制条上的按钮可以控制视频的播放，如暂停、快进等。双击播放画面，可以全屏幕播放视频，如图3所示；再次双击全屏幕播放的视频，可以回到如图2所示的播放模式。

图 3　全屏播放模式

注意：在视频教程目录中，将鼠标指针停留在视频链接上时，部分视频链接会以红色文字显示，表示单击这些链接会通过新选项卡或窗口对视频进行播放；播放完毕后，关闭它们即可。

导航条中其他的功能按钮

通过单击导航条（见图4）中不同的功能按钮，可浏览光盘中的其他内容。

首页 | 多媒体视频教学 | 素材与源文件 | 浏览光盘 | 使用说明 | 征稿启事 | 好书推荐

图 4　导航条

❖　"素材与源文件"按钮，可以直接进入"素材与源文件"文件夹，其中包含各章所需的素材和操作完成后所生成的PSD源文件。

❖　"浏览光盘"按钮，进入光盘根目录，可以看到光盘内的全部文件夹及相关文件。

❖　"使用说明"按钮，可以查看使用光盘的设备要求及使用方法。

❖　"征稿启事"按钮，有合作意向的作者在此页面可查询我社的联系方式。

❖　"好书推荐"按钮，可以查看我社近期推荐的图书。

21世纪高职高专计算机操作技能实训规划教材

Photoshop CS5平面设计
案例实训教程

杨　聪　李园园　主　编

杨清虎　副主编

科学出版社

内 容 提 要

全书共 11 章，前 10 章包括 Photoshop CS5 概述、选择的艺术、调整图像的颜色、绘图工具、文字工具、图层、通道和蒙版、形状和路径、滤镜、动作和任务自动化等内容；最后一章为综合案例实训，包含平面设计领域中的 5 个设计项目（Logo 设计、包装制作、书籍装帧、海报设计和广告设计），帮助读者快速提高设计水平。

全书以"以例激趣、以例说理、以例导行"为宗旨，内容组织独具匠心，书中没有大套枯燥的理论，通过穿插 69 个精美案例来阐述 Photoshop 的实用知识和技术，激发读者的学习兴趣，帮助读者轻松掌握 Photoshop CS5。本书的配套光盘中不仅包括书中所有案例的多媒体教学视频（播放时间长达 365 分钟），还包括案例中用到的所有素材和源文件，以及课后练习的原始文件和最终效果文件，方便读者学习。

本书就是一本非常实用的 Photoshop CS5 入门教程，内容新颖，触及平面设计的多个方向，是学习平面设计课程的优秀教材。它既可作为各类职业院校、大中专院校、成人教育院校和培训学校相关课程的教材，也可供平面设计人员、图形图像制作爱好者参考，特别适合没有软件操作基础的读者使用。

图书在版编目（CIP）数据

Photoshop CS5 平面设计案例实训教程/杨聪，李园园主编.
—北京：科学出版社，2010
21 世纪高职高专计算机操作技能实训规划教材
ISBN 978-7-03-029286-5

Ⅰ. ①P… Ⅱ. ①杨…②李… Ⅲ. ①平面设计—图形软件，Photoshop CS5—高等学校—教材 Ⅳ. ①TP391.41

中国版本图书馆 CIP 数据核字（2010）第 203999 号

责任编辑：桂君莉 刘志燕 / 责任校对：刘雪连
责任印制：新世纪书局 / 封面设计：林 陶

科 学 出 版 社 出版

北京东黄城根北街 16 号
邮政编码：100717
http://www.sciencep.com

中国科学出版集团新世纪书局策划
北京东华虎彩印刷有限公司印刷
中国科学出版集团新世纪书局发行 各地新华书店经销

*

2010 年 12 月 第 一 版 开本：16 开
2010 年 12 月 第一次印刷 印张：18.75
字数：456 000

定价：42.00 元（含 1DVD 价格）
（如有印装质量问题，我社负责调换）

丛 书 序

本系列教材的宗旨是以就业为导向，满足现代职业教育快速发展的需要，介绍最新的教育改革成果，培养具有较高专业技能的应用型人才。

丛书特色

介绍职业教育改革成果，适应新的教学要求

本丛书是在教育部的指导下，针对当前的教学特点，以高等职业教育院校为对象，以"实用、够用"为度，淡化理论，注重实践，消减过时、用不上的知识，内容体系更趋合理。

内容实用，教学手法新颖，适当介绍最新技术

本丛书中，我们尽量采用图示方式讲解每一个知识点，降低学习难度；重点介绍计算机应用中最常用、最实用的知识，尽量避免深奥难懂的不常用知识。即便是必要的理论基础，也从实用的角度结合具体实例加以讲述，包括具体操作步骤、实践应用技巧、接近实际的素材，保证了本丛书的实用性。且在编写过程中，注重吸收新知识、新技术，体现新版本。

基础知识与随堂实训的有机结合

本丛书将必须掌握的基础知识与随堂实训进行结合，讲解基础知识时，以"实践实训"为原则，先对知识点做简要介绍，然后通过精心挑选的随堂实训来演示知识点，专注于解决问题的方法和流程，目的就是培养初学者解决实际工作问题的能力。

培养动手能力的进阶型实训环节

本丛书的目标是"操作占篇幅的大部分，老师好教、学生易学，更容易提高学生的兴趣和动手能力"。所以，本丛书除了根据课堂讲解内容，提供精选的大量实际应用实例外，还以"贴近实际工作需要"为原则，在每章最后提供进阶型实训案例，培养读者综合应用知识、解决实际问题的能力，以适应岗位对工作技能的要求，让学生了解社会对从业人员的真正需求，为就业铺平道路。

难度适中的课后练习

本丛书除配有大量的例题、实训案例外，还提供有课后练习，包括知识巩固和动手操作两部分，前一部分以填空题、判断题、选择题、问答题的形式出现，后一部分则根据所学内容设计若干个操作题，真正体现学以致用。

丛书组成

目前已推出以下图书。

- Photoshop CS5 平面设计案例实训教程
- Flash CS5 动画设计案例实训教程
- Dreamweaver CS5 网页设计案例实训教程
- 网页设计三合一案例实训教程（CS5 版）
- Photoshop CS3 平面设计案例实训教程
- Flash CS3 动画设计案例实训教程
- Dreamweaver 8 网页设计案例实训教程
- 网页设计三合一案例实训教程（CS5 版）
- 网页设计三合一案例实训教程（CS3 版）
- AutoCAD 2008 辅助设计案例实训教程
- AutoCAD 2008 机械制图案例实训教程
- AutoCAD 2008 建筑制图案例实训教程
- Visual Basic 6.0 程序设计案例实训教程
- Visual FoxPro 6.0 数据库应用案例实训教程
- Access 2003 数据库应用案例实训教程
- Visual C++ 6.0 案例实训教程
- 计算机应用基础案例实训教程
- 计算机组装与维护案例实训教程
- 网页设计三合一案例实训教程（Dreamweaver CS3/Flash CS3/Photoshop CS3）
- Photoshop CS3 平面设计案例实训教程（修订版）
- Flash CS3 动画设计案例实训教程（修订版）
- AutoCAD 2008 建筑制图案例实训教程（修订版）
      ……

丛书作者

本丛书由具有丰富行业背景的企业技术人员和具有丰富教学经验的一线骨干教师执笔，是作者在总结了多年教学与实践经验的基础上编写而成。在编写过程中，充分考虑了大多数学生的认知过程，重点讲述目前在信息技术行业实践中不可缺少的、广泛使用的、从业人员必须掌握的实用技术。

在本丛书完稿后，我们聘请企业技术人员和教学一线的双师技能型教师审读，确保出版的教材符合企业的需求。

光盘特色

作为"十一五"期间重点计算机多媒体教学出版物规划项目，我们按照"一学即会"的互动教学新观念开发了互动式多媒体教学光盘，光盘具有如下特色。

※ 活泼生动的多媒体教学环境，全程语音讲解的多媒体教学演示。

※ 提供所有实例的素材文件、效果文件。

※ 超大容量，播放时间长达数小时。

※ 对于一些日常工作中可能用到，但图书限于篇幅没能讲到的内容，我们在光盘中进行讲解，以扩展图书信息容量和拓宽学生的知识面。

读者对象

"21 世纪高职高专计算机操作技能实训规划教材"及其配套多媒体学习光盘面向初、中级用户，尤其适合职业教育院校、大中专院校、成人教育院校、计算机培训学校的学生，以及需要强化工作岗位技能的在职人员。

增值服务

本套丛书还免费为用书教师提供 PowerPoint 演示文档，该文档可将书中的内容及图片以幻灯片的形式呈现在学生面前，在很大程度上减轻了教师的备课负担，深受广大教师的欢迎。用书教师请致电（010）64865699 转 8033 或发送 E-mail 至 bookservice@126.com 索取电子教案。

此外，我们还将在网站（http://www.ncpress.com.cn）上提供更多的服务，希望我们能成为学校倚重的教学伙伴、教师学习工作的亲密朋友、学习人群的教育资源绿洲。

编者寄语

希望本丛书设计的人性化多媒体教学环境，配合一看就懂、一学就会的图书，能够成为计算机职业教育院校、成人教育院校、计算机培训学校，以及初、中级自学用户的理想教程。

在教材使用中，如有任何意见或建议，请直接与我们联系，电子邮件地址：l-v2008@163.com。

丛书编委会
2010 年 4 月

前　言

　　Photoshop CS5 是 Adobe 公司最新推出的图形图像处理软件,其精美的操作界面和革命性的新增功能将带给用户全新的创作体验。本书以丰富、精美的商业案例,介绍 Photoshop CS5 的使用方法和操作技巧,使读者快速进阶为平面设计"高手"。

　　总体来说,本书具有以下四大特点。

1. 案例经典,实用至上

　　本书讲解了 69 个平面设计案例,全部来自实际商业项目,皆为资深设计师的优秀作品,饱含一流的创意和实用设计技巧。这些精美案例全面展示了如何在平面设计中灵活使用 Photoshop CS5 的各种功能。每个案例都渗透了平面创意与设计的理念,为读者了解一个主题或产品应如何展示提供了较好的"临摹"蓝本。

2. 坚持"以例激趣、以例说理、以例导行"的教学宗旨

　　本书内容组织独具匠心,书中没有大套枯燥的理论。全书由基础案例、基础知识+随堂实训、进阶型实训、综合案例实训四大模块构成。

　　通过"基础案例"实训,激发读者的学习兴趣,鼓励读者积极参与讨论和学习活动;"基础知识+随堂实训"将理论讲解和实际应用完美结合,让读者可以在实际操作中快速掌握 Photoshop 的操作方法,提高实际动手能力;多个"进阶型实训"案例既综合了本章知识,又能帮助读者强化与拓展技能。另外,通过最后一章的 5 个综合案例实训,分方向强化 Photoshop CS5 的综合应用技能。

3. 视频演示,易学易用

　　本书的配套光盘中不仅包括书中所有案例的多媒体教学视频(播放时间长达 365 分钟),还包括案例中用到的所有素材文件和课后练习文件,方便读者学习。

4. 为用书教师提供教学资源

　　本书除了配套的光盘之外,还为用书教师准备了教学资源包,包括:本书电子课件、电子教案,另外,附赠 3 个综合教学案例,供教学使用。用书教师请致电(010)64865699 转 8033 或发送 E-mail 至 bookservice@126.com 免费索取。

　　由于编者水平有限,书中疏漏之处在所难免。在选择本书的同时,也希望您能够把对本书的意见和建议告诉我们。联系邮箱:l-v2008@163.com。

编　者

2010 年 11 月

版权声明

目 录

第 1 章　Photoshop CS5 概述 ·· 1

1.1　图形图像的基础知识 ··· 2
1.1.1　位图图像与矢量图形 ·· 2
1.1.2　像素和分辨率 ·· 3
1.1.3　常用的文件格式 ··· 4
1.2　Photoshop CS5 的工作界面 ·· 6
1.3　Photoshop CS5 的新增功能 ·· 8
1.4　Photoshop CS5 的基本操作 ·· 9
1.4.1　随堂实训 1——打开图像文件 ··· 9
1.4.2　随堂实训 2——使用辅助工具 ··· 10
1.4.3　随堂实训 3——调整图像文件大小 ··· 13
1.4.4　随堂实训 4——调整图像显示 ··· 15
1.5　进阶型实训——制作校园网站首页 ·· 16
1.6　练习题 ·· 19

第 2 章　选择的艺术 ·· 21

2.1　基础案例——为婚纱照添加相框 ·· 22
2.1.1　基础知识要点与制作思路 ·· 22
2.1.2　制作步骤 ··· 22
2.2　选区的基础知识 ·· 23
2.2.1　随堂实训 1——创建选区 ·· 23
2.2.2　随堂实训 2——编辑选区 ·· 27
2.3　进阶型实训 ·· 28
2.3.1　实训 1——制作个性写真照片 ·· 28
2.3.2　实训 2——趣味图像合成 ·· 30
2.3.3　实训 3——制作数码相机海报 ·· 32
2.4　练习题 ·· 38

第 3 章　调整图像的颜色 ·· 39

3.1　基础案例——改变人物衣服的颜色 ··· 40
3.1.1　基础知识要点与制作思路 ·· 40
3.1.2　制作步骤 ··· 40
3.2　颜色的基本概念 ·· 41
3.2.1　颜色的基本属性 ··· 41
3.2.2　颜色模式及转换 ··· 42
3.2.3　随堂实训——常用的颜色调整命令 ··· 44
3.3　进阶型实训 ·· 52
3.3.1　实训 1——制作怀旧照片 ·· 52
3.3.2　实训 2——制作儿童照片 ·· 57
3.3.3　实训 3——制作素描效果 ·· 61

3.4 练习题 ·· 65

第4章 绘图工具 ··· 67

4.1 基础案例——去除照片上的日期 ·· 68
 4.1.1 基础知识要点与制作思路 ··· 68
 4.1.2 制作步骤 ··· 68
4.2 绘图工具介绍 ··· 70
 4.2.1 画笔工具和铅笔工具 ·· 70
 4.2.2 随堂实训1——橡皮擦工具 ·· 71
 4.2.3 随堂实训2——渐变工具和油漆桶工具 ·· 74
 4.2.4 随堂实训3——图章工具 ·· 79
 4.2.5 随堂实训4——修复和修补工具 ··· 85
 4.2.6 随堂实训5——图像修饰工具 ·· 91
 4.2.7 随堂实训6——色调调整工具 ·· 94
4.3 进阶型实训 ··· 95
 4.3.1 实训1——皮肤美白去斑 ·· 95
 4.3.2 实训2——制作艺术照片 ·· 98
4.4 练习题 ·· 103

第5章 文字工具 ··· 105

5.1 基础案例——制作POP广告 ··· 106
 5.1.1 基础知识要点与制作思路 ··· 106
 5.1.2 制作步骤 ··· 106
5.2 文字工具概述 ··· 110
 5.2.1 随堂实训1——输入文字 ·· 110
 5.2.2 随堂实训2——编辑文字 ·· 119
5.3 进阶型实训 ··· 121
 5.3.1 实训1——制作显示器广告 ·· 121
 5.3.2 实训2——制作旅行社广告 ·· 124
5.4 练习题 ·· 130

第6章 图层 ·· 131

6.1 基础案例——给卡通画上色 ·· 132
 6.1.1 基本知识要点与制作思路 ··· 132
 6.1.2 制作步骤 ··· 132
6.2 图层的基础知识 ·· 135
 6.2.1 显示、选择、链接和排列图层 ·· 135
 6.2.2 新建、复制、合并和删除图层 ·· 137
 6.2.3 图层的锁定和不透明度 ·· 139
6.3 使用填充图层功能 ·· 140
 6.3.1 随堂实训1——创建渐变填充图层 ··· 140
 6.3.2 随堂实训2——创建图案填充图层 ··· 141
 6.3.3 随堂实训3——创建颜色填充图层 ··· 142
6.4 进阶型实训 ··· 144
 6.4.1 实训1——绘制祝福卡片 ·· 144
 6.4.2 实训2——制作闪电特效文字 ··· 149
 6.4.3 实训3——制作黄昏效果 ·· 152

6.5　练习题 ···155

第7章　通道和蒙版 ···157

7.1　基础案例——制作明媚少女效果 ······························158
　　7.1.1　基础知识要点与制作思路 ·······························158
　　7.1.2　制作步骤 ··158
7.2　通道的基础知识 ··160
　　7.2.1　通道的作用 ··160
　　7.2.2　"通道"调板 ···160
　　7.2.3　通道的类型 ··160
　　7.2.4　新建 Alpha 通道 ··161
　　7.2.5　保存选区至通道 ··162
　　7.2.6　复制和删除通道 ··162
　　7.2.7　分离通道 ··162
　　7.2.8　以原色显示通道 ··162
7.3　蒙版的基础知识 ··162
　　7.3.1　随堂实训 1——添加并编辑图层蒙版 ···············162
　　7.3.2　停用和启用图层蒙版 ···164
　　7.3.3　删除和应用图层蒙版 ···165
　　7.3.4　链接图层与图层蒙版 ···165
　　7.3.5　随堂实训 2——编辑剪贴蒙版 ··························165
7.4　进阶型实训 ···166
　　7.4.1　实训 1——通道抠图 ···166
　　7.4.2　实训 2——制作浪漫边框 ··································170
　　7.4.3　实训 3——制作鸡蛋创意 ··································173
7.5　练习题 ···175

第8章　形状和路径 ···177

8.1　基础案例——绘制卡通风景插画 ······························178
　　8.1.1　基础知识要点与制作思路 ·······························178
　　8.1.2　制作步骤 ··178
8.2　路径的基础知识 ··182
　　8.2.1　随堂实训 1——创建路径 ··································182
　　8.2.2　随堂实训 2——绘制图形 ··································194
8.3　进阶型实训 ···197
　　8.3.1　实训 1——制作虫虫特工队标志 ······················197
　　8.3.2　实训 2——制作商场周年庆招贴 ······················200
　　8.3.3　实训 3——绘制卡通图案 ··································204
8.4　练习题 ···209

第9章　滤镜 ···211

9.1　基础案例——制作油画 ···212
　　9.2.1　基础知识要点与制作思路 ·······························212
　　9.2.2　制作步骤 ··212
9.2　滤镜的基础知识 ··214
　　9.2.1　随堂实训 1——滤镜的使用方法 ······················214
　　9.2.2　随堂实训 2——使用滤镜库 ······························214

9.2.3 滤镜的使用原则 ················215
9.2.4 滤镜的使用技巧 ················216
9.2.5 预览滤镜效果 ················216
9.2.6 混合滤镜效果 ················217
9.3 进阶型实训 ················217
9.3.1 实训 1——制作水彩插画 ················217
9.3.2 实训 2——修整变形的照片 ················221
9.3.3 实训 3——绘制电脑壁纸 ················224
9.4 练习题 ················229

第 10 章 动作和任务自动化 ················231
10.1 基础案例——使用动作统一调整多幅图像的大小 ················232
10.1.1 基础知识要点与制作思路 ················232
10.1.2 制作步骤 ················232
10.2 使用动作 ················235
10.2.1 "动作"调板 ················235
10.2.2 随堂实训 1——载入动作 ················236
10.2.3 随堂实训 2——播放动作 ················236
10.2.4 随堂实训 3——录制动作 ················237
10.2.5 随堂实训 4——管理动作 ················239
10.2.6 随堂实训 5——编辑动作 ················239
10.3 任务自动化 ················240
10.3.1 随堂实训 6——批处理 ················241
10.3.2 创建快捷批处理 ················242
10.3.3 裁剪并修齐照片 ················242
10.3.4 随堂实训 7——使用 Photomerge 功能自动拼合全景照片 ················242
10.4 进阶型实训——制作扇子 ················245
10.5 练习题 ················249

第 11 章 综合案例实训 ················251
11.1 综合案例 1——橘子汽水的 Logo 设计 ················252
11.1.1 基础知识要点与制作思路 ················252
11.1.2 制作步骤 ················252
11.2 综合案例 2——橡皮糖的包装制作 ················254
11.2.1 基础知识要点与制作思路 ················254
11.2.2 制作步骤 ················255
11.3 综合案例 3——流行小说的书籍装帧 ················263
11.3.1 基础知识要点与制作思路 ················263
11.3.2 制作步骤 ················263
11.4 综合案例 4——精美房产的海报设计 ················270
11.4.1 基础知识要点与制作思路 ················270
11.4.2 制作步骤 ················271
11.5 综合案例 5——POP 广告设计 ················276
11.5.1 基础知识要点与制作思路 ················276
11.5.2 制作步骤 ················276

第 1 章

Photoshop CS5 概述

　　读者在学习本章后，可以对 Photoshop CS5 这一 Photoshop 家族中最新的版本有一个理论上的基本了解。这是学习全书的基础，希望读者通过本章的学习，可以达到这一学习目标。

基础知识
- ◈ 位图图像与矢量图形
- ◈ 像素和分辨率
- ◈ 常用的文件格式

重点知识
- ◈ Photoshop 工作界面
- ◈ 了解 Photoshop CS5 的新增功能

提高知识
- ◈ 打开图像文件
- ◈ 使用辅助工具
- ◈ 调整图像文件大小
- ◈ 调整图像显示

1.1 图形图像的基础知识

Photoshop 不仅是专业图像工作人员的"利器",也是业余爱好者手中锦上添花的工具。为了便于读者全面了解和认识 Photoshop,首先向大家介绍关于图形图像的基础知识。

1.1.1 位图图像与矢量图形

计算机图形可以分为位图图像和矢量图形两大类,Photoshop 是一个位图图像处理软件,因此具有位图图像处理软件的一些共同特点。例如,它也是以"像素"为最基本的单位对图像进行编辑和处理的。

1. 位图图像

位图图像又称为点阵图像或栅格图像,是由许许多多的点组成的,这些点被称为像素(pixel)。不同颜色的像素点按照一定次序进行排列就组成了色彩斑斓的图像。

当把位图图像放大到一定程度显示时,在计算机屏幕上就可以看到一个个方形小色块,如图 1.1 所示,这些小色块就是组成图像的像素。位图图像通过记录每个像素的位置和颜色信息来保存图像,因此图像的像素越多,每个像素的颜色信息越多,该图像文件所占的磁盘空间就越大。

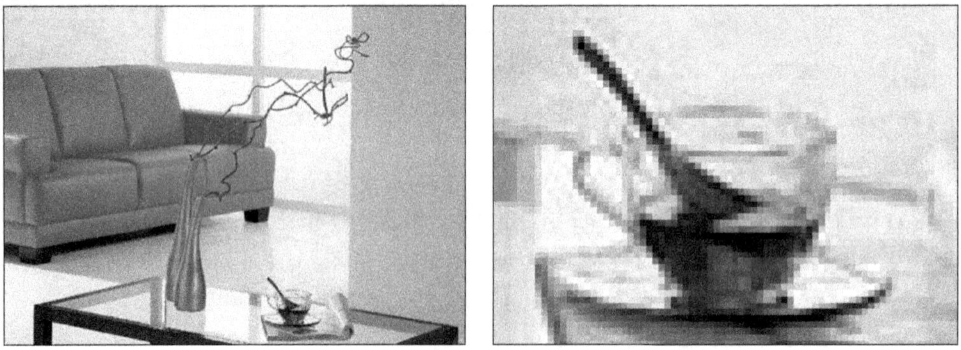

图 1.1　位图图像放大

2. 矢量图形

矢量图形是由一些用数学方式描述的曲线组成的,其基本组成单元是锚点和路径。无论缩放多少,矢量图的边缘都是平滑的,而且矢量图形文件所占的磁盘空间也很少,非常适合网络传输。目前网络上流行的 Flash 动画就是矢量图形格式。

矢量图形与分辨率无关,可以将其缩放到任意尺寸,按任意分辨率打印都不会丢失细节或降低清晰度。图 1.2 所示的图形放大很多倍后,构成图形的线条和色块仍然非常光滑,没有失真的现象。

图 1.2　矢量图形放大

矢量图形特别适合表现大面积色块的卡通、标志、插画、文字或公司 Logo。制作和处理矢量图形的软件有 CorelDRAW、FreeHand、Illustrator、AutoCAD 等。

1.1.2　像素和分辨率

像素和分辨率在实际工作中具有很重要的作用。

1．像素

像素是组成位图图像的最小单位。一个图像文件的像素越多，包含的图像信息就越多，自然就可以表现更多的细节，图像质量也就跟随提升。但同时保存文件所需的磁盘空间会越多，编辑和处理的速度也会减慢。

2．分辨率

"分辨率"是数字图像中一个非常重要的属性，是指单位长度中像素的数目，通常用像素/英寸（dpi）来表示。根据用途不同，常见的分辨率有图像分辨率、显示器分辨率、打印分辨率和印刷分辨率。

（1）图像分辨率

图像中每单位长度含有的像素数目就是图像分辨率。图像分辨率不会影响图像在屏幕上的显示质量，只会影响图像输出的品质。例如，一幅分辨率为 72dpi 的 1×1 in 大小的图像总共包含 5184 个像素（72×72=5184）。同样是 1×1 in 大小，但分辨率为 300dpi 的图像总共包含了 90 000 个像素。由此可见，分辨率高的图像比相同打印尺寸的低分辨率图像包含更多的像素。

（2）显示器分辨率

显示器分辨率指的是显示器上每单位长度显示的像素的数量。大多数新型显示器的分辨率约为 72dpi，而较早的 Mac OS 显示器的分辨率则为 96dpi。

了解显示器分辨率有助于解释图像在屏幕上的显示尺寸不同于打印尺寸的原因。显示器在显示时，图像像素直接转换为显示器像素，这样当图像分辨率比显示器分辨率高时，在屏幕上显示的图像比指定的打印尺寸大。

（3）打印机分辨率

打印机分辨率指的是激光打印机（包括照排机）等输出设备产生的每英寸的油墨点数。大多数桌面激光打印机的分辨率为 300～600dpi，而高档照排机能够以 1200dpi 或更高的分辨率进行打印。

（4）印刷分辨率

在印刷时往往使用线屏（lpi）而不是分辨率来定义印刷的精度，在数量上线屏是分辨率的 2 倍。例如，如果一个出版物以线屏 175 印刷，在为该出版物制作图像时，图像的分辨率就应该设置为 350dpi 或更高。

3．如何决定图像的分辨率

图像分辨率的大小设置应根据图像的输出方式和用途来决定。如果制作的图像用于网页，分辨率只需满足典型的显示器分辨率（72dpi 或 96dpi）即可；如果图像用于打印输出，则需要满足打印机或其他打印设备的要求；如果图像用于印刷，图像分辨率应不低于 300dpi。

常用图像输出方式及分辨率介绍如下：喷绘为 20～45dpi，报纸、打印为 150～250dpi，写真为 60～150dpi，商业印刷为 250～300dpi，屏幕、网络为 72/96dpi，高档彩色印刷为 350～400dpi。不同的分辨率产生的输出效果不同，只要使用得当，就可以达到满意效果。

1.1.3 常用的文件格式

在 Photoshop 中进行图像合成时，也需要导入各种文件格式的图片素材。因此，熟悉常用图像格式的特点及其适用范围，就显得尤为必要。下面向读者介绍这方面的相关知识。

1．PSD 格式

PSD 格式是 Adobe Photoshop 软件专用的格式，也是保存图像文件默认的格式。PSD 格式是唯一可支持所有图像模式的格式，并且可以存储在 Photoshop 中建立的所有的图层、通道、参考线、注释（历史记录除外）等信息。因此，对于没有编辑完成，下次需要继续编辑的文件最好保存为 PSD 格式。

当然，PSD 格式也有其自身的缺点，由于保存的信息较多，与其他格式的图像文件相比，使用 PSD 格式保存时所占用的磁盘空间要大得多。另外，由于 PSD 是 Photoshop 的专用格式，许多软件（特别是排版软件）都不提供直接支持，因此，在图像编辑完成之后，应将图像转换为兼容性好并且占用磁盘空间小的图像格式，如 JPG、TIFF 格式。

2．BMP 格式

BMP 格式是 Windows 平台标准的位图格式，使用非常广泛，一般的软件都提供了非常好的支持。BMP 格式支持 RGB、索引颜色、灰度和位图颜色模式，但不支持 Alpha 通道。

3. GIF 格式

GIF 格式也是一种非常通用的图像格式。它最多只能保存 256 种颜色，并且使用 LZW 压缩方式压缩文件，因此 GIF 格式保存的文件非常轻便，不会占用太多的磁盘空间，非常适合 Internet 上的图片传输。GIF 格式还可以保存动画。

4. JPEG 格式

JPEG 格式是一种高压缩比的、有损压缩真彩色图像的文件格式。其最大特点是文件比较小，可以进行高倍率的压缩，因而在注重文件大小的领域中应用广泛，比如网络上绝大部分要求高颜色深度的图像都使用 JPEG 格式。JPEG 格式是压缩率最高的图像格式之一，这是由于 JPEG 格式在压缩保存的过程中会以失真最小的方式丢掉一些肉眼不易察觉的数据，因此保存后的图像与原图会有所差别，没有原图像的质量好，不宜在印刷、出版等高要求的场合下使用。

5. PDF 格式

Adobe PDF 是 Adobe 公司开发的一种跨平台的通用文件格式，能够保存任何源文档的字体、格式、颜色和图形，并且不管创建该文档所使用的应用程序和平台是什么，Adobe Illustrator、Adobe PageMaker 和 Adobe Photoshop 程序都可以直接将文件存储为 PDF 格式。Adobe PDF 文件为压缩文件，任何人都可以通过免费的 Acrobat Reader 程序进行共享、查看、导航和打印。

PDF 格式除了支持 RGB、Lab、CMYK、索引颜色、灰度和位图颜色模式外，还支持通道、图层等数据信息。

Photoshop 可以直接打开 PDF 格式的文件，并且可以对其进行光栅处理，变成像素信息。对于多页 PDF 文件，可以在打开 PDF 文件对话框中设定打开的是第几页文件。PDF 文件被 Photoshop 打开后便成为一个图像文件，可以将其存储为 PSD 格式。

6. PNG 格式

PNG 是 Portable Network Graphics(轻便网络图像)的缩写，是 Netscape 公司专为 Internet 开发的网络图像格式。不同于 GIF 格式图像的是，PNG 格式可以保存 24 位的真彩色图像，并且具有支持透明背景和消除锯齿边缘的功能，可以在不失真的情况下压缩保存图像。但由于并不是所有的浏览器都支持 PNG 格式，所以该格式的使用范围没有 GIF 和 JPEG 广泛。

7. Photoshop EPS

EPS 是 Encapsulated PostScript 的缩写。EPS 是一种通用的行业标准格式，可以同时包含像素信息和矢量信息。除了多通道模式的图像之外，其他模式都可以存储为 EPS 格式，但是不支持 Alpha 通道。EPS 格式支持剪贴路径，在排版软件中可以产生镂空或蒙版效果。

8. TGA 格式

TGA 格式是一种通用性很强的真彩色图像文件格式，有 16 位、24 位、32 位等多种颜色深度可供选择，可以带有 8 位的 Alpha 通道，并且可以进行无损压缩处理。

9. TIFF 图像格式

TIFF 格式是印刷行业标准的图像格式，通用性很强，几乎所有的图像处理软件和排版软件都对它提供了很好的支持，因此被广泛用于在程序之间和计算机平台之间进行图像数据交换。

TIFF 格式支持 RGB、CMYK、Lab、索引颜色、位图和灰度颜色模式，并且在 RGB、CMYK 和灰度 3 种颜色模式中还支持通道、图层和路径，可以使图像中路径以外的部分在置入到排版软件（如 PageMaker）中时变为透明。

1.2 Photoshop CS5 的工作界面

Photoshop CS5 的工作界面主要由菜单栏、选项栏、工具箱、调板、文件窗口、状态栏等部分组成，如图 1.3 所示。

图 1.3 Photoshop CS5 的工作界面

1. 菜单栏

菜单栏包含 11 个菜单，分门别类地放置了 Photoshop 的大部分操作命令。需要使用某个命令时，首先单击相应的菜单名称，然后从下拉菜单列表中选择相应的命令即可。一些常用的菜单命令右侧显示有该命令的快捷键，如"色阶"命令的快捷键为 Ctrl+L，按 Ctrl+L 快捷键就可以快速打开"色阶"对话框。有意识地记忆一些常用命令的快捷键，有利于加快操作速度、提高工作效率。

2. 选项栏

每当用户在工具箱中选择一个工具后，工具选项栏就会显示出相应的工具选项，以便对当前所选工具的参数进行设置。工具选项栏显示的内容随选取工具的不同而产生变化。

3. 工具箱

工具箱是 Photoshop 处理图像的"兵器库"，其中涵盖的工具种类非常丰富。要使用某种工具，直接单击工具箱中的工具图标，将其激活即可。通过工具图标，可以快速识别工具种类。例如，画笔工具图标是画笔形状 ✎，橡皮擦工具图标是一块橡皮擦的形状 ✐。

工具箱中的许多工具并没有直接显示出来，而是以成组的形式隐藏在右下角带小三角形的工具按钮中。使用鼠标按住该工具不放，即可展开工具组。此外，用户也可以使用快捷键来快速选择所需的工具。例如，移动工具 ✥ 的快捷键为 V，按键盘上的 V 键即可选择移动工具。

4. 文件窗口

文件窗口是 Photoshop 显示、绘制和编辑图像的主要操作区域。文件窗口的标题栏中除了有当前图像文档的名称外，还有图像的显示比例、颜色模式等信息。

状态栏位于 Photoshop CS5 操作窗口的左下角，用于显示当前图像的显示比例、文档大小等信息。

5. 调板

调板是 Photoshop CS5 最重要的组件之一，包括了许多实用、快捷的工具和命令，它们可以自由地拆开、组合和移动，为绘制和编辑图像提供了便利条件。在 Photoshop CS5 中，所有调板都以图标形式显示在界面右侧，单击"窗口"菜单中的相应命令，即可打开对应的调板，总共包括 11 个调板组，当单击其中一个调板图标后，该调板将显示，如图 1.4 所示。通过调板，可以对 Photoshop 图像的图层、通道、路径、历史记录、动作等进行操作和控制。

图 1.4　调板

如果需要打开另一个调板组，则单击其中一个调板图标，将显示该调板组，如图 1.5 所示；使用鼠标按住调板组中任意一个调板的标题不放，向页面中拖动，拖动到调板组外时，松开鼠标左键，该调板将形成独立的调板，如图 1.6 所示。

图 1.5　显示另一个调板组 　　　　　　　图 1.6　单独显示调板

1.3　Photoshop CS5 的新增功能

在 Photoshop CS5 中，除了常用的基本功能外，还增加了一系列的新功能。该软件从工作界面的改变、菜单和工具的增加、查看图像到打印，均有所变化。

1．镜头自动更正

Adobe 公司从机身和镜头的构造上着手实现了镜头的自动更正，主要包括减轻枕形失真，修饰曝光不足的黑色部分及修复色彩失焦。当然这一调节也支持手动操作，用户可以根据自己的情况进行不同的修复设置，并且可以从中找到最佳的配置方案。

2．更新对高动态范围摄影技术的支持

此功能可把曝光程度不同的影像结合起来，产生想要的外观。Adobe 公司认为，Photoshop CS5 的 HDR Pro 功能已超越目前市面上最常用的同类工具——HDRsoft 公司的 Photomatix。Photoshop CS5 的 HDR Pro 可用来修补太亮或太暗的画面。

3．内容自动填补

通过此功能，当你删除相片中的某个区域时，遗留的空白区块 Photoshop 将自动帮你填补，即使是复杂的背景也没问题。此功能也适用于填补相片四角的空白。

4．一个先进的智能选择工具，让你更轻易把某些物件从背景中隔离出来

以前，Photoshop 使用者必须花费大量的时间做这项烦琐的事，有时还必须购买附加程序来协助完成任务，所以任何自动化的改良功能都大有帮助。

5．Puppet Warp 功能

通过 Puppet Warp，你可以在一张图像上建立网格，然后用"大头针"固定特定的位置后，其他的点就可以用简单的拖拉移动来控制。

6. 64 位 Mac OS X 支持

Photoshop CS4 就已经在 Windows 上实现了 64 位，现在平行移入了 Mac 平台，从此 Mac 用户将可以使用 4GB 的内存处理更大的图片了。

7. 全新笔刷系统

本次升级的笔刷系统以画笔和染料的物理特性为依托，新增多个参数，实现较为强烈的真实感，包括墨水流量、笔刷形状及混合效果等。

8. 处理高档相机中的 RAW 文件

本次优化主要基于 Lightroom 3，在无损的条件下图片的降噪和锐化处理效果更加优化。

1.4 Photoshop CS5 的基本操作

熟练掌握 Photoshop CS5 的基本操作，可以极大地提高工作效率，如辅助工具的使用、图像显示的控制等。本节将详细讲解 Photoshop CS5 基本操作的原理、方法和在实际工作中的具体运用，为后面的深入学习打下坚实的基础。

1.4.1 随堂实训 1——打开图像文件

在 Photoshop CS5 中，可以打开先前未编辑完成的图像文件继续工作，或者打开编辑图像需要的素材图像。在 Photoshop CS5 中打开文件的方法有多种，可以打开多种不同文件格式的图像。

1. 使用"文件"菜单命令

01 单击"文件"|"打开"命令或按 Ctrl＋O 快捷键，打开图 1.7 所示的"打开"对话框。

02 在"查找范围"下拉列表框中选择图像文件所在的位置。然后在"文件类型"下拉列表框中选定要打开的图像文件格式。如果选择"所有格式"选项，则驱动器或者文件夹中的所有文件都将显示在"打开"对话框中。

03 选择一个或者配合 Ctrl、Shift 键选择多个文件，单击"打开"按钮即可。

2. 拖曳文件

拖动要打开的图像文件到 Photoshop CS5 中，松开鼠标，打开所需的图像文件。

图 1.7 "打开"对话框

3．使用鼠标右键

在要打开的图像文件上右击，选择"打开方式"| Adobe Photoshop CS5 命令，将所需的文件在 Photoshop CS5 中打开。

1.4.2　随堂实训 2——使用辅助工具

辅助工具是图像处理必不可少的"好帮手"，比如使用标尺辅助工具可以进行测量，使用参考线辅助工具可以进行定位和对齐等。辅助工具仅用于图像的辅助编辑，不会被打印输出。

1．标尺

标尺主要用于帮助用户对操作对象进行测量。除此之外，在标尺上拖动还可以快速建立参考线。

（1）显示或隐藏标尺

单击"视图"|"标尺"命令，或按 Ctrl+R 快捷键，在图像窗口左侧及上方即可显示出垂直和水平标尺，如图 1.8 所示。再次按 Ctrl+R 快捷键，标尺将自动隐藏，如图 1.9 所示。

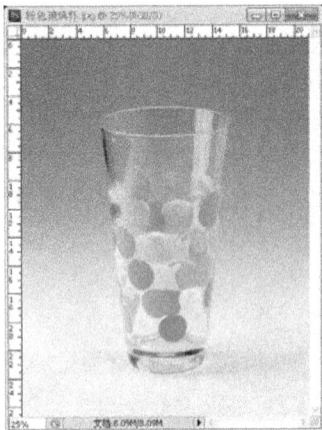

图 1.8　显示标尺　　　　　　　　　　　　　　图 1.9　隐藏标尺

（2）更改标尺单位

用户可根据自己的需要，自由地更改标尺的单位。例如，在设计网页图像时，可以使用"像素"作为标尺单位；而在设计印刷作品时，采用"厘米"或"毫米"作为单位则会更加方便。

移动光标至标尺上方右击，从弹出的如图 1.10 所示的快捷菜单中选择所需的单位即可。

（3）调整标尺原点位置

标尺可分为水平标尺和垂直标尺两大部分，系统默认图像左上角为标尺的原点(0，0)位置。当然，用户也可以根据需要调整标尺原点的位置。移动光标至标尺左上角方格内，然后向画布方向拖动，释放鼠标的位置即为新的原点。

在显示标尺的图像窗口移动光标时，水平标尺和垂直标尺的上方就会出现一条虚线以表示当前光标所在的位置，如图 1.11 所示。在移动光标时，虚线会跟着移动。

图 1.10　更改标尺单位

图 1.11　标尺上的虚线

技巧

如何让标尺原点回到原来的位置？

双击标尺交界处的左上角，可以将标尺原点重新设置到默认处。

2．网格

网格用于物体的对齐和光标的精确定位。单击"视图"|"显示"|"网格"命令，或按 Ctrl+′ 快捷键，即可在图像窗口中显示网格，如图 1.12 所示。

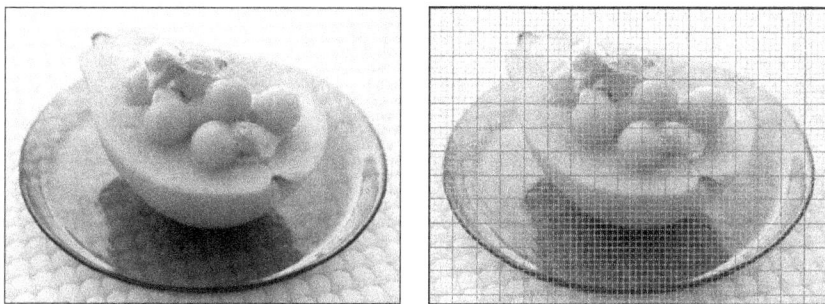

图 1.12　原图像及增加网格后的效果

在图像窗口中显示网格后，就可以利用网格的功能，沿着网格线对齐或移动物体。如果希望在移动物体时能够自动贴齐网格，或者在建立选区时自动贴齐网格线的位置进行定位选取，可以单击"视图"|"对齐到"|"网格"命令，使"网格"命令左侧出现"√"标记。

Photoshop 默认网格的间隔为 2.5cm，子网格的数量为 4 个，网格的颜色为灰色。单击"编辑"|"首选项"|"参考线、网格和切片"命令，打开"首选项"对话框，从中可以更改相应的参数。

当不需要显示网格时，单击"视图"|"显示"|"网格"命令，去掉"网格"命令左侧的"√"标记，或直接按 Ctrl+′ 快捷键。

3．参考线

与网格一样，参考线也用于物体对齐和定位，但由于参考线可以任意调整位置，因而使用起来更为方便。在设计图书封面时，常常需要使用参考线来定位裁剪、书名和书脊的位置，如图 1.13 所示。

图 1.13　使用参考线制作图书封面

（1）建立参考线

建立参考线之前，首先按 Ctrl+R 快捷键在图像窗口中显示标尺，然后移动光标至标尺上方，按住鼠标拖动至画布，即可建立一条参考线。在水平标尺上拖动得到水平参考线，在垂直标尺上拖动得到垂直参考线。在拖动的过程中，如果按住 Alt 键，可以使参考线在水平和垂直方向之间切换。

如果需要建立位置精确的参考线，可以使用菜单命令。单击"视图"|"新建参考线"命令，打开如图 1.14 所示的"新建参考线"对话框，在"取向"选项组中选择参考线方向，在"位置"文本框中输入参考线的位置坐标，最后单击"确定"按钮即可。

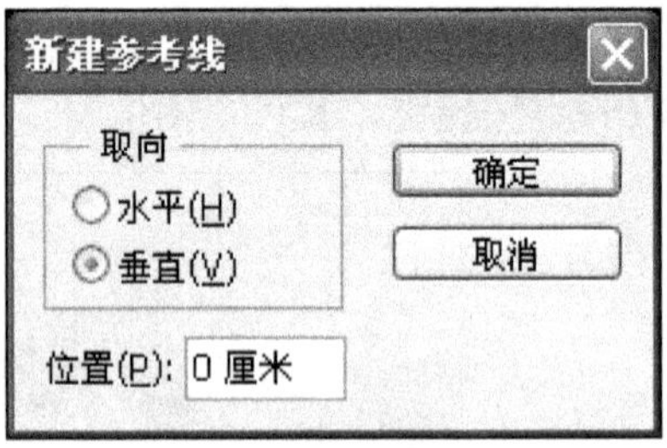

如果当前选择的是移动工具 ，则可以直接移动光标至参考线上方，当光标显示为 或 形状时拖动鼠标即可移动参考线；如果当前选择的是其他工具，则需要先按住 Ctrl 键，再移动光标至参考线上方拖动。

图 1.14　"新建参考线"对话框

（2）显示/隐藏参考线

单击"视图"|"显示"|"参考线"命令，或按 Ctrl+; 快捷键，可以显示/隐藏参考线。

技巧

拖动参考线时，如果按住 Shift 键可以将其强制对齐到标尺上的刻度。若按住 Alt 键单击参考线，则可以转换该参考线的方向。

参考线、网格都属于辅助对象，因此也可以通过单击"视图"|"显示"|"显示额外选项"命令显示或隐藏。

（3）锁定参考线

为防止在无意的情况下移动参考线，可以单击"视图"|"锁定参考线"命令（快捷键为 Ctrl+Alt+;），将参考线锁定。再次单击"视图"|"锁定参考线"命令，去掉"锁定参考线"命令左侧的"√"标记，则可以解除参考线的锁定。

（4）清除参考线

单击"视图"|"清除参考线"命令，可以快速清除图像窗口中所有的参考线。若想删除某一条参考线，只需拖动该参考线至标尺或图像窗口范围外即可。

1.4.3 随堂实训 3——调整图像文件大小

运用裁剪工具调整文件的大小，则图像会和原图像不同。在"图像大小"对话框中进行设置，从而改变文件的大小，则图像会和原图像相同，只是大小不同。

1. 裁剪工具

使用裁剪工具可以调整画面大小，重新构图，选择工具箱中的裁剪工具 🔲，移动光标至图像窗口拖动，释放鼠标后，得到一个带有 8 个控制点的矩形裁剪范围控制框，拖动控制柄可以调整裁剪范围大小。

使用裁剪工具的具体操作步骤如下：

01 双击桌面上的快捷图标，打开 Photoshop CS5。

02 单击"文件"|"打开"命令，打开一张素材图片，如图 1.15 所示。

03 选择裁剪工具 🔲，在窗口中单击并拖曳，绘制一个裁剪范围框，如图 1.16 所示。

图 1.15　素材图片

图 1.16　绘制裁剪框

04 移动光标至裁剪范围框边框，拖动调整裁剪框的大小，如图 1.17 所示。

05 裁剪范围框调整完成之后，在裁剪框内双击，或按 Enter 键应用裁剪，构图调整完成，效果如图 1.18 所示。

图 1.17　调整裁剪框

图 1.18　完成效果

裁剪工具不仅可以用于裁剪图像，还可以用于增加画布区域。首先，改变图像窗口的大小，以显示出灰色的窗口区域。然后，拖动裁剪范围框，使其超出当前图像区域，如图 1.19 所示。最后，按 Enter 键便可得到增加画布区域的结果，如图 1.20 所示。

图 1.19　调整裁剪框大小

图 1.20　增加画布区域

2．更改图像大小

使用菜单命令可以自由调整照片的分辨率和像素大小，具体操作步骤如下：

01 启动 Photoshop CS5，单击"文件"|"打开"命令，在"打开"对话框中选择需要调整大小的照片，单击"打开"按钮。

02 打开照片后，在 Photoshop 中会看到一个以该照片名称命名的图像窗口，如图 1.21 所示。

03 单击"图像"|"图像大小"命令，打开"图像大小"对话框，如图 1.22 所示。

图 1.21　打开照片

图 1.22　"图像大小"对话框

04 选中"约束比例"和"重定图像像素"复选框，在"宽度"文本框中输入 600，设置照片宽度为 600 像素，其高度自动按照比例调整为 450 像素，如图 1.23 所示。

05 单击"文件"|"存储为"命令，设置"格式"为 JPEG，在打开的"JPEG 选项"对话框中，将图像品质调到 8，如图 1.24 所示。这样在图像细节损失不严重的前提下，可以取得最好的压缩效果。

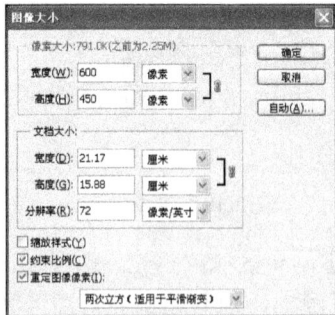

图 1.23　调整图像大小

图 1.24　JPEG 选项

06 单击"确定"按钮，保存照片。

1.4.4 随堂实训 4——调整图像显示

在处理图像的过程中，常常需要放大或缩小显示比例，或不停地移动图像，调整编辑区域，以满足操作的需要，这就是调整图像的显示。

1. 调整图像显示比例

使用缩放工具可以调整画面显示比例，以便查看图像，具体操作步骤如下：

01 双击桌面上的快捷图标，打开 Photoshop CS5。

02 单击"文件"|"打开"命令，打开一张素材图片，如图 1.25 所示。

03 选择缩放工具 🔍，在适当位置单击并拖动，绘制一个范围框，如图 1.26 所示。

04 释放鼠标左键，范围框内的图像将放大显示至整个图像窗口，如图 1.27 所示。

| 图 1.25 打开图像 | 图 1.26 绘制范围框 | 图 1.27 图像放大后的显示效果 |

技巧

在实际工作中，一般使用 Ctrl++/- 快捷键快速放大或缩小图像，而不影响当前的操作，即无须更换当前工具和中止当前操作。

如果在按上述快捷键的同时按住 Alt 键，则可以自动调整图像窗口以全屏显示。

2. 移动显示区域

当图像超出图像窗口显示范围时，系统将自动在图像窗口的右侧和下侧显示垂直滚动条和水平滚动条，拖动滚动条可以上下或左右移动图像显示区域。除此之外，Photoshop 还可以使用抓手工具 🖐 和"导航器"调板快速移动图像显示区域。

01 选择抓手工具 🖐，移动光标至图像窗口，光标显示为 ✋ 形状，如图 1.28 所示。

02 此时拖动图像，显示区域会随着鼠标的移动而移动，如图 1.29 所示。

图 1.28 显示光标

图 1.29 移动显示区域

"导航器"调板中显示有一个红色矩形框,如图 1.30
所示。其中,框线内的区域即代表当前图像窗口显示的图
像区域,框线外的区域即为隐藏的图像区域。移动光标至
红色框内拖动(光标显示为形状),即可移动图像显示
区域。移动光标至红色框线外,当光标显示为形状时单
击,即可显示以该点为中心的图像区域。

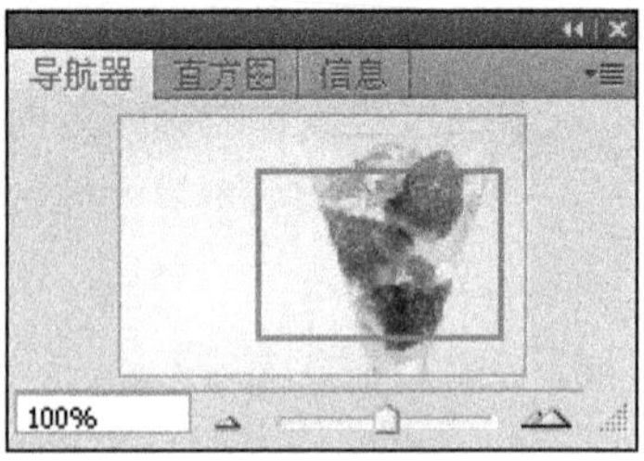

图 1.30 "导航器"调板

1.5 进阶型实训——制作校园网站首页

实训分析: 本实例主要通过制作校园网站首页,讲解网格工具的用法。在制作实例的
过程中,首先制作出了背景图像,然后使用网格工具为图像添加网格,之后使用单行选框
工具和单列选框工具建立选区,使用"描边"命令制作出网格效果,最后打开素材图像,
将图片放置在合适位置,完成实例的制作。最终效果如图 1.31 所示。

图 1.31 制作校园网站首页

视频路径	配套 DVD 光盘\视频\第 1 章\制作校园网站首页.avi
素材路径	配套 DVD 光盘\素材与源文件\第 1 章\制作校园网站首页.psd

具体操作步骤如下:

01 双击桌面上的快捷图标，打开 Photoshop CS5。

02 单击"文件"|"打开"命令，打开一张素材图像，如图 1.32 所示。

03 单击"编辑"|"首选项"|"参考线、网格和切片"命令，在弹出的"首选项"对话框中设置参数，如图 1.33 所示。

图 1.32　素材图像 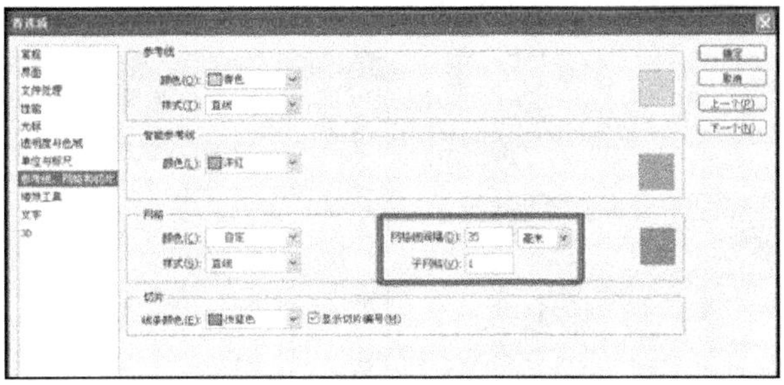　　　　　图 1.33　"首选项"对话框

04 单击"确定"按钮，单击"视图"|"显示"|"网格"命令，显示网格，如图 1.34 所示。

05 选择单行选框工具，在网格线上单击即可添加一条选框，效果如图 1.35 所示。

06 参照上述操作方法，运用单行选框工具和单列选框工具，按住 Shift 键，同时单击网格线，建立如图 1.36 所示的选框。

图 1.34　显示网格 　　　　　图 1.35　添加一条选框 　　　　　图 1.36　添加选框

07 单击"设置前景色"按钮，在弹出的对话框中设置颜色，如图 1.37 所示。

08 单击"图层"调板底部的"创建新图层"按钮，新建"图层 4"，然后单击"编辑"|"描边"命令，在弹出的对话框中设置参数，如图 1.38 所示。

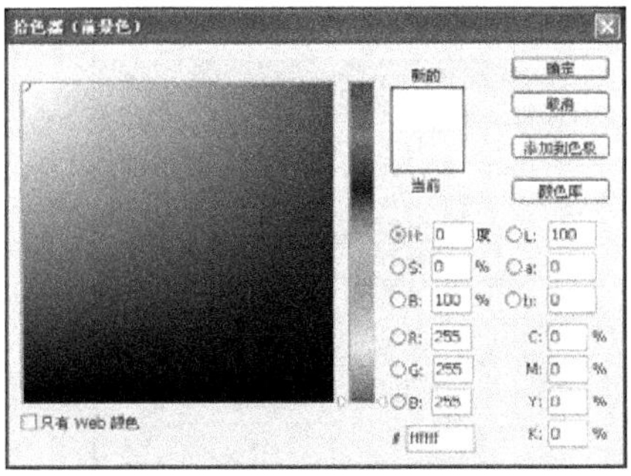

图 1.37　设置前景色 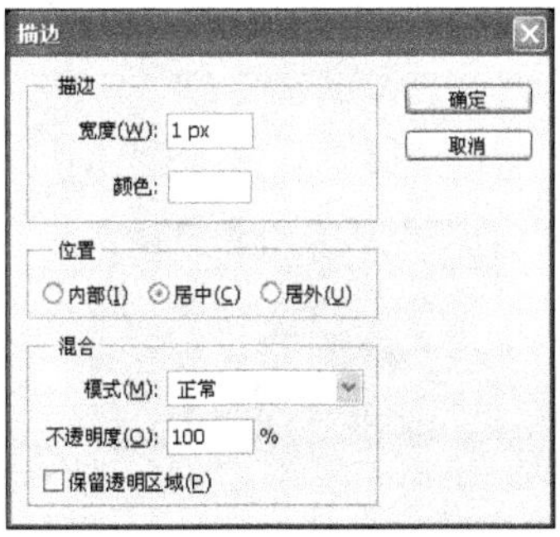　　　　　图 1.38　"描边"对话框

09 单击"确定"按钮，按快捷键 Ctrl+D 取消选区，单击"视图"|"显示"|"网格"
命令，取消对网格的显示，就会得到白色的描边效果，如图 1.39 所示，"图层"调板
如图 1.40 所示。

10 选择矩形选框工具 ，单击选项栏中的"添加到选区"按钮 ，然后参照图 1.41 所
示在视图中绘制选区。

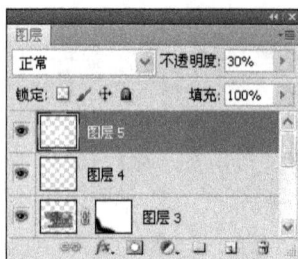

图 1.39 白色描边效果　　　　图 1.40 "图层"调板　　　　图 1.41 绘制选区

11 新建"图层 5"，按快捷键 Alt+Delete，为选区填充白色，然后取消选区，如图 1.42 所示。

12 在"图层"调板中设置图层整体的不透明度为 30%，"图层"调板如图 1.43 所示，效
果如图 1.44 所示。

图 1.42 创建白色填充效果　　图 1.43 "图层"调板　　　　图 1.44 半透明效果

13 按 D 键，恢复成默认的前景色，选择矩形工具 ，参照图 1.45 所示在选项栏中进行设置。

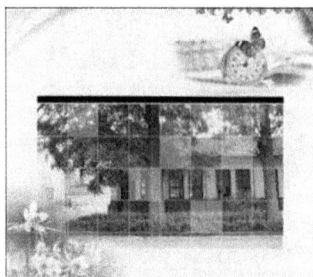

图 1.45 矩形工具选项栏

14 新建"图层 6"，使用矩形工具 在视图中绘制矩形，效果如图 1.46 所示，"图层"
调板如图 1.47 所示。

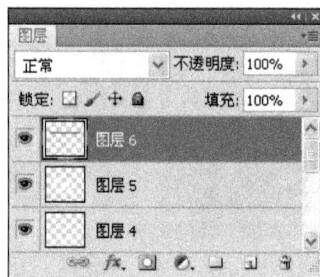

图 1.46 绘制矩形　　　　　　图 1.47 "图层"调板

[15] 选择横排文字工具 T.，在黑色的矩形上创建网站板块文字，然后在"字符"调板中设置字符属性，效果如图 1.48 所示，"字符"调板如图 1.49 所示。

图 1.48 创建网站板块文字

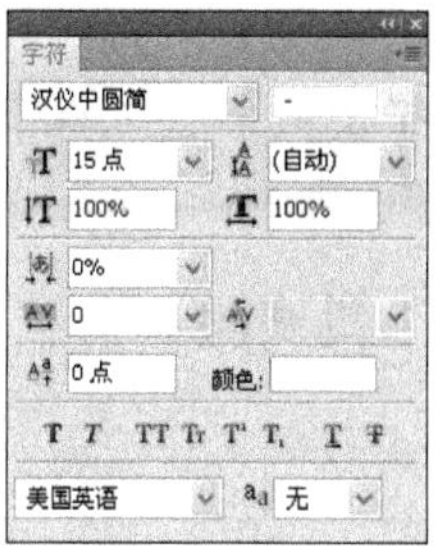

图 1.49 "字符"调板

[16] 使用横排文字工具 T.在视图左上角创建网站宣传语，并在"字符"调板中设置字符属性，效果如图 1.50 所示，"字符"调板如图 1.51 所示。

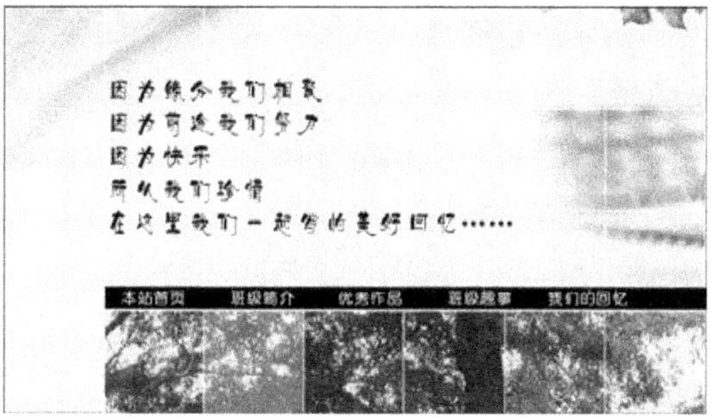

图 1.50 创建网站宣传语文字

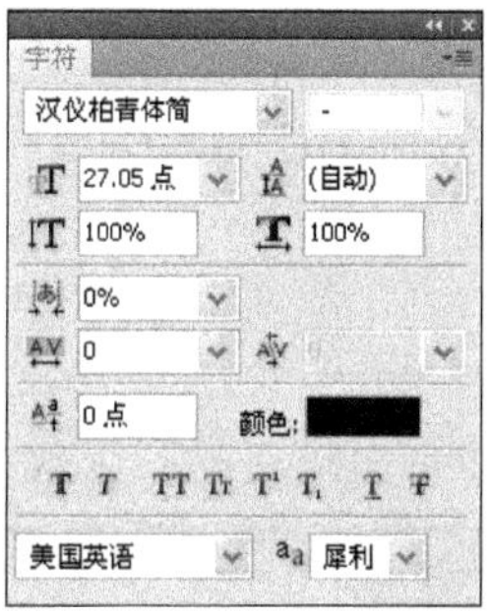

图 1.51 "字符"调板

[17] 使用横排文字工具 T.在视图右下角创建进入网站的英文字母，然后群组黑色矩形和文字元素所在图层，如图 1.52～图 1.54 所示。

图 1.52 添加进入网站的英文字母

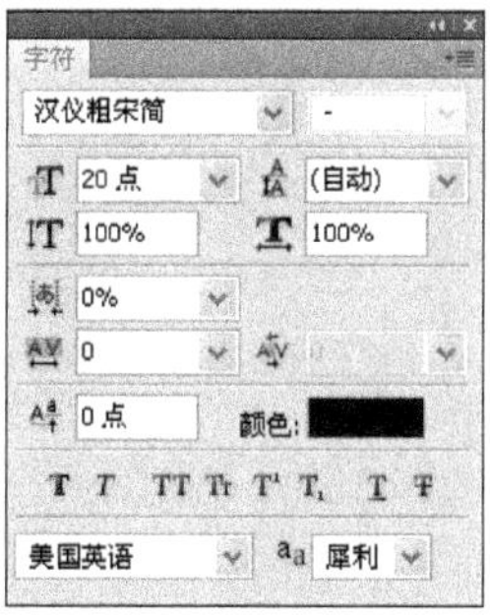

图 1.53 "字符"调板

图 1.54 "图层"调板

1.6 练习题

一、简答题

（1）Photoshop CS5 的工作界面由哪几部分组成？

（2）位图图像和矢量图形的主要区别是什么？

（3）用于彩色印刷的图像分辨率通常要达到多少？

（4）在网络中，图片最常用的是什么格式？

（5）Photoshop CS5 有哪些新增功能？

（6）使用哪些方法可以打开标尺、网格及参考线？

二、上机实验

1．创建网格装饰纹理效果，如图 1.55 所示。

原始素材	配套 DVD 光盘\素材与源文件\第 1 章\习题 1-1.jpg
最终效果	配套 DVD 光盘\素材与源文件\第 1 章\习题 1.psd

要求：

（1）为图像添加网格。

（2）使用单行选框工具和单列选框工具创建选区。

（3）新建图层，填充白色，隐藏网格。

图 1.55　网格图像效果

2．制作带有描边的图像效果，如图 1.56 所示。

原始素材	配套 DVD 光盘\素材与源文件\第 1 章\习题 2-1.jpg
最终效果	配套 DVD 光盘\素材与源文件\第 1 章\习题 2.psd

图 1.56　图像描边效果

要求：

（1）绘制一个裁剪范围框。

（2）拖动裁剪范围框的大小超出图像边缘四周一定范围。

（3）在裁剪范围框内双击，或按 Enter 键应用裁剪。

（4）载入选区，进行反选，新建图层，填充需要的颜色。

第

2

章

选择的艺术

　　读者在学习本章后，可以对在 Photoshop CS5 中如何创建、应用选区
有一个翔实的了解。选区在图像编辑过程中扮演着非常重要的角色，可
以限制图像编辑的范围。灵活并且巧妙地应用选区，能得到许多精美绝
伦的效果。希望读者通过本章的学习，可以掌握选区创建和编辑的方法，
以及选区在图像处理中的具体应用。

基础知识
- ◆ 创建选区
- ◆ 编辑选区

重点知识
- ◆ 图像合成
- ◆ 图像变换
- ◆ 图像变形

提高知识
- ◆ 图像的羽化
- ◆ 连续变换

2.1 基础案例——为婚纱照添加相框

2.1.1 基础知识要点与制作思路

本实例通过为婚纱照添加相框，讲解矩形选框工具的用法。

在制作过程中，首先选择矩形选框工具，再选择相框素材中的空白部分并删除，然后放入婚纱素材，调整图层叠放次序，并调整至合适大小和位置，最终制作出婚纱相框效果。

2.1.2 制作步骤

好看的相框能为照片增色不少。为婚纱照添加背景和相框既可增添浪漫色彩，又能突出照片效果，本例制作完成的效果如图 2.1 所示。

图 2.1　婚纱相框效果

视频路径	配套 DVD 光盘\视频\第 2 章\为婚纱照添加相框.avi
素材路径	配套 DVD 光盘\素材与源文件\第 2 章\为婚纱照添加相框.psd

具体操作步骤如下：

01 双击桌面上的快捷图标，启动 Photoshop CS5。

02 单击"文件"|"打开"命令，打开一张素材图片，如图 2.2 所示。

03 在"背景"图层上双击，弹出"新建图层"对话框，单击"确定"按钮，将"背景图层"转换为"图层 0"，如图 2.3 所示。

04 单击矩形选框工具，此时鼠标指针呈十字形状，在图片上按住鼠标左键并拖曳，绘制出一个矩形选框，如图 2.4 所示。

图 2.2　素材图片

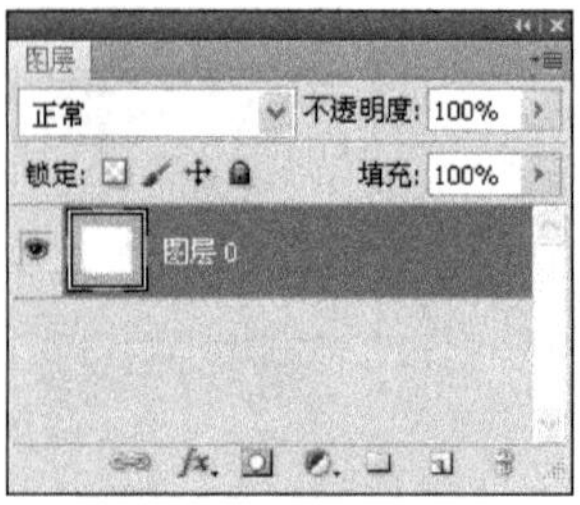

图 2.3　转换图层

图 2.4　绘制矩形选框

05 按 Delete 键删除选区图像，再按 Ctrl+D 快捷键取消选区，得到如图 2.5 所示的效果。

06 单击"文件"｜"打开"命令，或按 Ctrl+O 快捷键，打开一张素材图片，如图 2.6 所示。

07 选择移动工具 ►╬，在图片上单击并拖曳，将其复制到相框素材图像窗口，如图 2.7 所示。

图 2.5　删除选区

图 2.6　素材图片

图 2.7　放置到相框素材中

08 选择"图层 1"，在"图层"调板中单击鼠标并拖曳，将其放置在"图层 0"的下方，如图 2.8 所示。

09 选择移动工具 ►╬，调整人物素材的大小和位置，如图 2.9 所示。至此照片相框制作完成。

图 2.8　调整图层

图 2.9　调整位置

2.2　选区的基础知识

利用选区可以准确地限制图像编辑的范围，从而得到精确的效果。创建选区之后，在选区的边界就会出现不断交替闪烁的虚线，以表示选区的范围。此时可以对选定的图像进行移动、复制、使用滤镜、调整色彩和色调等操作，选区外的图像不会受到任何的影响。

2.2.1　随堂实训 1——创建选区

在 Photoshop CS5 中，用户可以根据选择对象的形状、颜色等特征来决定采用的工具和方法，灵活创建不同的选区。

1．使用选框工具创建

Photoshop CS5 提供了 4 个选框工具来创建形状规则的选区，包括矩形选框工具 、椭圆选框工具 、单行选框工具 和单列选框工具 ，分别用于建立矩形、椭圆、单行和单列选区，如图 2.10 所示。

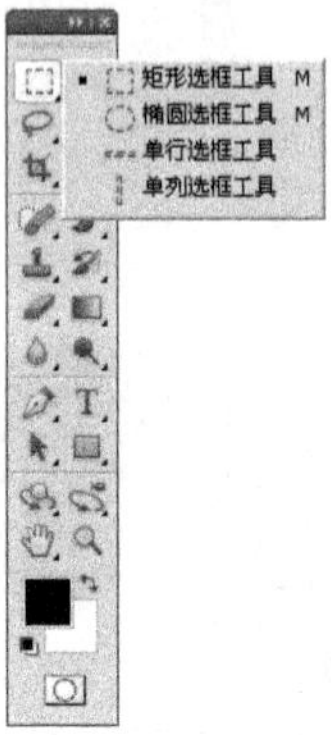

（1）矩形选框工具

矩形选框工具 是最常用的选框工具，具体操作步骤如下：

01 单击选择工具箱中的矩形选框工具 。

02 移动鼠标至绘图区域，此时鼠标指针呈十字形状，如图 2.11 所示。

03 在图片上单击并拖曳，即可绘制出一个矩形选框，如图 2.12 所示。

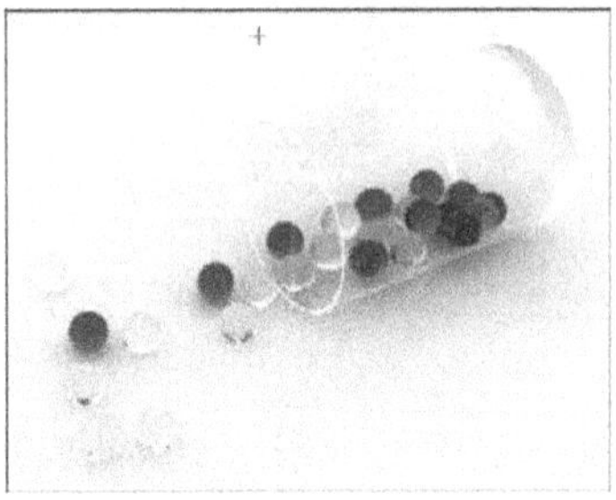

图 2.10　选框工具

图 2.11　鼠标指针呈十字形状 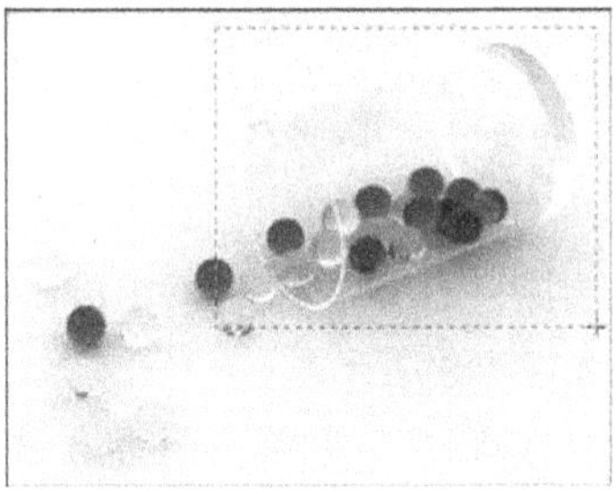　　　图 2.12　绘制出一个矩形选框

若按住 Shift 键的同时拖动鼠标，可以创建正方形选区；若按住 Alt+Shift 快捷键的同时拖动鼠标，可以创建以起点为中心的正方形选区。

（2）椭圆选框工具

椭圆选框工具 用于创建椭圆或正圆选区。在工具箱中右击矩形选框工具 ，或者单击矩形选框工具 并保持一定时间，在弹出的选框工具列表中即可选择椭圆选框工具 。创建椭圆选区的方法与创建矩形选区的方法基本相同。

（3）单行选框工具和单列选框工具

单行选框工具 和单列选框工具 用于创建一个像素高度或宽度的选区，在选区内填充颜色可以得到水平或垂直线段。

2．使用套索工具创建

套索工具用于建立不规则形状选区，包括套索工具 、多边形套索工具 和磁性套索工具 。

（1）套索工具

套索工具 用于徒手绘制不规则形状的选区范围，具体操作步骤如下：

01 单击工具箱中的套索工具 。

02 移动鼠标至绘图区域，在图像窗口按住鼠标左键并拖曳，如图 2.13 所示。

03 当绘制的线条包括选择对象后释放鼠标，即得到所需选区，如图 2.14 所示。

04 切换至移动工具 ▶⊕ ，按下 Alt 键拖动复制选区，即得到选区图像复制的效果，如图 2.15 所示。

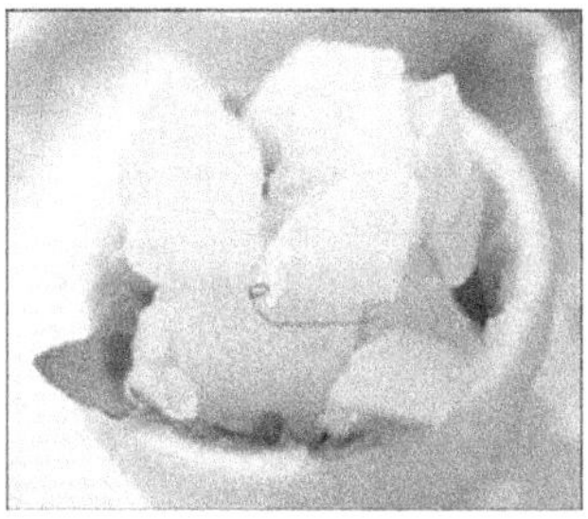

图 2.13　按住鼠标左键并拖曳 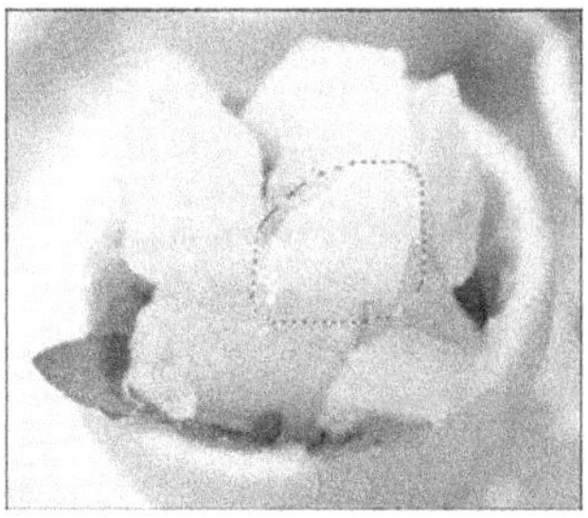　　　　图 2.14　得到选区 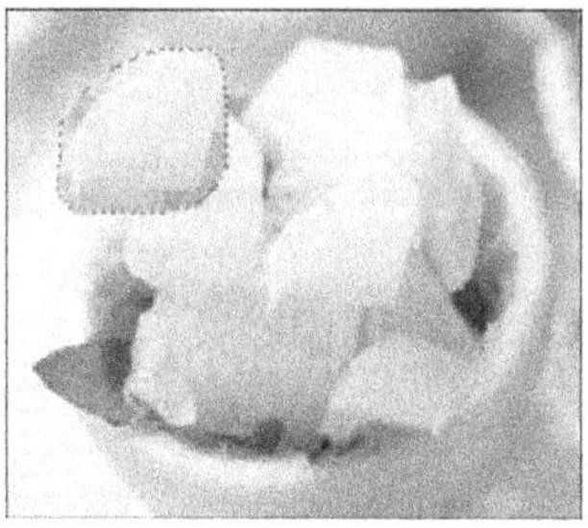　　　　图 2.15　复制选区

（2）多边形套索工具 ▽。

多边形套索工具 ▽ 通过单击鼠标指定顶点的方式来创建多边形选区，因而常用来创建不规则形状的多边形选区，如三角形、四边形、梯形和五角星等。图 2.16 所示为使用多边形套索工具建立的选区。

（3）磁性套索工具 ▽。

磁性套索工具 ▽ 也可以看做通过颜色选取的工具，它可以根据颜色的反差来自动确定选区的边缘，同时又具有圈地式选取工具的特征，即通过鼠标的单击和移动来指定选取的方向。图 2.17 所示为使用磁性套索工具建立的选区。

图 2.16　多边形套索工具建立的选区 　　　　图 2.17　磁性套索工具建立的选区

3. 使用颜色范围创建

魔棒工具 ⸜ 是依据图像颜色进行选取的工具，能够选取图像中颜色相同或相近的区域，选取时只需在颜色相近区域单击即可。

使用魔棒工具的操作步骤如下：

01 选择工具箱中的魔棒工具 ⸜ 。

02 移动鼠标至绘图区域，此时鼠标指针呈 ⸜ 形状，如图 2.18 所示。

03 单击图像背景，选择得到蓝色茶杯杯身区域，如图 2.19 所示。

图 2.18　鼠标指针呈 形状

图 2.19　得到选区

4．使用快速蒙版创建

蒙版是一种灰度图像，其用途主要是创建选区。与选框、套索工具不同的是，蒙版以图像的方式表示选区。快速蒙版则是一种临时蒙版，用于快速创建和编辑选区。

在快速蒙版编辑模式下，系统默认为选择区域蒙上一层不透明度为 50％的红色。这样既可以指示非选择区域，又不影响图像的浏览。用户也可以根据需要自由设置色彩指示，双击工具箱中的"以快速蒙版模式编辑"按钮，打开"快速蒙版选项"对话框，在其中可以设置色彩指示的区域和颜色。

使用快速蒙版创建选区的操作步骤如下：

01 单击工具箱中的"以快速蒙版模式编辑"按钮，切换至快速蒙版编辑模式下，按 D 键恢复前/背景色为系统默认的黑/白颜色。

02 选择工具箱中的画笔工具，移动光标至图像窗口，按/键调整画笔的大小，在高尔夫球区域内拖动鼠标，在高尔夫球区域内涂抹红色，如图 2.20 所示。

技巧

在编辑快速蒙版时，要注意前景色和背景色的颜色，当前景色为黑色时，使用画笔工具在图像窗口中涂抹，就会在蒙版上添加颜色；当前景色为白色时，涂抹时就会清除光标位置的颜色。如果使用介于黑色与白色间的任何一种具有不同灰色的颜色进行绘图，可以得到具有不同透明度值的选择区域。

03 蒙版编辑完成后，单击"以标准模式编辑"按钮，即可退出快速蒙版编辑模式。得到高尔夫球图像选区，如图 2.21 所示。

图 2.20　涂抹红色

图 2.21　得到选区

2.2.2 随堂实训 2——编辑选区

选区与图像一样，也可以移动、旋转、翻转和缩放，以调整选区的位置和形状，最终得到所需的选择区域。

1. 移动选区

移动选区操作用于改变选区的位置。首先在工具箱中选择一种选择工具，然后移动光标至选择区域内，待光标显示为 形状时拖动，即可移动选区。在拖动过程中光标会显示为黑色三角形状 ▶。

2. 修改选区

执行"选择"|"修改"子菜单中的命令，可以方便地对选区进行扩大、缩小等编辑操作，具体操作方法如下：

01 选择魔棒工具 ，配合 Shift 和 Alt 键创建花朵的选区，如图 2.22 所示。

02 单击"选择"|"修改"|"扩展"命令，在弹出的"扩展选区"对话框中输入数值，如图 2.23 所示。

03 单击"确定"按钮，即可将选区向外均匀扩展或向内收缩相应的像素，如图 2.24 所示。

图 2.22　得到选区　　　　图 2.23　"扩展选区"对话框　　　　图 2.24　扩展像素的效果

3. 全选图像

单击"选择"|"全选"命令，或按 Ctrl+A 快捷键，可以选择整幅图像。

4. 取消选区

单击"选择"|"取消选区"命令，或按 Ctrl+D 快捷键，可以取消所有已经创建的选区。如果当前激活的是用于选择的工具，如选框工具、套索工具，移动光标至选区内单击，也可以取消当前的选择。

5. 重新选择和反选

Photoshop 会自动保存前一次的选择范围。在取消选区后，单击"选择"|"重新选择"命令或按 Ctrl+Shift+D 快捷键，便可调出前一次的选择范围。

单击"选择"|"反选"命令，或按 Ctrl+Shift+I 快捷键，可以反向选择当前的选区，即取消当前选择的区域，选择未选取的区域。

6．变换选区

选区建立之后，单击"选择"|"变换选区"命令，选区的四周将出现由 8 个控制点组成的选区变换框，移动光标至变换框内，光标变成 ▶ 形状，此时拖动鼠标即可移动选区；移动光标至变换框外侧，当光标显示为 ↕、↔ 或 ↘ 形状时拖动鼠标可以在水平方向或垂直方向缩放选区；移动光标至变换框四角，当光标显示为 ↻ 形状时拖动鼠标可以旋转选区。变换选区的具体操作步骤如下：

01 单击椭圆选框工具 ◯，绘制椭圆，如图 2.25 所示。

02 单击"选择"|"变换选区"命令，选区的四周将出现由 8 个控制点组成的选区变换框，如图 2.26 所示。

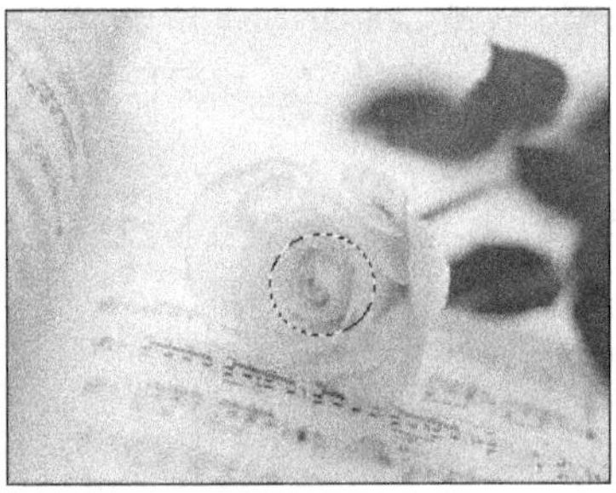

图 2.25　绘制椭圆

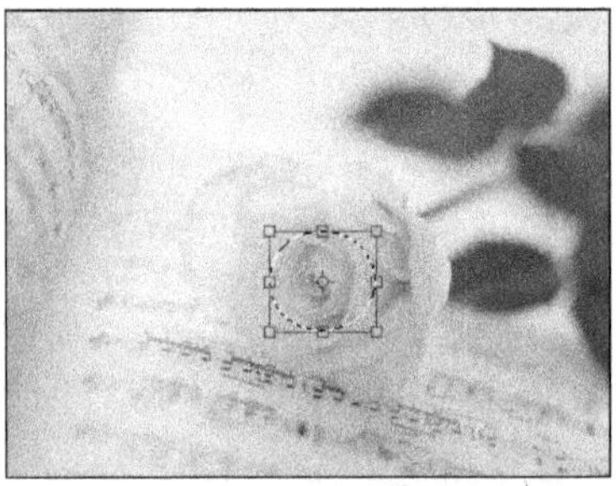

图 2.26　选区变换框

03 移动光标至变换框内单击并拖曳，变换选区，如图 2.27 所示。

04 按 Enter 键确定，得到选区，如图 2.28 所示。

图 2.27　变换选区

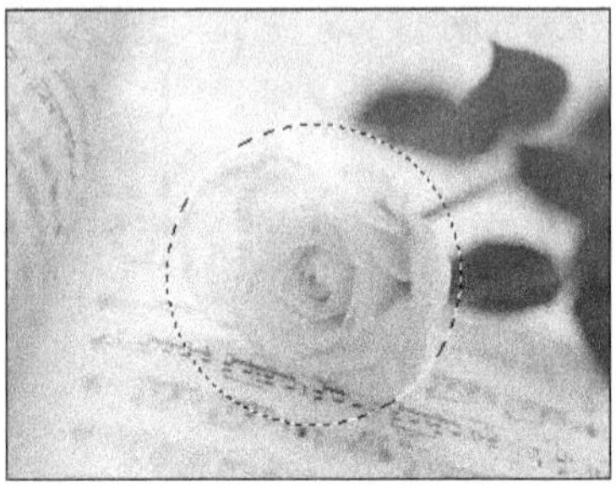

图 2.28　得到选区

2.3　进阶型实训

2.3.1　实训 1——制作个性写真照片

实训分析：本实例通过制作个性照片，讲解套索工具和图像复制的方法。在制作的过程中，首先使用套索工具得到人物选区，然后复制人物并变换人物大小，合成趣味写真照片效果，最终效果如图 2.29 所示。

图 2.29　个性写真照片效果

视频路径	配套 DVD 光盘\视频\第 2 章\制作个性写真照片.avi
素材路径	配套 DVD 光盘\素材与源文件\第 2 章\制作个性照片.psd

具体操作步骤如下：

01 双击桌面上的快捷图标，启动 Photoshop CS5。

02 单击"文件" | "打开"命令，打开一张素材图片，如图 2.30 所示。

03 在背景图层上双击，弹出"新建图层"对话框，单击"确定"按钮，将背景图层转换为"图层 0"，如图 2.31 所示。

04 在"图层 0"上单击鼠标并拖曳，拖至"创建新图层"按钮 后释放鼠标，得到"图层 0 副本"图层，如图 2.32 所示。

图 2.30　素材图片

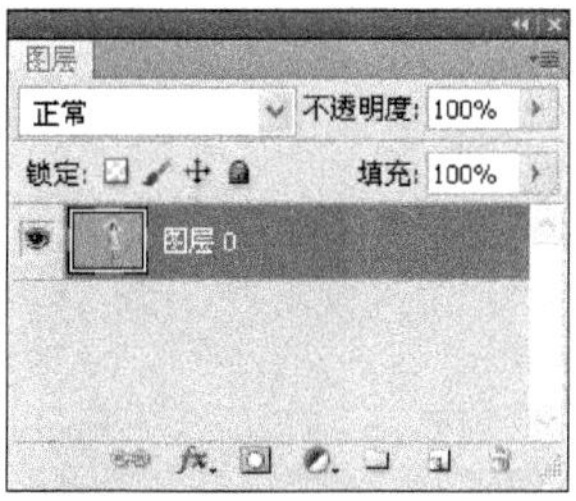

图 2.31　转为"图层 0"

图 2.32　复制图层

05 选择套索工具 ，在图像中选取人物，单击鼠标并拖曳，如图 2.33 所示。

06 使用套索工具 绘制出一个选框，如图 2.34 所示。

07 选择移动工具 ，在图像中按住鼠标左键并拖曳，移动选区，最终效果如图 2.35 所示。

图 2.33　绘制选框

图 2.34　绘制选框

图 2.35　移动选区

08 按 Ctrl+T 快捷键，同时按住 Shift 键，拖动图片至合适大小，并移动其位置，如图 2.36 所示。

09 按 Enter 键应用图像变换，按 Ctrl+D 快捷键，取消选区，完成的个性照片效果如图 2.37 所示。

图 2.36　变换图像

图 2.37　取消选区

技巧

为何要按住 Shift 键的同时拖动图片？

在变换图片的大小时，按住 Shift 键，可以使图片保持原来的长宽比，不至于变形。

2.3.2　实训 2——趣味图像合成

实训分析：本实例主要通过制作趣味图像合成，讲解"羽化"命令的用法。在制作的过程中，首先使用磁性套索工具得到蝴蝶的大致选区，再运用多边形套索工具，精确蝴蝶的选区，使用"羽化"命令柔化选区边缘，产生渐变过渡的效果。将蝴蝶素材放在人物素材图像中，调整大小及位置，并添加阴影效果，最终完成效果如图 2.38 所示。

图 2.38　图像合成效果

视频路径	配套 DVD 光盘\视频\第 2 章\趣味图像合成.avi
素材路径	配套 DVD 光盘\素材与源文件\第 2 章\趣味图像合成.psd

具体操作步骤如下。

1．选择蝴蝶图像

01 双击桌面上的快捷图标，打开 Photoshop CS5。

[02] 单击"文件"|"打开"命令，打开一张素材图片，如图 2.39 所示。

[03] 选择磁性套索工具 🏳，在图片上单击并拖曳，围绕蝴蝶图像的四周建立选区，如图 2.40 所示。

[04] 选择缩放工具 🔍，在图上单击，放大图像，如图 2.41 所示。

图 2.39　素材图片　　　　　　　图 2.40　建立选区　　　　　　　图 2.41　放大图像

[05] 选择多边形套索工具 ⌇，同时按住 Shift 键，将未选中的细节部分添加至选区中，如图 2.42 所示。

[06] 使用上述方法将蝴蝶图形全部选中，最终效果如图 2.43 所示。

图 2.42　添加至选区　　　　　　　　　　图 2.43　全部选择

2．制作图像合成

[01] 单击"文件"|"打开"命令，打开一张素材图像，如图 2.44 所示。

[02] 在蝴蝶图形上单击并拖曳，将其添加到人物素材中，如图 2.45 所示。

[03] 按 Ctrl+T 快捷键，同时按住 Shift 键拖动图片至合适大小，并移动其位置，如图 2.46 所示。

图 2.44　素材图像　　　　　　　图 2.45　添加素材　　　　　　　图 2.46　调整图片的大小及位置

[04] 按住 Ctrl 键，同时单击"图层"调板"图层 1"图层缩览图，将蝴蝶图像载入选区，如图 2.47 所示。

05 单击"选择"|"修改"|"羽化"命令，在弹出的"羽化选区"对话框中设置参数，如图 2.48 所示。

06 单击工具箱中的"设置前景色"色块，在弹出的"拾色器（前景色）"对话框中设置颜色，单击"确定"按钮，如图 2.49 所示。

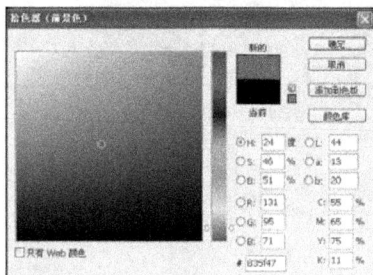

图 2.47 将蝴蝶图像载入选区 图 2.48 "羽化选区"对话框 图 2.49 "拾色器（前景色）"对话框

07 单击"图层"调板中的"创建新图层"按钮 ，新建图层，按 Alt＋Delete 快捷键填充前景色，如图 2.50 所示效果。

08 在"图层"调板中按住阴影图层并拖曳，将其放置在蝴蝶图层下方，调整至合适位置，得到图 2.51 所示效果。

图 2.50 填充颜色

图 2.51 调整位置

至此，趣味图像合成制作完成。

2.3.3 实训 3——制作数码相机海报

实训分析：本实例通过制作数码相机海报，主要讲解图像的变换、变形、缩放等操作。在制作的过程中，使用"编辑"|"变换"级联菜单中的"变形"命令调整图像，使图像产生变形效果，应用模糊效果添加阴影，使用文字工具添加文字信息，最终完成效果如图 2.52 所示。

图 2.52　数码相机海报

视频路径	配套 DVD 光盘\视频\第 2 章\制作数码相机海报.avi
素材路径	配套 DVD 光盘\素材与源文件\第 2 章\制作数码相机海报.psd

具体操作步骤如下。

1. 制作替换照片效果

01　双击桌面上的快捷图标，打开 Photoshop CS5。

02　单击"文件"|"新建"命令，弹出"新建"对话框，参照图 2.53 所示设置参数，创建一个新文档。

03　单击"文件"|"打开"命令，打开一张花朵素材图片，使用移动工具 ▶⊕ 将素材移动到新建的文档中，并参照图 2.54 所示效果调整图像的大小和位置。

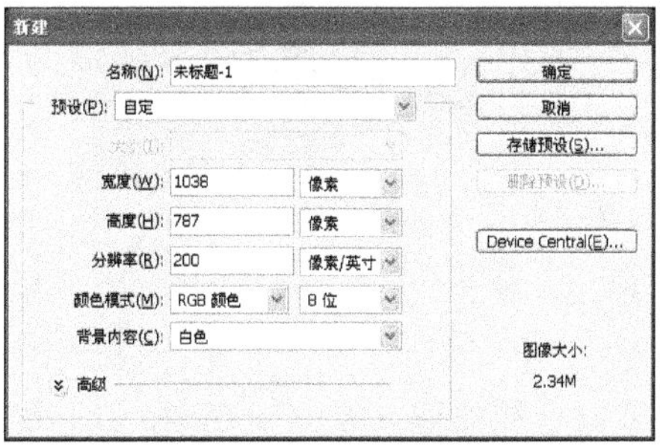

图 2.53　"新建"对话框

图 2.54　素材图像

04　单击"文件"|"打开"命令，打开相机素材图像，使用快速选择工具 🖌 选中白色的背景，将选区反转，使用移动工具 ▶⊕ 将选区中的图像移动到新建的文档中，并调整图像的大小和位置，效果如图 2.55 所示，"图层"调板如图 2.56 所示。

图 2.55　编辑素材

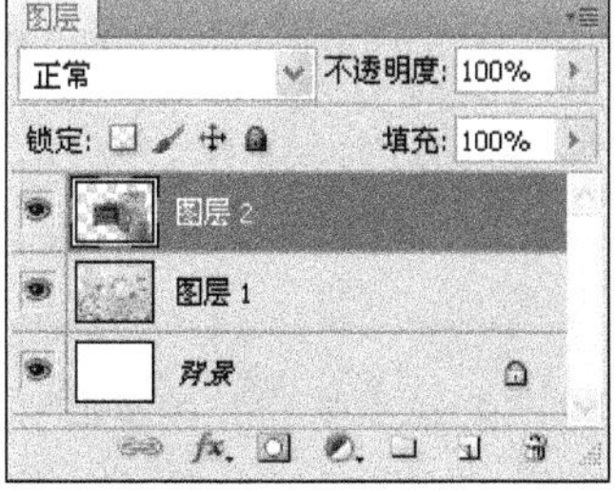

图 2.56　"图层"调板

05 选择工具箱中的矩形选框工具 ▢，在照相机图像的液晶屏上绘制选区，如图 2.57 所示，按下键盘上的 Delete 键，将选区内的图像删除，露出下面图层中的图像，如图 2.58 所示。

图 2.57　绘制选区

图 2.58　删除图像

06 在"图层"调板中拖动"图层 1"到"创建新图层"按钮 ▣ 处松开鼠标，将"图层 1"复制，创建"图层 1 副本"图层，如图 2.59 所示。

07 单击"编辑"｜"自由变换"命令，拖动变换框四周的控制柄，将图像缩小，使其与液晶屏的大小相当，如图 2.60 所示。

图 2.59　复制图层

图 2.60　调整图像大小

08 在"图层"调板中单击"图层 1"，单击"滤镜"｜"高斯模糊"命令，在打开的"高斯模糊"对话框中进行设置，将背景中的素材模糊处理，如图 2.61 所示，效果如图 2.62 所示。

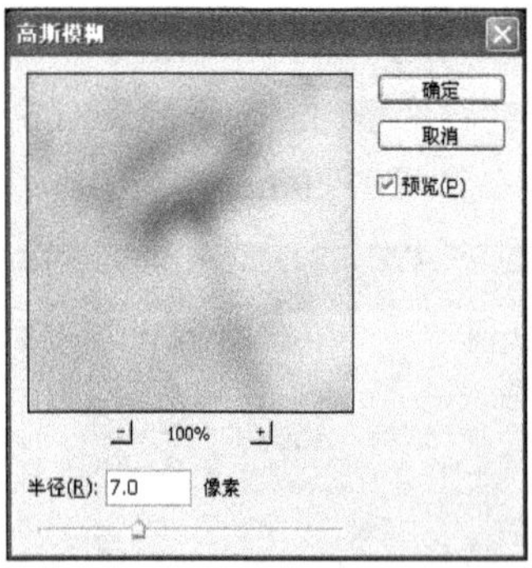

图 2.61　"高斯模糊"对话框

图 2.62　高斯模糊效果

09 单击"图像"｜"调整"｜"曲线"命令，打开"曲线"对话框，参照图 2.63 所示在该对话框中进行设置，单击"确定"按钮，提高图像的亮度，如图 2.64 所示效果。

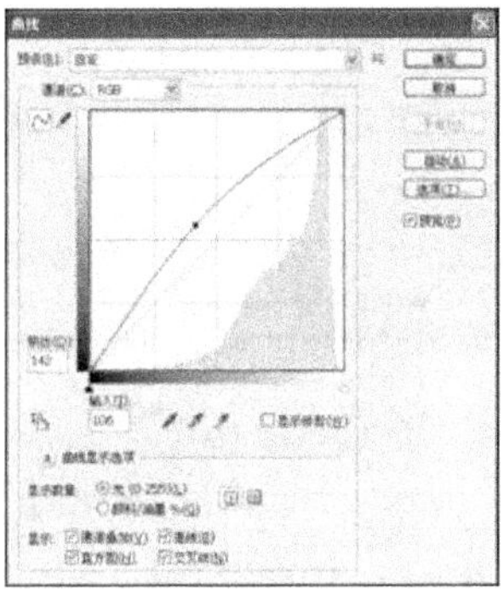

图 2.63　"曲线"对话框

图 2.64　调整图像的亮度

2. 制作照片变形效果

01 单击"图层 2"，按下 Shift 键的同时，再单击"图层 1"，选中这相邻的三个图层，单击"图层" | "合并图层"命令，将三个图层合并，如图 2.65、图 2.66 所示。

图 2.65　选中图层

图 2.66　合并图层

02 单击"图层"调板中"背景"图层缩略图左侧的小眼睛图标，将"背景"图层隐藏，然后单击"自由变换"命令，将图像适当缩小一些，如图 2.67 所示。

03 按下 Ctrl 键的同时单击"创建新图层"按钮 ，在"图层 2"的下面新建"图层 3"，如图 2.68 所示。

图 2.67　缩小图像

图 2.68　新建图层

04 使用矩形选框工具 绘制比图像边缘略大一些的选区，然后填充白色，作为图像的描边效果，如图 2.69 所示。

05 打开光盘中的木纹素材，使用移动工具 将素材移动到新建的文档中，通过单击"自由变换"命令调整图像的大小,如图 2.70 所示。

图 2.69　添加白色描边效果

图 2.70　添加木纹素材图像

06 单击工具箱中的画笔工具 ，设置前景色为深蓝色（RGB 参考值分别为 R7、G15、B54），参照图 2.71 所示在视图中进行绘制,注意画笔"不透明度"的调整,然后在 "图层"调板中设置图层的混合模式为"柔光",如图 2.72 所示。

图 2.71　绘制深蓝色图像

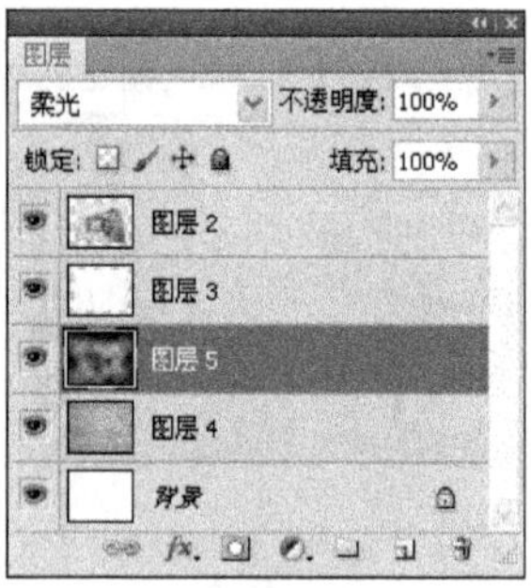

图 2.72　调整图层混合模式

07 单击"图层 2",将该图层合并到"图层 3"中,单击"编辑"|"自由变换"命令, 在视图中右击鼠标,在弹出的菜单中选择"变形"命令,对图像的外形进行变形处理, 并调整图像的位置,如图 2.73、图 2.74 所示。

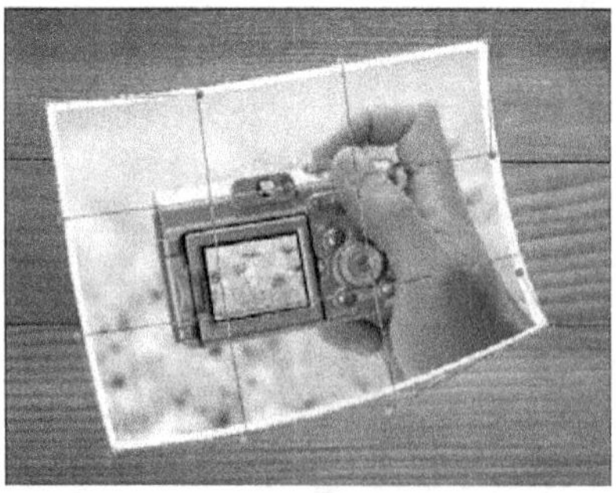

图 2.73　对图形进行变形处理

图 2.74　最终变形效果

3. 添加图像阴影和文字信息

01 选择工具箱中的钢笔工具 ，参照图 2.75 所示绘制路径,以作为照片图像的阴影外形。

02 将路径转换为选区,按住 Ctrl 键的同时单击"创建新图层"按钮 ，在"图层 3" 的下面新建图层,使用黑色将选区填充,如图 2.76 所示。

图 2.75　绘制路径

图 2.76　填充颜色

03 单击"滤镜"|"模糊"|"高斯模糊"命令，设置"半径"参数为 5 像素，为图像添加高斯模糊效果，如图 2.77 所示。

04 在"图层"调板中，降低"图层 5"的"不透明度"参数为 60％，降低阴影的透明度，效果如图 2.78 所示。

图 2.77　模糊阴影图像

图 2.78　调整图层的不透明度

05 单击工具箱中的文字工具 T，在海报右下角创建文字，然后调整文字的位置，如图 2.79 所示。

06 复制文字，调整复本文字到原文字的下层，并适当调整位置，形成立体效果，如图 2.80 所示。

图 2.79　创建文字

图 2.80　复制文字

07 使用文字工具 T 继续在海报中创建文字，并创建文字图形，如图 2.81、图 2.82 所示。

图 2.81　添加文字 　　　　　　　　　图 2.82　创建文字图形

2.4　练习题

一、简答题

（1）什么是选区？

（2）创建选区的工具有哪些？

（3）如何羽化选区？

（4）如何变换选区？

（5）如何使用重复变换命令？

二、上机实验

创建对称的盆花图像，效果如图 2.83 所示。

原始素材	配套 DVD 光盘\素材与源文件\第 2 章\习题 2-1.jpg
最终效果	配套 DVD 光盘\素材与源文件\第 2 章\习题 1.psd

图 2.83　镜像效果

要求：

（1）使用裁切工具，增加画布的宽度。

（2）复制图像并水平翻转。

（3）调整图像的位置。

第3章

章

调整图像的颜色

读者在学习本章后，可以对 Photoshop CS5 中用于图像调整的命令有一个比较深入的了解，通过这些命令可以在日后的设计创作中为作品添加美观的特殊效果。希望读者通过本章的学习，可以掌握调整图像颜色的各种方法，并学以致用。

基础知识 ◆ 颜色的基本属性
◆ 颜色模式及转换

重点知识 ◆ 常用的图像调整命令

提高知识 ◆ 制作怀旧照片
◆ 制作儿童照片
◆ 制作素描效果

3.1 基础案例——改变人物衣服的颜色

3.1.1 基础知识要点与制作思路

本实例通过改变人物衣服的颜色，讲解"图像"|"调整"|"色相饱和度"命令的应用。

在制作过程中，首先使用磁性套索工具选择人物的衣服，然后单击"图像"|"调整"|"色相饱和度"命令，在打开的"色相/饱和度"对话框中调整图像的颜色，最终制作出改变人物衣服颜色的效果。

3.1.2 制作步骤

通过 Photoshop CS5 中的调整颜色的功能，为照片中的人物更换衣服的颜色是一个非常简便的操作，此项功能的实用性是很强的，本例制作完成的效果如图 3.1 所示。

图 3.1　更换衣服颜色效果图

视频路径	配套 DVD 光盘\视频\第 3 章\改变人物衣服的颜色.avi
素材路径	配套 DVD 光盘\素材与源文件\第 3 章\改变人物衣服的颜色.jpg

具体操作步骤如下：

01 双击桌面上的快捷图标，启动 Photoshop CS5。

02 单击"文件"|"打开"命令，打开一张素材图片，如图 3.2 所示，图中所示人物服饰颜色为红色。

03 单击工具箱中的磁性套索工具 🔗，在选项栏中设置"宽度"为 5px，"对比度"参数为 5%，频率参数为 57，然后选择人物衣服图像，如图 3.3 所示。

图 3.2　素材图片

图 3.3　转换图层

04 单击"图像"|"调整"|"色相/饱和度"命令，打开"色相/饱和度"对话框，参照图 3.4 所示在该对话框中设置参数，然后按下 Ctrl+D 快捷键取消选区，将衣服颜色调整为紫色，如图 3.5 所示。

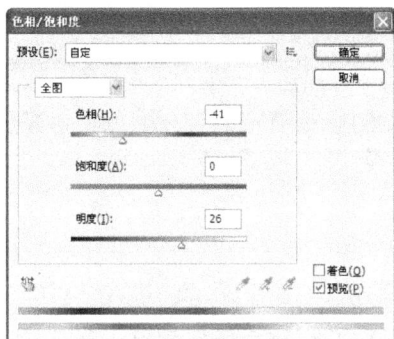

图 3.4 "色相/饱和度"对话框   图 3.5 颜色调整效果

3.2 颜色的基本概念

在学习如何调整图像颜色之前，首先要对颜色的基本概念有一个基础性的了解。

3.2.1 颜色的基本属性

在日常生活中，人们对物体的观察会注意到其形状、面积、体积、肌理，以及该物体的功能和所处的环境，而不仅仅限于观察色彩。这些除了色彩以外的因素会影响人们对色彩的感觉。为了寻找规律，人们总结出色彩的三要素，即色相、亮度(明度)和饱和度，它们就是色彩的三属性。这三种属性共同构成人类视觉中完整的颜色表相，它们以人类对颜色的感觉为基础，并相互制约，联系紧密。

1. 色相

色相（Hue，简写为 H），就是每种颜色的固有颜色相貌。它是一种颜色区别于另一种颜色最显著的特征。颜色的名称在通常的使用中是根据色相来决定的，如红色、黄色、蓝色、绿色、紫色。颜色体系中最基本的色相为赤（红）、橙、黄、绿、青、蓝、紫，将这些颜色相互调和，可以产生许多不同的颜色。

Photoshop CS5 中的很多颜色调整工具就是使用该原理来调整图像颜色的。图 3.6 所示的是同一张图片在不同色相下的效果对比。

2. 饱和度

饱和度（Chroma，简写为 C，有时称为彩度）是指颜色的强度或纯度。饱

藏青色的陶瓷花瓶   湖蓝色的陶瓷花瓶

图 3.6 不同色相图像效果

和度表示色相中颜色本身色素分量所占的比例，使用 0%（灰色）～100%（完全饱和）来度量。当图像的饱和度为 0 时，就会变成一个灰色的图像。颜色的饱和度越高，鲜艳的程度就越高；反之，颜色则因包含其他颜色而显得陈旧或混浊。

3. 亮度

亮度（Value，简写为 V，又称明度）通常使用 0%（黑色）～100%（白色）来度量，是指颜色明暗的程度。通常在正常强度的光线下照射的色相被定义为标准色相。亮度高于标准色相的称为该色相的高光；反之，称为该色相的阴影。

3.2.2 颜色模式及转换

常用的颜色模式有位图模式、灰度模式、双色调模式、RGB 模式、索引颜色模式、CMYK 模式及 Lab 颜色模式等。其中 Lab 包括了 RGB 和 CMYK 色域中所有颜色，具有最宽的色域。颜色模式不仅可以显示颜色的数量，还会影响图像的文件大小，因此，合理地使用颜色模式就显得十分重要。

1. 位图模式

位图模式使用两种颜色值，即黑色或白色来表示图像的色彩，因而又称为 1 位图像或黑白图像。位图模式图像要求的存储空间很少，但无法表现出色彩、色调丰富的图像，因此仅适用于一些黑白对比强烈的图像。其他模式转换为位图模式时会失去大量的细节，众多模式中，只有灰度模式的图像可以转换为位图模式，因而一般彩色图像需要先转换为灰度模式后再转换为位图模式。

2. 灰度模式

灰度模式的图像由 256 级的灰度组成。图像的每一个像素能够用 0～255 的亮度值来表现，因而其色调表现力较强，此模式下的图像也较为细腻。使用黑白胶卷拍摄所得到的黑白照片即为灰度图像，如图 3.7 所示。

灰度模式可由彩色图像转换得到，Photoshop 将删除原图像中所有的颜色信息，而留下像素的亮度信息。

3. 双色调模式

该模式通过 1～4 种自定油墨创建单色调、双色调（2 种颜色）、三色调（3 种颜色）和四色调（4 种颜色）的灰度图像，如图 3.8 所示。

图 3.7 灰度模式图像    图 3.8 双色调模式图像

彩色图像转换为双色调模式时，必须首先转换为灰度模式。

4．RGB 模式

众所周知，红、绿、蓝常称为光的三原色，绝大多数可视光谱可用红色、绿色和蓝色（RGB）三色光的不同比例和强度混合来产生。在这 3 种颜色的重叠处产生青色、洋红、黄色和白色。由于 RGB 颜色合成可以产生白色，因此也称之为加色模式。加色模式用于光照、视频和显示器。例如，显示器就是通过红色、绿色和蓝色荧光粉发射光产生颜色。

RGB 模式为彩色图像中每个像素的 RGB 分量指定一个介于 0（黑色）和 255（白色）之间的强度值。当所有这 3 个分量的值相等时，结果是中性灰色。当所有分量的值均为 255 时，结果是纯白色；当该值为 0 时，结果是纯黑色。

RGB 图像通过 3 种颜色或通道，可以在屏幕上重新生成多达 256×256×256 种颜色。这 3 个通道可转换为每像素 24（8×3）位的颜色信息。新建的 Photoshop CS5 图像默认为 RGB 模式。

5．索引颜色模式

索引颜色模式图像最多只能使用 256 种颜色，而且可以将颜色数量减到更少，以减少文件的大小，所以通常将输出到 Web 和多媒体程序的图像文件转换为索引颜色模式。GIF 格式图像使用该颜色模式。

在索引颜色模式下只能进行有限的图像编辑。如果要进一步编辑，需要临时转换为 RGB 模式。

6．CMYK 模式

CMYK 模式以打印在纸上的油墨的光线吸收特性为基础。当白光照射到半透明油墨上时，色谱中的一部分被吸收，而另一部分被反射回眼睛。理论上，纯青色（C）、洋红（M）和黄色（Y）色素合成的颜色吸收所有光线并生成黑色，因此这些颜色也称为减色。由于所有打印油墨都包含一些杂质，因此这 3 种油墨混合实际生成的是土灰色，为了得到真正的黑色，必须在油墨中加入黑色（K）油墨（为避免与蓝色混淆，黑色用 K 而非 B 表示）。将这些油墨混合重现颜色的过程称为四色印刷。减色（CMY）和加色（RGB）是互补色。每对减色产生一种加色，反之亦然。

CMYK 模式为每个像素的每种印刷油墨指定一个百分比值。为最亮（高光）颜色指定的印刷油墨颜色百分比较低，而为较暗（阴影）颜色指定的百分比较高。例如，亮红色可能包含 2%青色、93%洋红、90%黄色和 0%黑色。在 CMYK 图像中，当 4 种分量的值均为 0%时，就会产生纯白色。

在准备要用印刷色打印的图像时，应使用 CMYK 模式。将 RGB 图像转换为 CMYK 模式即产生分色。如果创作由 RGB 图像开始，最好先编辑，然后再转换为 CMYK。

7．Lab 模式

Lab 模式是目前颜色数量最广的模式，也是 Photoshop 在不同颜色模式之间转换时使用的中间模式。

Lab 颜色由亮度（光亮度）分量和两个色度分量组成。L 代表光亮度分量，范围为 0～100，a 分量表示从绿色到红色再到黄色的光谱变化，b 分量表示从蓝色到黄色的光谱变化，两者范围都是−120～120。

如果只需要改变图像的亮度而不影响其他颜色值，可以将图像转换为 Lab 颜色模式，然后在 L 通道中进行操作。Lab 颜色模式最大的优点是颜色与设备无关，无论使用什么设备（如显示器、打印机、计算机或扫描仪）创建或输出图像，这种颜色模式产生的颜色都可以保持一致。

3.2.3 随堂实训——常用的颜色调整命令

Photoshop 提供了一些简单有效的颜色调整命令，能快速校正偏色、灰暗的照片。下面对每个命令进行详细讲解。

1. 自动校正图像偏色

要快速校正图像颜色，可以通过单击"图像"|"调整"|"自动颜色"命令来实现。该命令自动对图像的色相和色调进行判断，从而纠正图像的对比度和色彩平衡。

使用"自动颜色"命令调整图像的具体操作步骤如下：

01 打开一张偏色图像，如图 3.9 所示。可以看到图像明显偏黄。

02 单击"图像"|"调整"|"自动颜色"命令，或按 Ctrl+Shift+B 快捷键，可以得到图 3.10 所示的正常颜色。

图 3.9　原图像 　　　　　　　　　　　图 3.10　调整颜色后的效果

2. 自动校正缺乏对比的图像

单击"图像"|"调整"|"自动色阶"命令，可以让 Photoshop 自动快速地扩展图像色调范围，使图像最暗的像素变黑（色阶为 0），最亮的像素变白（色阶为 255），并在黑白之间所有范围上扩展中间色调。

使用"自动色阶"命令调整图像的具体操作步骤如下：

01 打开一张发灰的图像，如图 3.11 所示。可以看到图像明显比较暗淡。

02 单击"图像"|"调整"|"自动色阶"命令，或按 Ctrl+Shift+L 快捷键，可以得到图 3.12 所示的色调效果。

图 3.11 缺乏颜色对比的原图像    图 3.12 校正色调后的图像

3. 增强图像对比度

通过单击"图像"|"调整"|"自动对比度"命令，可以自动增强图像的总体对比度。使用"自动对比度"命令调整图像的具体操作步骤如下：

01 打开一张花瓶图像，如图 3.13 所示。

02 单击"图像"|"调整"|"自动对比度"命令，或按 Ctrl+Alt+Shift+L 快捷键，可以得到图 3.14 所示的对比度效果。

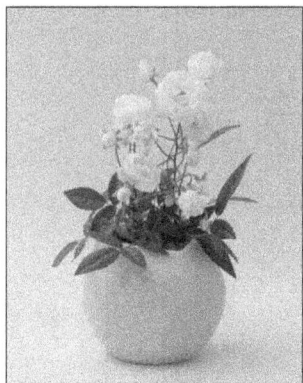

图 3.13 原图像    图 3.14 自动调整对比度

4. 亮度/对比度调整

"亮度/对比度"命令用来调整图像的亮度和对比度，只适用于粗略地调整图像。

单击"图像"|"调整"|"亮度/对比度"命令，会打开"亮度/对比度"对话框，如图 3.15 所示，其中各选项的含义如下。

❖ 亮度：调整图像的明暗度。当数值为正时，增加图像的亮度；当数值为负时，降低图像的亮度。

❖ 对比度：用于调整图像的对比度。当数值为正时，增加图像的对比度；当数值为负时，降低图像的对比度。

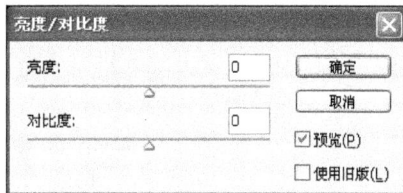

图 3.15 "亮度/对比度"对话框

使用"亮度/对比度"命令调整图像的具体操作步骤如下：

01 打开一张狮子图像,如图 3.16 所示。

02 单击"图像"|"调整"|"亮度/对比度"命令,打开"亮度/对比度"对话框,参照图 3.17 所示在该对话框中设置参数,然后单击"确定"按钮,调整图像的亮度和对比度,如图 3.18 所示。

图 3.16　色调发灰的原素材图像 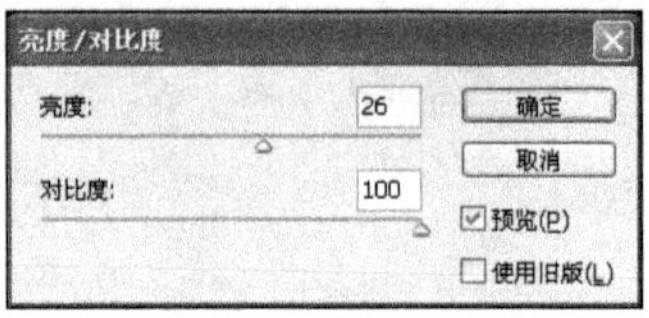　　图 3.17　"亮度/对比度"对话框 　　图 3.18　图像调整效果

5. 直观调整图像色彩

"变化"命令可以让用户非常直观地调整图像或选区的色彩平衡、对比度和饱和度,非常适合于色调平均且不需要精确调节的图像。

单击"图像"|"调整"|"变化"命令,打开"变化"对话框,如图 3.19 所示。

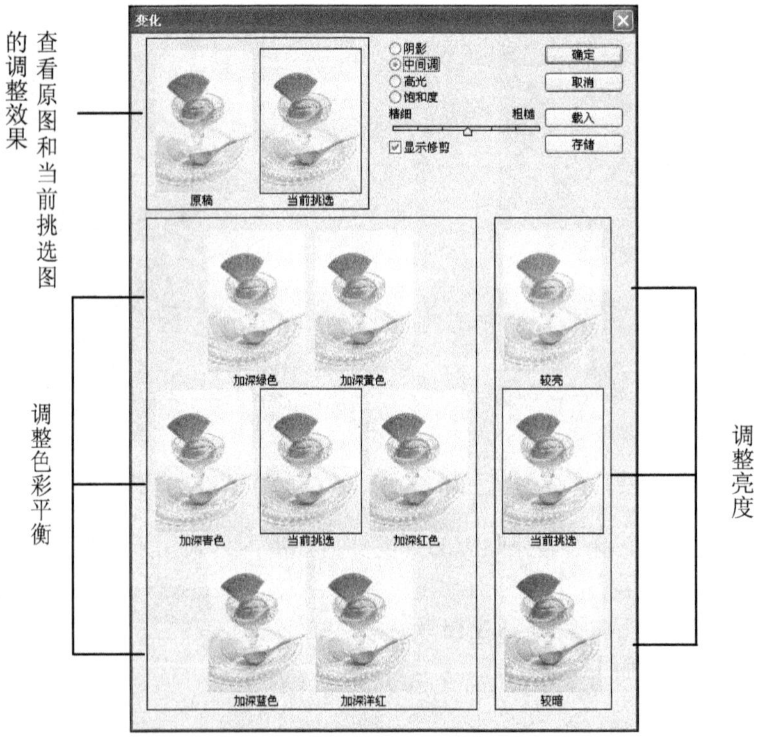

图 3.19　变化调整

在对话框右上角可以选择需要调整的区域。

❖ 阴影、中间调或高光:选择任一选项,调整相应区域的颜色。

❖ 饱和度:选择该选项,"变化"对话框将刷新为调整饱和度的对话框。

调整颜色和亮度时有以下几种情况。

❖ 若要将颜色添加到图像，可单击相应的颜色缩览图。

❖ 若要减去一种颜色，可以单击其互补色颜色的缩览图。例如，要减去青色，可以单击"加深红色"
缩览图。

❖ 若要调整亮度，可单击对话框右侧的缩览图。

注意

怎样恢复图像？
移动光标到"原稿"缩览图上单击，可将图像恢复至调整前的状态。

使用"变化"命令调整图像的具体操作步骤如下：

01 单击"文件" | "打开"命令，打开一张素材图像，如图 3.20 所示。

02 单击"图像" | "调整" | "变化"命令，打开"变化"对话框，如图 3.21 所示。

图 3.20 素材图像

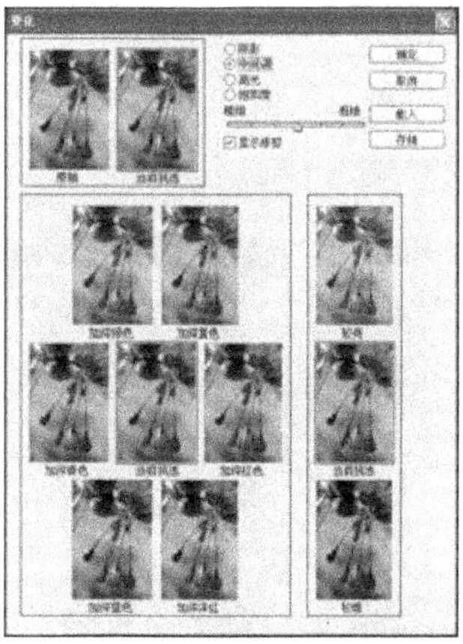

图 3.21 "变化"对话框

03 在"变化"对话框中单击"加深红色"缩览图，然后再单击"加深黄色"缩览图，如
图 3.22、图 3.23 所示。

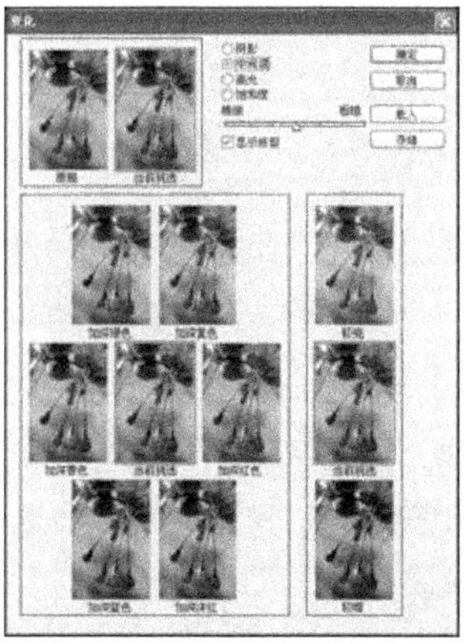

图 3.22 加深红色

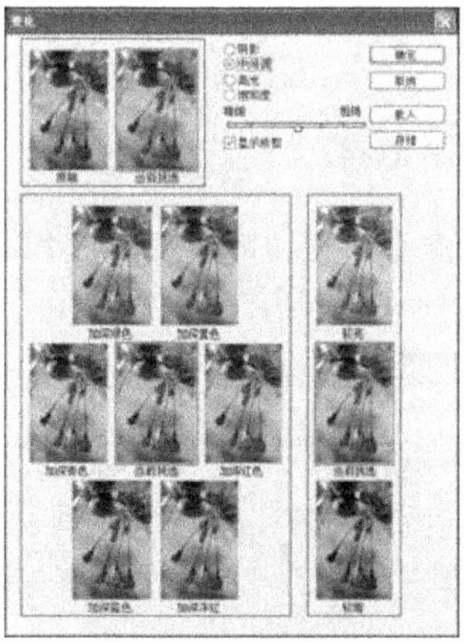

图 3.23 加深黄色

04 在"变化"对话框中单击"加深青色"缩览图，然后再单击"加深绿色"缩览图，如图 3.24、图 3.25 所示。

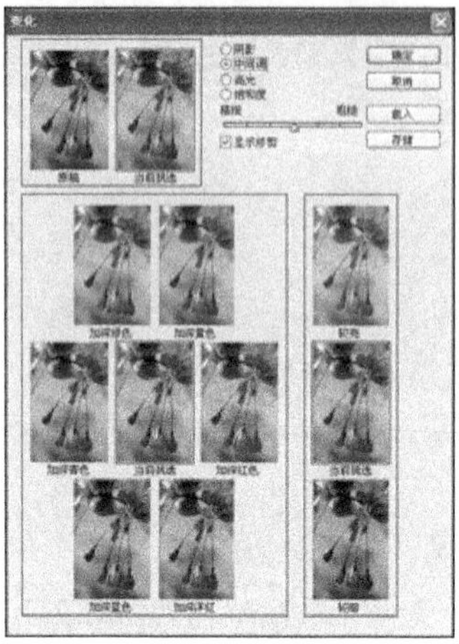

图 3.24　加深青色

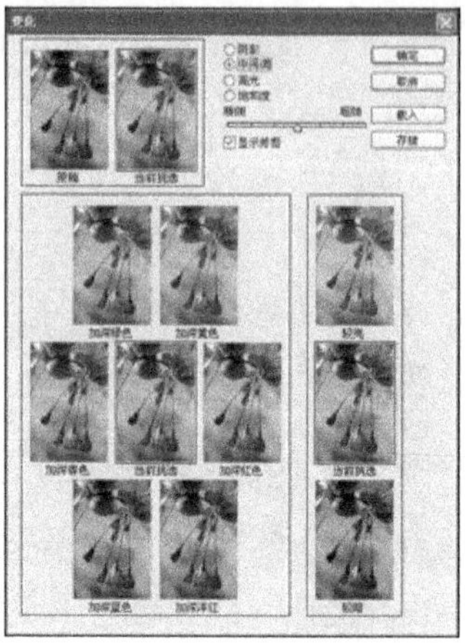

图 3.25　加深绿色

05 在"变化"对话框中单击"加深蓝色"缩览图，如图 3.26 所示，得到如图 3.27 的图像效果。

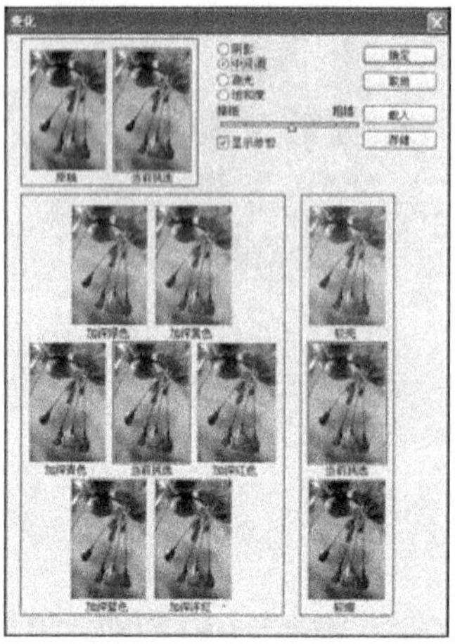

图 3.26　加深蓝色

图 3.27　颜色调整效果

6．照片滤镜

"照片滤镜"的功能相当于传统摄影中滤光镜的功能，即模拟在相机镜头前加上彩色滤光镜，以便调整得到镜头光线的色温与色彩的平衡，从而使胶片产生特定的曝光效果。

使用"照片滤镜"命令调整图像的具体操作步骤如下：

01 单击"文件"｜"打开"命令，打开一张素材图像，如图 3.28 所示。

02 单击"图像"｜"调整"｜"照片滤镜"命令，弹出如图 3.29 所示的对话框。

03 单击"确定"按钮，得到如图 3.30 所示的图像效果。

图 3.28　素材图像　　　图 3.29　"照片滤镜"对话框　　　图 3.30　照片滤镜效果

7．阴影/高光调整

"阴影/高光"命令特别适合调整由于逆光摄影而形成剪影的照片。

使用"阴影/高光"命令调整图像的具体操作步骤如下：

01 单击"文件"｜"打开"命令，打开一张素材图像，如图 3.31 所示。

02 单击"图像"｜"调整"｜"阴影/高光"命令，打开"阴影/高光"对话框，如图 3.32 所示。

03 单击"确定"按钮，图像效果如图 3.33 所示。

图 3.31　素材图像　　　图 3.32　"阴影/高光"对话框　　　图 3.33　阴影/高光调整效果

8．匹配颜色

"匹配颜色"是一个智能的颜色调整工具，可以使原图像匹配目标图像的亮度、色相和饱和度，使两幅图像的色调看上去和谐统一，如图 3.34 所示。

色调发红的素材图像　　　变绿后的效果

图 3.34　匹配颜色

使用"匹配颜色"命令调整图像的具体操作步骤如下：

01 单击"文件"|"打开"命令，打开两张素材图像，如图 3.35、图 3.36 所示。

图 3.35　色调偏红的素材图像

图 3.36　色调泛白的素材图像

02 单击"图像"|"调整"|"匹配颜色"命令，打开"匹配颜色"对话框，如图 3.37 所示。

03 在"匹配颜色"对话框中单击"源"下拉按钮，参照图 3.38 所示在弹出的下拉列表中进行选择。

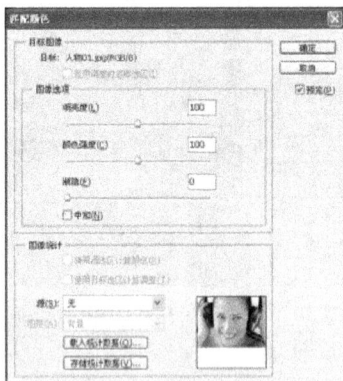

图 3.37　"匹配颜色"对话框

图 3.38　选择源

04 选择后，对话框如图 3.39 所示，然后在对话框中继续设置其他各项参数，如图 3.40 所示。

图 3.39　"匹配颜色"对话框

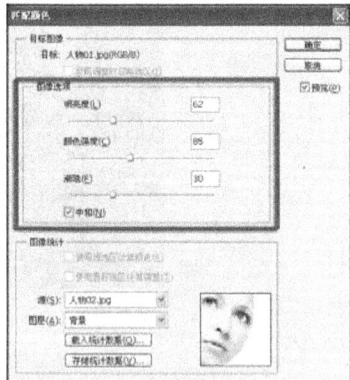

图 3.40　继续设置参数

[05] 单击"确定"按钮，完成对人物图像颜色的匹配调整，如图 3.41 所示。

图 3.41　图像调整效果

9．调整照片曝光度

"曝光度"命令用于模拟数码相机内部对数码照片的曝光处理，也常用于调整曝光不足或曝光过度的数码照片。

单击"图像"|"调整"|"曝光度"命令，打开图 3.42 所示的"曝光度"对话框。

"曝光度"对话框中主要选项的含义如下：

图 3.42　"曝光度"对话框

❖ 曝光度：向右拖动滑块或输入正值可以增加数码照片的曝光度，向左拖动滑块或输入负值可以降低数码照片的曝光度。

❖ 吸管工具：用于调整图像的亮度值。"在图像中取样以设置黑场"吸管工具将设置"位移"，同时将吸管选取的像素颜色设置为黑色；"在图像中取样设置白场"吸管工具将设置"曝光度"，同时将吸管选取的像素设置为白色（对于 HDR 图像为 1.0）；"在图像中取样设置灰场"吸管工具将设置"曝光度"，同时将吸管选取的像素设置为中度灰色，通过"设置白场"和"设置黑场"调整图像曝光度的效果。

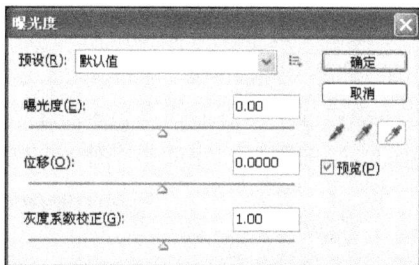

使用"曝光度"命令调整图像的具体操作步骤如下：

[01] 单击"文件"|"打开"命令，打开一张素材图像，如图 3.43 所示。

[02] 单击"图像"|"调整"|"曝光度"命令，打开"曝光度"对话框，如图 3.44 所示。

图 3.43　素材图像

图 3.44　"曝光度"对话框

[03] 单击"确定"按钮，图像效果如图 3.45 所示。

图 3.45　曝光度调整效果

3.3　进阶型实训

3.3.1　实训 1——制作怀旧照片

实训分析：本实例通过制作怀旧照片，讲解其制作方法，主要使用了"曲线"和"色相/饱和度"调整图层。在制作的过程中，首先使用"快速蒙版"和"喷色描边"滤镜制作出图像边框，通过曲线调整和色彩/饱和度调整，制作出怀旧照片效果，最后添加文字，绘制蝴蝶装饰图形，完成整个作品的制作，最终效果如图 3.46 所示。

图 3.46　怀旧照片效果

视频路径	配套 DVD 光盘\视频\第 3 章\制作怀旧照片.avi
素材路径	配套 DVD 光盘\素材与源文件\第 3 章\制作怀旧照片.psd

具体操作步骤如下。

1．制作图像效果

01 双击桌面上的快捷图标，打开 Photoshop CS5。

02 单击"文件"｜"新建"命令，弹出"新建"对话框，参照图 3.47 所示设置参数。

03 单击"图层"调板底部的"创建新图层"按钮 ，创建一个新图层，如图 3.48 所示。

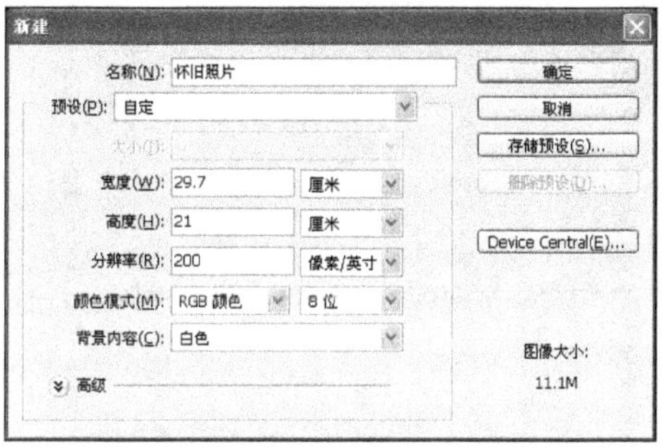

图 3.47 "新建"对话框

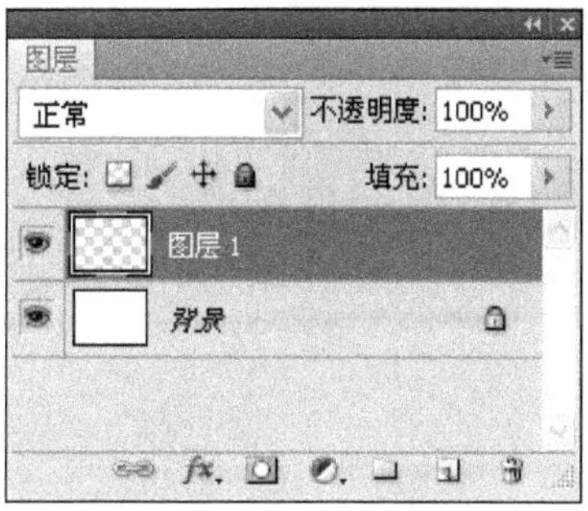

图 3.48 创建一个新图层

04 单击工具箱中的矩形选框工具 [] ，此时鼠标指针呈十字形状，在图片上按住鼠标左键并拖曳，绘制出一个矩形选框，如图 3.49 所示。

05 按 Shift+F6 快捷键，弹出"羽化选区"对话框，参数设置如图 3.50 所示。

图 3.49 绘制一个矩形选框

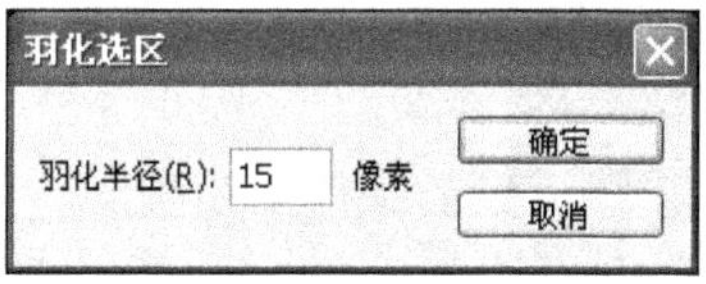

图 3.50 "羽化选区"对话框

06 单击"确定"按钮，按 Ctrl+Delete 快捷键填充背景色，如图 3.51 所示。

07 再次在图片上单击并拖曳，绘制一个矩形选框，如图 3.52 所示。

图 3.51 填充背景色

图 3.52 绘制一个矩形选框

08 使用上述方法羽化选区，按 Delete 键删除选区，按 Ctrl+D 快捷键取消选区，如图 3.53 所示。

09 按住 Ctrl 键，同时单击"图层 1"图层，载入选区，单击"以快速蒙版模式编辑"按钮 ，进入快速蒙版模式，如图 3.54 所示。

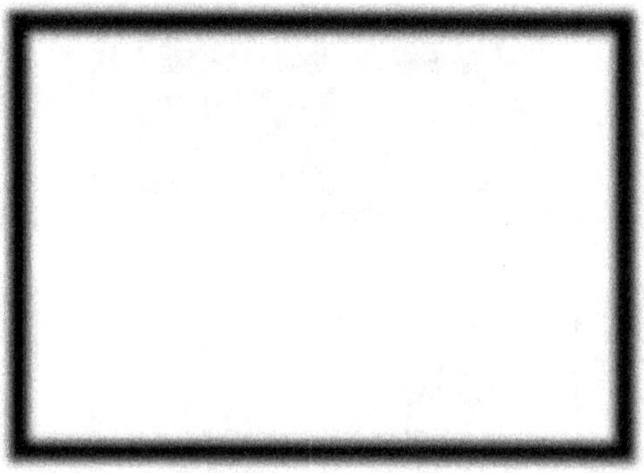

图 3.53　删除选区

图 3.54　快速蒙版模式

10　单击"滤镜" | "画笔描边" | "喷色描边"命令，弹出"喷色描边"对话框，然后参照图 3.55 所示设置参数。

11　单击"确定"按钮，再单击"以标准模式编辑"按钮 ◼，回到标准模式，得到图 3.56 所示的选区。

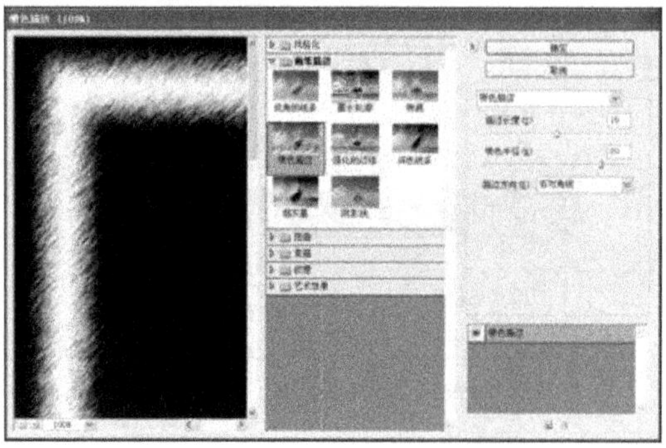

图 3.55　"喷色描边"对话框

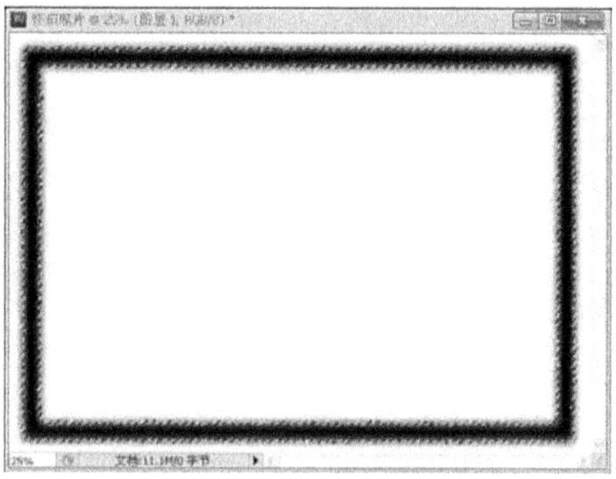

图 3.56　回到标准模式

12　单击"选择" | "反选"命令，按 Delete 键删除，按 Ctrl+D 快捷键取消选区，边框效果如图 3.57 所示。

13　单击"文件" | "打开"命令，打开一张素材图像，如图 3.58 所示。

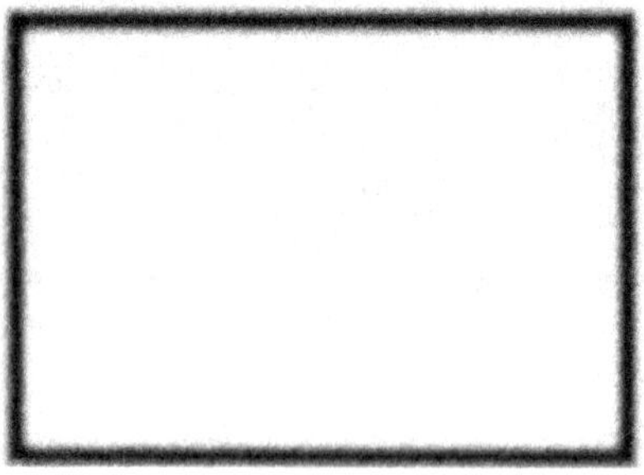

图 3.57　边框效果

图 3.58　素材图像

14　在图片上单击并拖曳，将素材图像移至边框图层的下方，如图 3.59 所示。

15　按 Ctrl+T 快捷键，调整图像至合适大小，双击，并调整图像至合适位置，如图 3.60 所示。

图 3.59 移动素材图像

图 3.60 调整图像

16° 使用矩形选框工具 选择图像中边框外的部分，按 Delete 键删除，效果如图 3.61 所示。

17° 复制"图层 2"，单击"滤镜"|"模糊"|"高斯模糊"命令，在弹出的"高斯模糊"对话框中设置参数，如图 3.62 所示。

图 3.61 删除多余部分

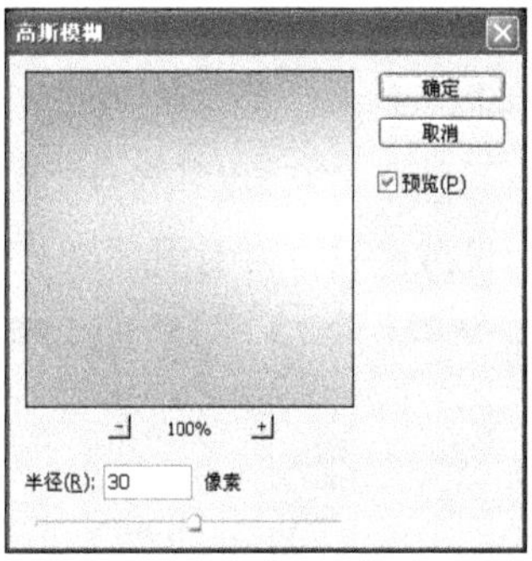

图 3.62 "高斯模糊"对话框

18° 设置图层的混合模式为"强光"，效果如图 3.63 所示。

19° 单击"图层"调板底部的"创建新的填充或调整图层"按钮 ，在弹出的快捷菜单中选择"曲线"命令，如图 3.64 所示。

图 3.63 设置图层混合模式的效果

图 3.64 选择"曲线"选项

20° 在弹出的"曲线"调板中单击"通道"下三角按钮，在弹出的下拉列表框中选择"红"选项，调整曲线参数，如图 3.65 所示。

21 在"通道"下拉列表框中选择"绿"选项，调整曲线参数，如图 3.66 所示。

图 3.65　调整曲线 1

图 3.66　调整曲线 2

22 在"通道"下拉列表框中选择"蓝"选项，调整曲线参数，如图 3.67 所示。

23 单击"图层"调板底部的"创建新的填充或调整图层"按钮 ，在弹出的菜单中选择"色相/饱和度"命令，创建一个新的"色相/饱和度"调整图层，参照图 3.68 所示设置参数，得到图 3.69 所示效果。

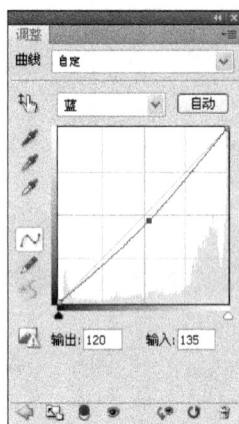

图 3.67　调整曲线 3

图 3.68　调整色相/饱和度

图 3.69　调整后的效果

2．制作文字效果

01 选取横排文字工具 T，在图像上单击确定插入点，设置颜色为咖啡色（RGB 参考值分别为 R112、G68、B68），字体为汉仪中圆简，输入文字"等待"，效果如图 3.70 所示。

02 按 Ctrl+T 快捷键，旋转文字，效果如图 3.71 所示。

03 参照上述方法，输入其他文字，效果如图 3.72 所示。

图 3.70　输入文字

图 3.71 旋转文字

图 3.72 输入其他文字

04 选取工具箱中的自定形状工具 ，单击选项栏中的"形状"按钮，弹出形状控制面板，选中"蝴蝶"图形，如图 3.73 所示。

05 在图像中绘制出蝴蝶图形，按 Ctrl+T 快捷键，旋转图形至合适的角度，效果如图 3.74 所示。

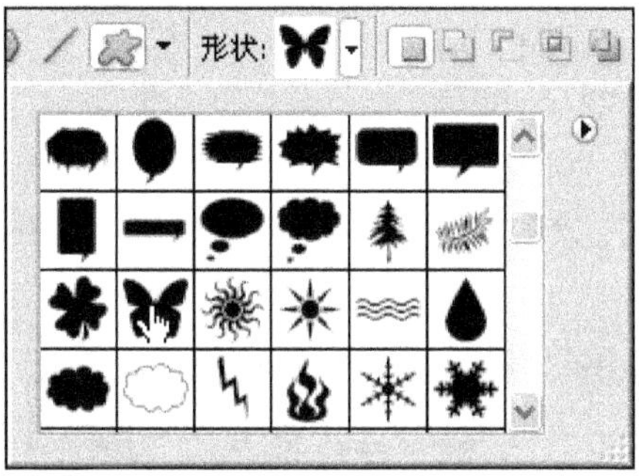

图 3.73 选中"蝴蝶"图形

图 3.74 绘制蝴蝶图形

06 将"图层"调板切换至"路径"调板，在空白处单击隐藏路径，快捷键为 Ctrl+H，效果如图 3.75 所示。

07 使用上述方法，绘制出其他蝴蝶装饰图形，效果如图 3.76 所示。

图 3.75 隐藏路径

图 3.76 绘制出其他蝴蝶

3.3.2 实训 2——制作儿童照片

实训分析：本实例主要通过制作儿童照片，讲解图像变换、"色相/饱和度"命令的方法。在制作过程中，首先使用矩形选框工具，制作出照片框架，再通过创建剪贴蒙版，添加素材图像，通过调整色相/饱和度，将儿童照片调整为不同的颜色，最后加上可爱的小卡通图形，使整体风格活泼明快，最终制作出儿童照片效果，如图 3.77 所示。

图 3.77　儿童照片效果

视频路径	配套 DVD 光盘\视频\第 3 章\制作儿童照片.avi
素材路径	配套 DVD 光盘\素材与源文件\第 3 章\制作儿童照片.psd

具体操作步骤如下：

01 双击桌面上的快捷图标，打开 Photoshop CS5。

02 单击"文件"｜"新建"命令，弹出"新建"对话框，设置各参数，如图 3.78 所示。

03 单击"设置前景色"色块，在弹出的对话框中设置前景色为黄色，参数设置如图 3.79 所示。新建一个图层，填充前景色。

图 3.78　"新建"对话框

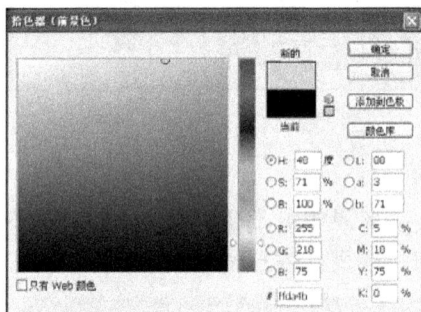

图 3.79　设置前景色

04 单击工具箱中的矩形选框工具，此时鼠标指针呈十字形状，在图片上按住鼠标左键并拖曳，绘制出一个矩形选框，如图 3.80 所示。

05 设置前景色为白色，按 Alt+Delete 快捷键填充选区，如图 3.81 所示。

图 3.80　绘制一个矩形选区

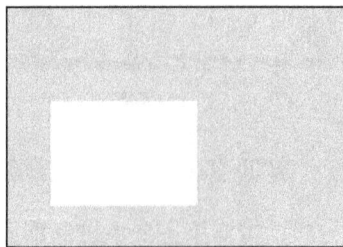

图 3.81　填充颜色

06 按 Ctrl+T 快捷键，旋转图形并移动至合适位置，如图 3.82 所示。

07 双击图层，在弹出的"图层样式"对话框中设置参数，如图 3.83 所示。

图 3.82　旋转图形　　　　　　　　图 3.83　"图层样式"对话框

08 单击"文件"|"打开"命令，打开一张素材图像，如图 3.84 所示。

09 按住 Alt 键，移动鼠标至"图层 2"和"图层 3"之间，当光标呈 形状时单击，创建剪贴蒙版，按 Ctrl+T 快捷键，调整图形的旋转角度，并移动至合适位置，如图 3.85 所示。

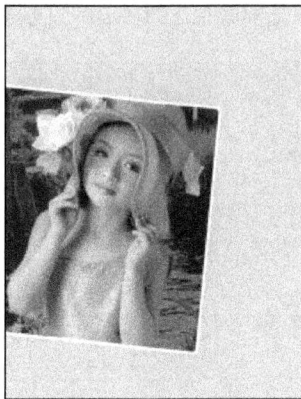

图 3.84　素材图像　　　　　　　　图 3.85　创建剪贴蒙版

10 单击"图像"|"调整"|"色相/饱和度"命令，弹出"色相/饱和度"对话框，设置参数，如图 3.86 所示。

11 单击"确定"按钮，效果如图 3.87 所示。

图 3.86　"色相/饱和度"对话框　　　　图 3.87　调整色相/饱和度效果

12 使用上述方法，添加素材图像，并调整合适的颜色，效果如图 3.88 所示。

13 单击"设置前景色"色块，在弹出的对话框中设置"前景色"为红色，参数如图 3.89 所示。

图 3.88　添加素材图像

图 3.89　设置前景色

14 新建一个图层，选取钢笔工具 ✐，绘制如图 3.90 所示的路径。

15 单击鼠标右键，在弹出的快捷菜单中选择"建立选区"选项，按 Alt＋Delete 快捷键填充前景色，按 Ctrl＋D 快捷键取消选区，效果如图 3.91 所示。

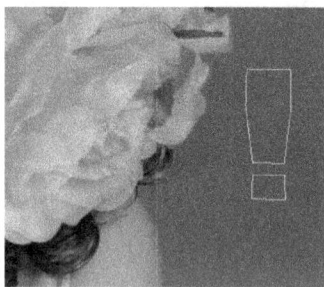

图 3.90　绘制路径

图 3.91　填充颜色

16 双击图层，弹出"图层样式"对话框，为形状添加阴影，参数设置如图 3.92 所示。效果如图 3.93 所示。

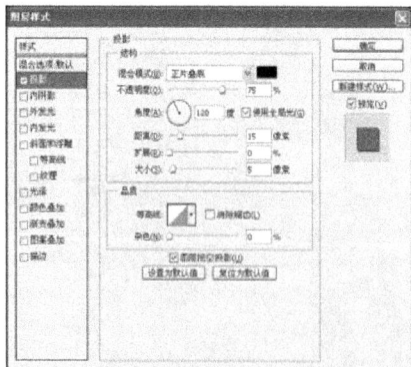

图 3.92　"图层样式"对话框

图 3.93　阴影效果

17 使用上述方法，制作出其他图形并添加投影，效果参见图 3.77。

3.3.3 实训 3——制作素描效果

实训分析：本实例通过制作素描照片，讲解"去色"、"反相"命令的用法。在制作的过程中，首先使用矩形选框工具，制作出背景效果，再通过"去色"、"反相"、"高斯模糊"等命令制作出图像素材效果，通过调整色相/饱和度，将素描照片调整颜色，最后使用路径和形状工具为图像添加装饰图案，最终制作出素描照片效果，如图 3.94 所示。

图 3.94 素描效果

视频路径	配套 DVD 光盘\视频\第 3 章\制作素描效果.avi
素材路径	配套 DVD 光盘\素材与源文件\第 3 章\制作素描效果.psd

1. 制作图像效果

具体操作步骤如下。

01 双击桌面上的快捷图标，打开 Photoshop CS5。

02 单击"文件"｜"新建"命令，弹出"新建"对话框，设置参数，如图 3.95 所示。

03 单击矩形选框工具 [:]，此时鼠标指针呈十字形状，在图片上按住鼠标左键并拖曳，绘制出一个矩形选框，如图 3.96 所示。

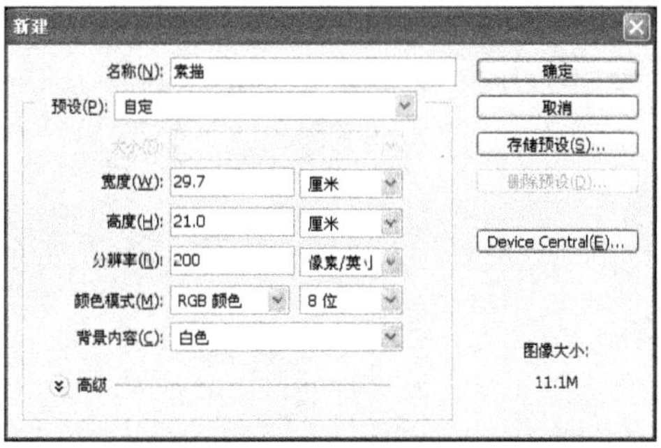

图 3.95 "新建"对话框

图 3.96 绘制矩形

04 单击"设置前景色"色块，在弹出的对话框中设置"前景色"为黄色，参数如图 3.97 所示。

05 新建一个图层，填充前景色，按 Ctrl+D 快捷键取消选区，如图 3.98 所示。

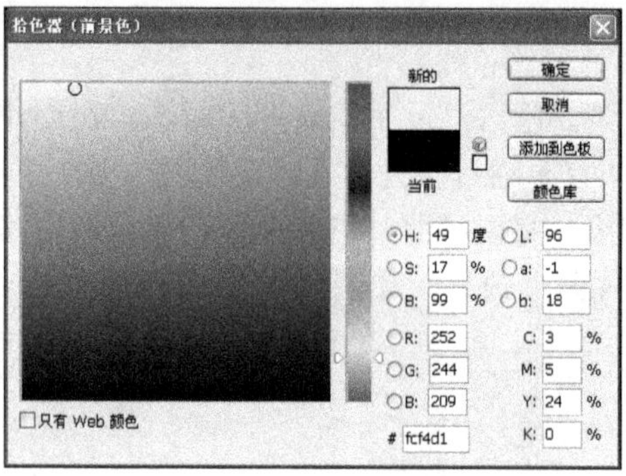

图 3.97　设置前景色

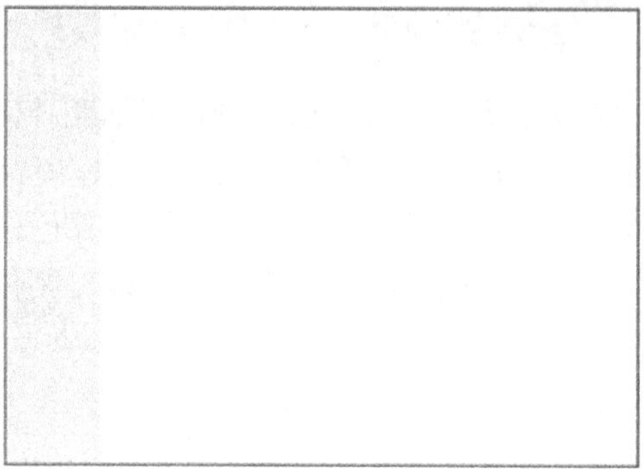

图 3.98　填充前景色

06 使用上述方法绘制另一个矩形，填充颜色为红色（RGB 参考值分别为 R222、G152、B152），效果如图 3.99 所示。

07 使用上述方法绘制另外两个矩形，填充颜色分别为深红色（RGB 参考值分别为 R198、G80、B80）和浅红色（RGB 参考值分别为 R243、G220、B220），如图 3.100 所示。

图 3.99　绘制矩形

图 3.100　绘制矩形

08 单击"文件"|"打开"命令，打开一张素材图像，如图 3.101 所示。

09 将背景图层复制一层，单击"图像"|"调整"|"去色"命令，效果如图 3.102 所示。

10 复制"背景 副本"图层，单击"图像"|"调整"|"反相"命令，设置图层模式为"线性减淡（添加）"，如图 3.103 所示。

图 3.101　素材图像

图 3.102　去色

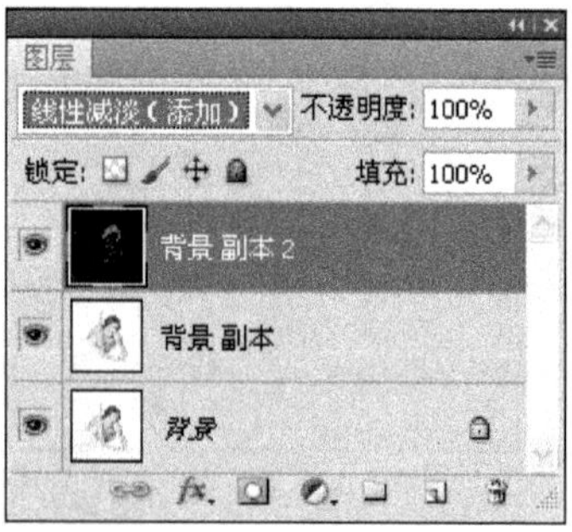

图 3.103　设置图层模式

11 单击"滤镜"|"模糊"|"高斯模糊"命令，弹出"高斯模糊"对话框，设置参数，如图 3.104 所示。

12 单击"确定"按钮，效果如图 3.105 所示。按 Ctrl+Shift+Alt+E 快捷键，盖印可见图层。

13 单击〝图像〞|〝调整〞|〝色相/饱和度〞命令，弹出〝色相/饱和度〞对话框，参数
设置如图 3.106 所示。

图 3.104 〝高斯模糊〞对话框　　图 3.105 〝高斯模糊〞效果　　图 3.106 〝色相/饱和度〞对话框

14 单击〝确定〞按钮，按 Ctrl+Alt+Shift+E 快捷键，盖印所见图层，效果如图 3.107
所示。

15 按住鼠标左键并拖曳，将素材图像添加至〝素描〞文件中，调整大小及位置，效果如
图 3.108 所示。

图 3.107 盖印所见图层　　　　　　　　　　　图 3.108 添加图像

16 单击〝图层〞调板底部的〝添加图层蒙版〞按钮 ，为图层添加蒙版，设置前景色
为黑色，然后使用矩形选框工具 将多余的部分填充黑色，如图 3.109 所示效果。

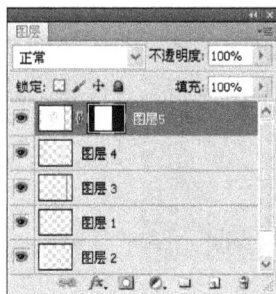

图 3.109 蒙版效果

2．绘制装饰图案

01 选择工具箱中的钢笔工具 ，绘制一条路径，如图 3.110 所示。

02 单击"设置前景色"色块，在弹出的对话框中设置"前景色"为红色，参数设置如图 3.111 所示。

图 3.110　绘制一条路径

图 3.111　设置"前景色"

03 选择画笔工具 ，在选项栏中设置各参数，如图 3.112 所示。

04 新建一个图层，选取钢笔工具，在图像中右击，在弹出的快捷菜单中选择"描边路径"选项，如图 3.113 所示。

05 在弹出的"描边路径"对话框中选择"画笔"选项，选中"模拟压力"复选框，如图 3.114 所示，然后单击"确定"按钮。

图 3.112　设置参数

图 3.113　选择"描边路径"选项

图 3.114　"描边路径"对话框

06 使用同样的操作方法绘制另一条路径，效果如图 3.115 所示。

07 单击"设置前景色"色块，在弹出的对话框中设置"前景色"为黄色，参数如图 3.116 所示。

图 3.115　绘制另一条路径

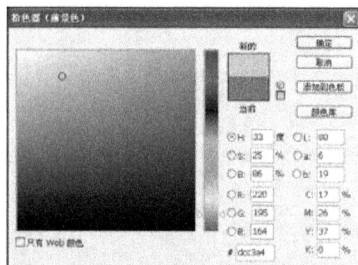

图 3.116　设置前景色

08 选择自定形状工具 ，单击选项栏中的"形状"按钮，弹出形状控制面板，选中"鱼"形状，如图 3.117 所示。

09 在图像中绘制鱼图形，并隐藏路径，如图 3.118 所示。

10 使用上述操作方法在图像中绘制出其他鱼图形，效果如图 3.119 所示。

图 3.117 选中"鱼"形状　　图 3.118 绘制鱼图形　　图 3.119 绘制其他鱼图形

11 单击"设置前景色"色块，在弹出的对话框中设置"前景色"为红色，参数如图 3.120 所示。

12 选择自定形状工具，单击选项栏中的"形状"按钮，弹出形状控制面板，选中"花"形状，如图 3.121 所示。

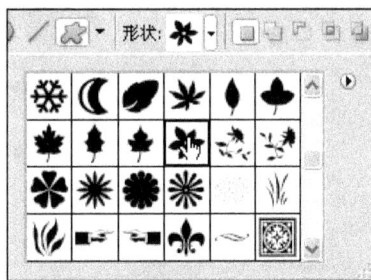

图 3.120 设置前景色　　　　　　　图 3.121 选中"花"形状

13 使用上述操作方法在图像中绘制花图形，效果如图 3.122 所示。

14 使用上述操作方法在图像中绘制边角装饰图形，效果如图 3.123 所示。

15 选择直排文字工具，设置"颜色"为红色（RGB 参考值为 R198、G80、B80），字体为楷体，输入文字"静静的思念"，效果如图 3.124 所示。

图 3.122 绘制花图形　　图 3.123 绘制边角装饰图形　　图 3.124 文字效果

3.4 练习题

一、简答题

（1）常见的颜色模式有哪些？

（2）如何在"阴影/高光"对话框中设置饱和度？

（3）"照片滤镜"命令中的"保留亮度"选项有何作用？

（4）使用什么命令可以调整图像局部色彩？

（5）什么命令可以更改图像中的某个颜色？

二、上机实验

1．创建怀旧感觉照片，效果如图 3.125 所示。

原始素材	配套 DVD 光盘\素材与源文件\第 3 章\习题 1-1.jpg
最终效果	配套 DVD 光盘\素材与源文件\第 3 章\习题 1.psd

图 3.125　怀旧照片色调

要求：

（1）准备一张风景照片。

（2）利用"黑白"命令制作怀旧照片效果。

2．调整照片色调，效果如图 3.126 所示。

原始素材	配套 DVD 光盘\素材与源文件\第 3 章\习题 2-1.jpg
最终效果	配套 DVD 光盘\素材与源文件\第 3 章\习题 2.psd

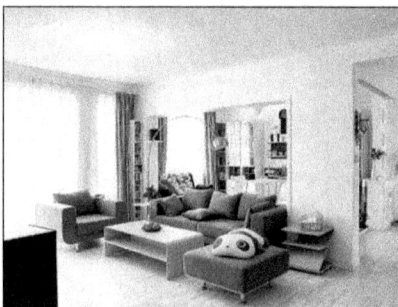

图 3.126　调整照片颜色

要求：

（1）准备一张家居室内图。

（2）利用"照片滤镜"命令使冷色调转换为暖色调。

第 4 章

绘图工具

读者通过对本章的阅读，熟悉 Photoshop CS5 的绘图工具。Photoshop CS5 提供了丰富多样的绘图工具和修图工具，具有强大的绘图和修图功能。使用这些绘图工具，再配合"画笔"调板、混合模式、图层等功能，可以制作出传统绘画技巧难以达到的效果。本章详细地讲解 Photoshop CS5 绘图和修图工具的使用方法及应用技巧。

基础知识
- ◆ 画笔工具和铅笔工具
- ◆ 橡皮擦工具
- ◆ 渐变工具和油漆桶工具

重点知识
- ◆ 图章工具
- ◆ 修复和修补工具

提高知识
- ◆ 图像修饰工具
- ◆ 色调调整工具

4.1 基础案例——去除照片上的日期

4.1.1 基础知识要点与制作思路

本实例通过去除照片上的日期，讲解污点修复画笔工具的用法。

在制作过程中，首先打开照片图像，再选择污点修复画笔工具，然后使用该工具在照片右下角的日期上涂抹，去除照片上的日期，最后调整照片的对比度，完成最终的效果。

4.1.2 制作步骤

在拍摄数码照片时，照相机会自动在照片右下角添加拍摄日期等信息，使用污点修复画笔工具可以快速去除该日期信息，本例制作完成的效果如图 4.1 所示。

图 4.1　去除日期后的照片效果

视频路径	配套 DVD 光盘\视频\第 4 章\去除照片上的日期.avi
素材路径	配套 DVD 光盘\素材与源文件\第 4 章\去除照片上的日期.psd

具体操作步骤如下：

01 双击桌面上的快捷图标，启动 Photoshop CS5。

02 单击“文件”|“打开”命令，打开一张素材图像，如图 4.2 所示。

图 4.2　素材图像

03 选择污点修复画笔工具 ，在工具选项栏中设置参数，如图 4.3 所示。

图 4.3　污点修复画笔工具选项栏

04 将光标移动至图像右下角的日期位置，然后使用污点修复画笔工具 ✐ 在数字 "1" 处涂抹，如图 4.4、图 4.5 所示。

05 松开鼠标后，红色的数字 "1" 图像消失，并且被近似的湖水图像代替，效果如图 4.6 所示。

图 4.4　移动光标　　　　　图 4.5　在日期位置涂抹　　　　　图 4.6　去除数字 "1" 图像

06 使用污点修复画笔工具 ✐ 采用相同的方法将剩余日期图像覆盖，如图 4.7 所示。

07 松开鼠标后，得到如图 4.8 所示的效果。

08 使用污点修复画笔工具 ✐ 继续在去除日期后的湖面图像上进行涂抹，使湖水和周围的图像融合起来，显得更为自然，效果如图 4.9 所示。

图 4.7　覆盖剩余日期图像　　　　图 4.8　去除剩余日期图像　　　　图 4.9　继续修饰湖水图像

09 单击 "图层" 调板底部的 "创建新的填充或调整图层" 按钮，在弹出的菜单中选择 "亮度/对比度" 选项，打开 "亮度/对比度" 调板，同时创建 "亮度/对比度 1" 调整图层，如图 4.10 所示，参照图 4.11 所示在调板中设置参数，调整图像整体的颜色，完成照片的处理，效果参见图 4.1。

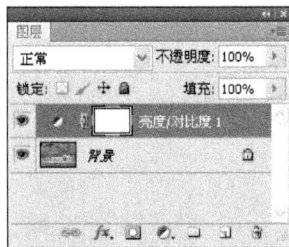

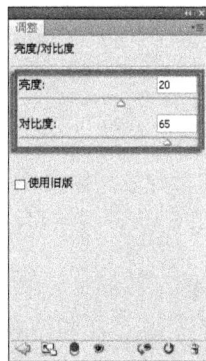

图 4.10　"图层" 调板　　　　　　　图 4.11　"亮度/对比度" 调板

4.2 绘图工具介绍

在 Photoshop 中，绘图工具是基础，只有熟练掌握这些工具的使用方法，才能配合其他功能完成任务。本节将简单地介绍各种工具的使用方法。

4.2.1 画笔工具和铅笔工具

Photoshop 最基本的绘图工具是画笔工具 ✐ 和铅笔工具 ✐ ，分别用于绘制边缘较柔和的笔画和硬边笔画。

1. 画笔工具

在开始绘图之前，应选择所需的画笔笔尖形状和大小，并设置不透明度、流量等画笔属性。Photoshop 提供了预设画笔功能，图 4.12 所示为几种预设画笔效果。

在工具选项栏中单击画笔预设下三角按钮▾，打开画笔预设下拉列表，拖动滚动条即可浏览、选择所需的预设画笔。

图 4.12 预设画笔效果

🌀 **技巧**

> 选择画笔或铅笔工具后，在图像窗口任意位置右击，可以快速打开画笔预设列表框。在选择一种画笔预设之后，输入以像素为单位的数值，或拖动"主直径"滑块，可以改变画笔的粗细；拖动"硬度"滑块可以调整画笔边缘的柔和程度。

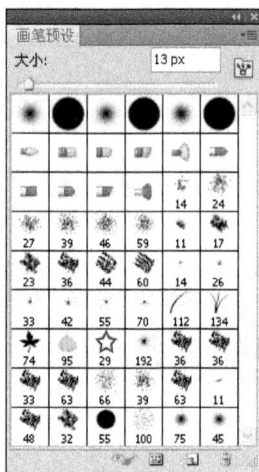

使用画笔制作的图案效果如图 4.13 所示。

图 4.13 运用画笔工具制作的效果

🌀 **技巧**

> 使用快捷键可调整画笔的粗细和硬度：按 [键可以加粗画笔，按] 键可以细化画笔。按 Shift+[快捷键可以减小画笔硬度；按 Shift+] 快捷键可以增加画笔硬度。

2. 铅笔工具

铅笔工具的使用方法与画笔工具类似，但铅笔工具只能绘制硬边线条或图形，与生活中的铅笔非常相似。铅笔工具选项栏如图 4.14 所示。

图 4.14　铅笔工具选项栏

"自动抹除"选项是铅笔工具特有的选项。一般情况下，铅笔工具以前景色绘画，选中该选项后，在与前景色颜色相同的图像区域绘图时，会自动擦除前景色而填入背景色。

4.2.2　随堂实训 1——橡皮擦工具

橡皮擦工具用于擦除背景或图像，共有橡皮擦 、背景橡皮擦 和魔术橡皮擦 3 种，分别在不同的场合使用。

1. 橡皮擦工具

橡皮擦工具 用于擦除图像像素。如果在背景图层上使用橡皮擦，Photoshop 会在擦除的位置填入背景色；如果当前图层为非背景图层，那么擦除的位置就会变为透明。

橡皮擦工具选项栏如图 4.15 所示。其中可设置模式、不透明度、流量和喷枪等选项，这里仅对其特有的"模式"和"抹到历史记录"选项进行介绍。

图 4.15　橡皮擦工具选项栏

❖ 模式：设置橡皮擦的笔触特性，可以选择画笔、铅笔和块 3 种方式来擦除图像。

❖ 抹到历史记录：选中此复选框，橡皮擦工具就具有了历史记录画笔工具 的功能，能够有选择性地恢复图像至某一历史记录状态。其操作方法与历史记录画笔工具相同。

使用橡皮擦工具的具体操作步骤如下：

[01]　单击"文件"|"新建"命令，弹出"新建"对话框，参照图 4.16 所示在该对话框中设置参数，单击"确定"按钮，创建新文件。

[02]　单击工具箱中的"设置前景色"色块，弹出"拾色器（前景色）"对话框，然后参照图 4.17 所示设置颜色。

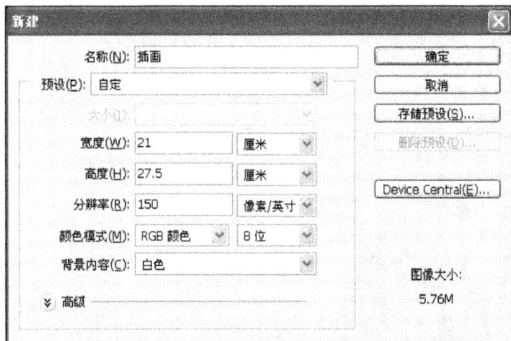

图 4.16　"新建"对话框　　　　图 4.17　设置前景色

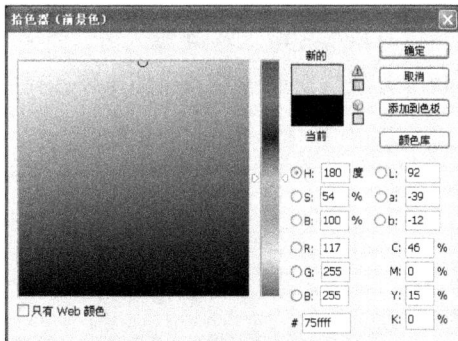

[03]　按 Alt＋Delete 快捷键，为"背景"图层填充前景色。

04 单击"图层"调板底部的"创建新图层"按钮 ，创建"图层1"。

05 设置前景色为黄色，按 Alt+Delete 快捷键，为"图层1"填充前景色，效果如图 4.18 所示，"图层"调板如图 4.19 所示效果。

图 4.18　为"图层1"填充颜色

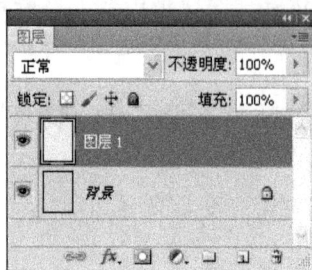

图 4.19　"图层"调板

06 单击工具箱中的橡皮擦工具 ，参照图 4.20 所示在选项栏中设置参数。

07 使用橡皮擦工具 在视图中进行绘制，擦除部分图像，如图 4.21 所示。

图 4.20　设置参数

图 4.21　擦除图像

技巧

在擦除图像时，按住 Alt 键，可以激活"抹到历史记录"功能，相当于选中"抹到历史记录"选项，这样可以快速恢复部分误擦除的图像。

2. 背景橡皮擦工具

背景橡皮擦工具 用于将图层上的像素抹成透明，并且在抹除背景的同时在前景中保留对象的边缘，因而非常适合清除一些背景较为复杂的图像。如果当前图层是背景图层，那么使用背景橡皮擦工具 擦除后，背景图层将转换为名为"图层0"的普通图层。

使用背景橡皮擦工具的具体操作步骤如下：

01 单击"文件"│"打开"命令，打开一张素材图像，如图 4.22 所示。

图 4.22　素材图像

02 选择背景橡皮擦工具 ，在工具选项栏中设置参数，如图 4.23 所示。

图 4.23 背景橡皮擦工具选项栏

03 在图像的土黄色位置单击，以进行取样，如图 4.24 所示。

04 使用背景橡皮擦工具 将取样的颜色部分擦除，如图 4.25 所示。

图 4.24 取样颜色  　　　　图 4.25 擦除取样颜色

05 在选项栏中单击"取样：背景色板"按钮 ，如图 4.26 所示。

图 4.26 设置选项

06 单击工具箱中的"设置背景色"色块，在弹出的"拾色器（背景色）"对话框中设置颜色值，如图 4.27 所示。

07 使用背景橡皮擦工具 在视图中擦除图像，得到图 4.28 所示的效果。

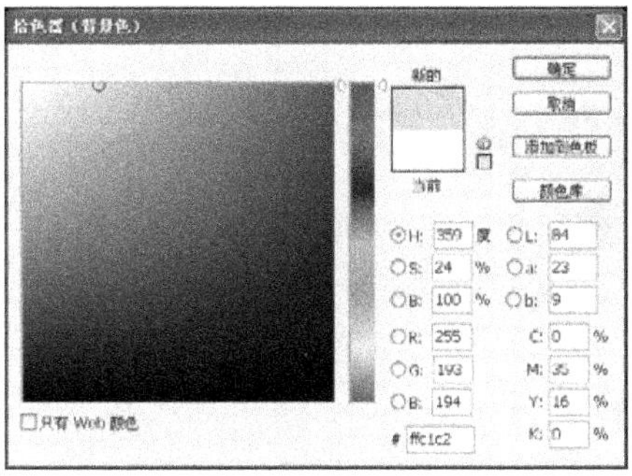

图 4.27 设置背景色  　　　　图 4.28 擦除背景图像

3. 魔术橡皮擦工具

魔术橡皮擦工具 是魔棒工具与背景橡皮擦工具功能的结合，可以将一定容差范围内的背景颜色全部清除而得到透明区域。如果当前图层是背景图层，那么将转换为普通图层。

魔术橡皮擦工具选项栏如图 4.29 所示。其中，可以设置容差、消除锯齿等参数。

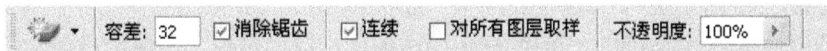

图 4.29 魔术橡皮擦工具选项栏

使用魔术橡皮擦工具的具体操作步骤如下：

01 单击"文件"｜"打开"命令，打开一张素材图像，如图 4.30 所示。

02 单击工具箱中的魔术橡皮擦工具 ，参照图 4.31 所示在选项栏中进行设置。

图 4.30　素材图像

图 4.31　魔术橡皮擦工具选项栏

03 使用魔术橡皮擦工具 在图像的白色背景上单击，即可擦除背景图像，如图 4.32 所示。

图 4.32　使用魔术橡皮擦工具清除图像背景

4.2.3　随堂实训 2——渐变工具和油漆桶工具

渐变工具和油漆桶工具都用于为图像填色，区别主要体现在填充的内容和方式上。油漆桶工具只能填充颜色或图案，而渐变工具能够填充两种以上颜色的混合，所得到的效果过渡细腻、色彩丰富。

1．渐变工具

所谓"渐变"，实际上就是多种颜色之间的一种混合过渡。渐变工具 可以创建各种各样的颜色混合效果。

Photoshop 可以创建 5 种形式的渐变：线性渐变、径向渐变、角度渐变、对称渐变和菱形渐变，单击选项栏中的相应按钮即可选择相应的渐变类型，效果如图 4.33 所示。

| 线性渐变 | 径向渐变 | 角度渐变 | 对称渐变 | 菱形渐变 |

图 4.33　5 种渐变效果

渐变工具选项栏还可以设置以下选项。

❖ 模式：在此下拉列表中可以选择渐变填充的色彩与底图的混和模式。

❖ 不透明度：输入 1%～100％之间的数值以控制渐变填充的不透明度。

❖ 反向：选择此选项，得到的渐变效果与所设置的渐变颜色相反。

❖ 仿色：选择此选项，可以使渐变效果过渡更为平滑。

❖ 透明区域：选择此选项，可以启用编辑渐变时设置的透明效果，填充渐变时得到透明效果。

单击渐变工具选项栏中的渐变条，打开图 4.34 所示的"渐变编辑器"对话框，在此对话框中可以创建新渐变并修改当前渐变的颜色设置。

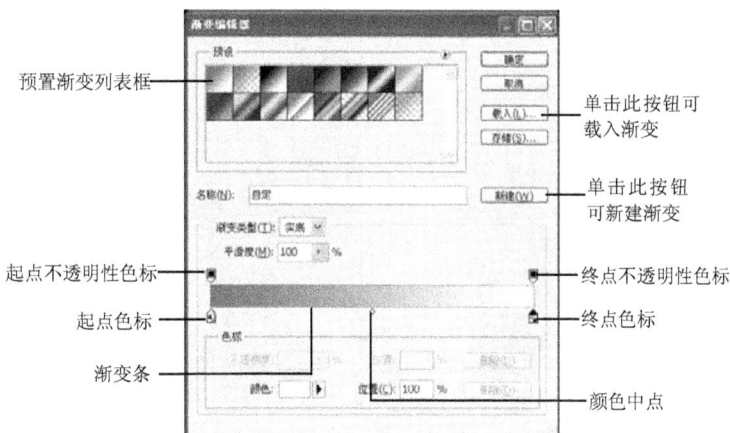

图 4.34　渐变编辑器

创建透明渐变的具体操作步骤如下：

01　单击"文件"｜"打开"命令，打开一张素材图像，如图 4.35 所示。

02　单击渐变工具选项栏中的渐变条，打开"渐变编辑器"对话框，移动光标至渐变条上方，单击即可添加不透明性色标。选中不透明性色标后，在渐变条下方的"不透明度"编辑框中可以设置不透明度大小，在"位置"文本框中可以设置不透明性色标的位置。完成上述设置后，其透明效果将显示在渐变条上，如图 4.36 所示。

03　新建一个图层，单击渐变工具选项栏中的"径向渐变"按钮，在图像合适位置处单击并拖曳，制作彩虹效果，如图 4.37 所示。

图4.35 素材图像 　　　　　图4.36 设置了透明效果的渐变条　　　图4.37 添加透明渐变制作彩虹效果

2．油漆桶工具

油漆桶工具 🖌️ 与"编辑"|"填充"命令非常相似，用于在图像或选区中填充颜色或图案，但油漆桶工具在填充前会对鼠标单击位置的颜色进行取样，从而只填充颜色相同或相似的图像区域，如图4.38所示。

图4.38 油漆桶工具填充示例

油漆桶工具选项栏如图4.39所示，在"填充"列表框中可以选择填充的内容：前景色或图案。当选择图案作为填充内容时，"图案"列表框被激活，单击其右侧的下三角按钮，可以打开图案下拉列表，从中选择所需的填充图案。

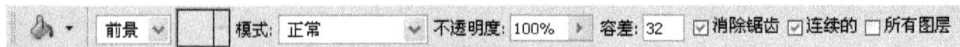

图4.39 油漆桶工具选项栏

使用油漆桶工具填充图案的具体操作步骤如下：

01 单击"文件"|"打开"命令，打开一张素材图像，如图4.40所示。

02 选择魔棒工具 🪄，单击工具选项栏中的"添加到选区"按钮 🔲，参照图4.41所示在素材图像中创建选区，大致将背景图像选取。

03 选择套索工具 🔗，单击工具选项栏中的"添加到选区"按钮 🔲，将未被选择的背景图像选取，如图 4.42 所示。

图 4.40　素材图像　　　　图 4.41　大致选取背景图像　　　　图 4.42　继续选取背景

04 按下快捷键 Ctrl+Shift+I 反转选区，如图 4.43 所示。

05 单击"选择"｜"修改"｜"扩展"命令，打开"扩展选区"对话框，参照图 4.44 所示在该对话框中设置参数，然后单击"确定"按钮，扩展选区。

06 单击"选择"｜"修改"｜"羽化"命令，在打开的"羽化选区"对话框中设置参数，如图 4.45 所示。

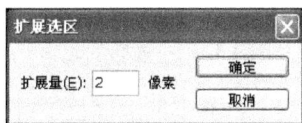

图 4.43　反转选区　　　　图 4.44　"扩展选区"对话框　　　　图 4.45　"羽化选区"对话框

07 单击"确定"按钮，羽化选区，然后反转选区，选取背景图像，如图 4.46 所示。

08 选择油漆桶工具，在选项栏中选择"笔记本纸"图案，然后参照图 4.47 所示继续设置各项参数。

图 4.46　再次选取背景图像　　　　图 4.47　设置参数

09 新建一个图层，移动鼠标到选区中单击填充图案，如图 4.48 所示效果。

10 在"图层"调板中设置"图层 1"的混合模式为"正片叠底"，如图 4.49 所示。

11 按快捷键 Ctrl+D 取消选区，设置前景色为紫红色，如图 4.50 所示。新建一个图层，填充前景色。

图 4.48　填充图案 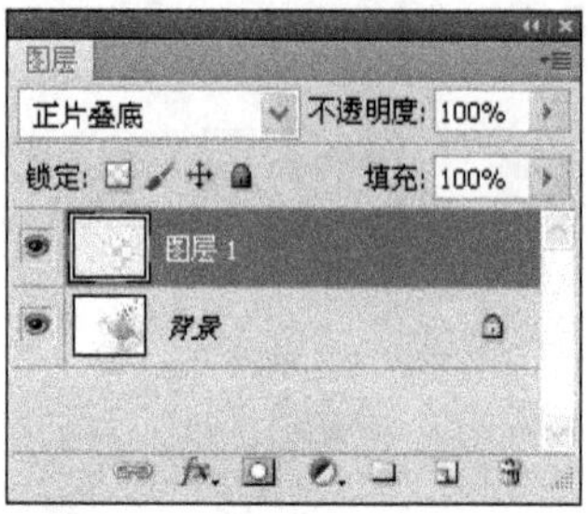　　　　　图 4.49　设置图层的混合模式 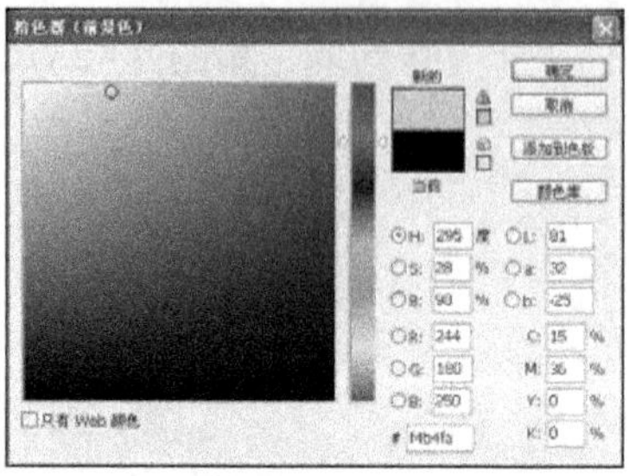　　　　　图 4.50　设置前景色

12 在"图层"调板中设置"图层 2"的混合模式为"颜色加深",如图 4.51 所示,设置后的效果如图 4.52 所示。

13 选择直排文字工具 IT,设置"颜色"为棕红色(RGB 参考值为 R150、G46、B22),分别输入文字"像花一样"和"绽放",效果如图 4.53 所示。

图 4.51　设置混合模式 　　　　　图 4.52　设置后的效果 　　　　　图 4.53　输入文字

14 双击"像花一样"文字图层,打开"图层样式"对话框,为文字添加投影和外发光效果,参数设置如图 4.54、图 4.55 所示。

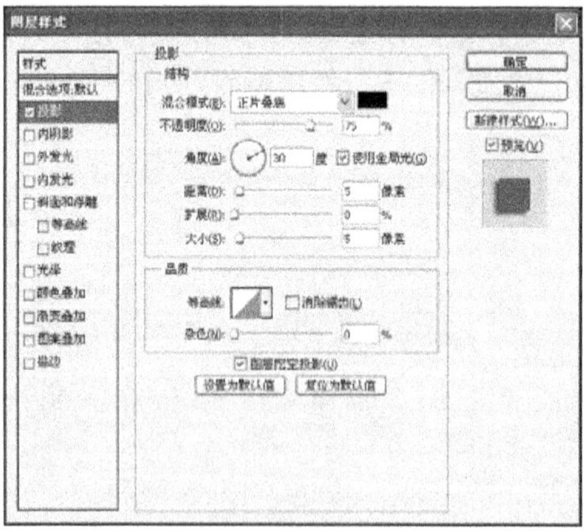

图 4.54　设置"投影"参数 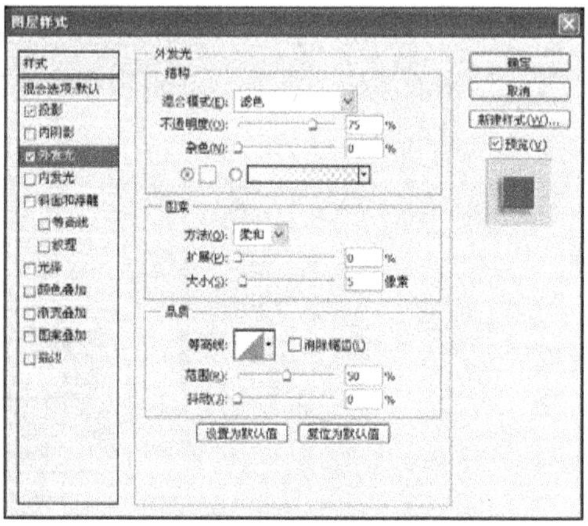　　　　　　　　图 4.55　设置"外发光"参数

15 单击"确定"按钮,完成图层样式的添加,效果如图 4.56 所示。

16 在"像花一样"文字图层上右击,在弹出的菜单中选择"拷贝图层样式"命令,然后选中"绽放"文字图层,右击,在弹出的菜单中选择"粘贴图层样式"命令,以复制图层样式,如图 4.57 所示。

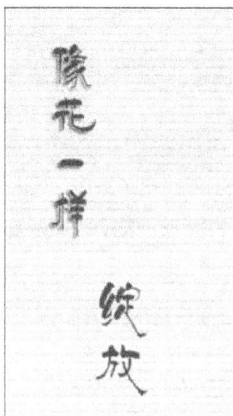

图 4.56　添加图层样式的效果

图 4.57　复制图层样式

4.2.4　**随堂实训 3——图章工具**

Photoshop 的编辑与修饰工具具有化腐朽为神奇的功能，可以轻松地去除图像中的斑痕、杂色等瑕疵。

图章工具是常用的修饰工具之一，主要用于复制图像，以修补局部图像的不足，图章工具包括仿制图章工具和图案图章工具两种。

1．仿制图章工具

仿制图章工具用于对图像的内容进行复制，既可以在同一幅图像内部进行复制，也可以在不同的图像之间进行复制，如图 4.58 所示。

图 4.58　仿制图章工具复制图像示例

使用仿制图章工具的具体操作步骤如下：

01　单击"文件"|"打开"命令，打开一张素材图像，如图 4.59 所示。

02　选择工具箱中的标尺工具，在视图左侧拉出与海平面平行的标尺线，效果如图 4.60 所示。

图 4.59　素材图像　　　　　　　　图 4.60　拉出标尺线

03 单击"图像"|"图像旋转"|"任意角度"命令，打开"旋转画布"对话框，如图 4.61 所示，单击"确定"按钮，将画布旋转，如图 4.62 所示。

04 单击"图像"|"图像旋转"|"90 度（顺时针）"命令，将图像顺时针旋转，使人物照片恢复正常的视角，如图 4.63 所示。

图 4.61　"旋转画布"对话框　　　　图 4.62　旋转画布　　　　图 4.63　顺时针旋转图像

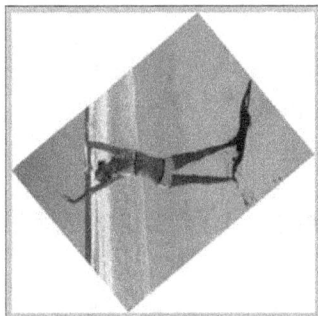

05 选择快速选择工具 ，单击配合拖动选中白色的背景，如图 4.64 所示。

06 单击"选择"|"反向"命令，将图像选中，如图 4.65 所示。

07 单击"编辑"|"拷贝"命令，再单击"编辑"|"粘贴"命令，将图像从白色背景中取出，"图层"调板如图 4.66 所示。

图 4.64　选择白色背景　　　　图 4.65　反向选择图像　　　　图 4.66　"图层"调板

08 单击工具箱中的仿制图章工具 ，在选项栏中设置参数，如图 4.67 所示。

图 4.67 仿制图章工具选项栏

09 按住 Alt 键的同时在海平面上单击，定义仿制的源图像，如图 4.68 所示，松开 Alt 键，水平移动鼠标到左侧的空白处，单击并拖动鼠标，将定义的源图像复制到涂抹的位置，如图 4.69 所示。

图 4.68 定义仿制源

图 4.69 复制图像

10 在图像左侧继续绘制，复制部分图像，如图 4.70 所示，然后在图像左侧空白处单击并拖动鼠标，将图像延伸到文档边缘，如图 4.71 所示。

图 4.70 复制图像

图 4.71 延伸到图像左侧

11 按 Alt 键在复制手图像的右侧定义仿制源，如图 4.72 所示，然后依次在复制手图像上单击，将手图像去除，如图 4.73 所示。

图 4.72 定义仿制源

图 4.73 去除复制的手图像

12 使用仿制图章工具 🔖 在左侧的海平面上定义源图像, 如图 4.74 所示, 然后在人物右侧的空白处绘制, 将右侧的大部分空白填补, 注意海平面要保持一致的, 如图 4.75 所示。

图 4.74 定义仿制源

图 4.75 复制图像

13 继续使用仿制图章工具 🔖 定义仿制源, 如图 4.76 所示, 将右侧的波浪图像向右侧延伸, 效果如图 4.77 所示。

图 4.76 定义仿制源

图 4.77 编辑海浪图像

14 单击工具箱中的 "椭圆选框工具" ◯, 在人物影子上方绘制椭圆选区, 如图 4.78 所示。

15 单击 "编辑" | "拷贝" 命令, 新建 "图层 2", 再单击 "编辑" | "粘贴" 命令, 复制选区中的图像, 然后将该图层放在 "图层 1" 的下方, 如图 4.79 所示。

16 使用移动工具 ▶◀ 调整图像的位置, 效果如图 4.80 所示。

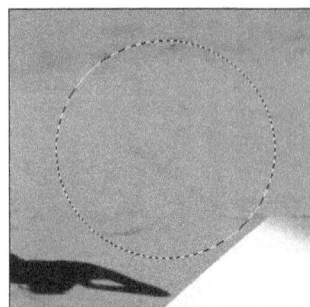

图 4.78 绘制选区

图 4.79 复制图像并调整层次顺序

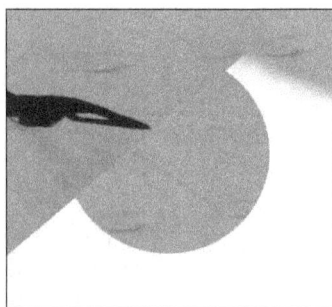

图 4.80 调整位置

17 选择工具箱中的橡皮擦工具 ∅，在选项栏中设置各项参数，如图 4.81 所示。

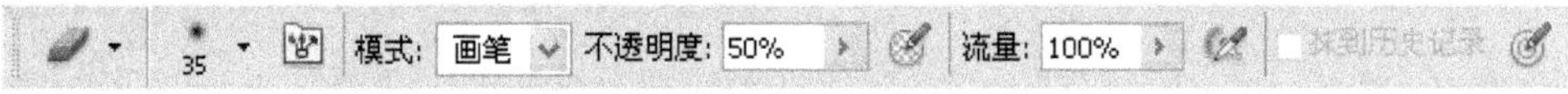

图 4.81　橡皮擦工具选项栏

18 单击"图层 1"，使用橡皮擦工具 ∅将圆圈图像上方的部分图像擦去，去除图像边缘的白边，如图 4.82 所示。

19 继续使用仿制图章工具 ♣定义仿制源，然后将空白的区域填满，效果如图 4.83 所示。

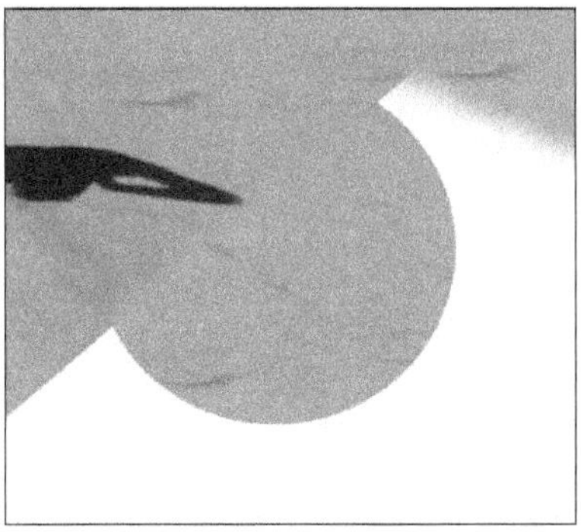

图 4.82　擦除图像　　　　　　　　　　　图 4.83　复制图像

20 参照图 4.84 所示在仿制图章工具选项栏中调整参数的设置。

图 4.84　调整参数设置

21 使用仿制图章工具 ♣在没有纹理的沙滩上定义仿制的源，然后在重复纹理多的地方单击，将样式重复的沙滩纹理去除一些，如图 4.85 所示。

22 选择工具箱中的裁剪工具 ♯，对画布的大小进行修整，如图 4.86、图 4.87 所示。

图 4.85　去除多余的沙滩纹理　　　图 4.86　裁剪图像　　　　　图 4.87　裁剪效果

23 单击"图层"调板底部的"创建新的填充或调整图层"按钮 ◑，在弹出的菜单中选择"曲线"选项，弹出"曲线"调板，同时创建"曲线 1"调整图层，参照图 4.88 所示设置参数，调整图像的亮度，如图 4.89 所示。

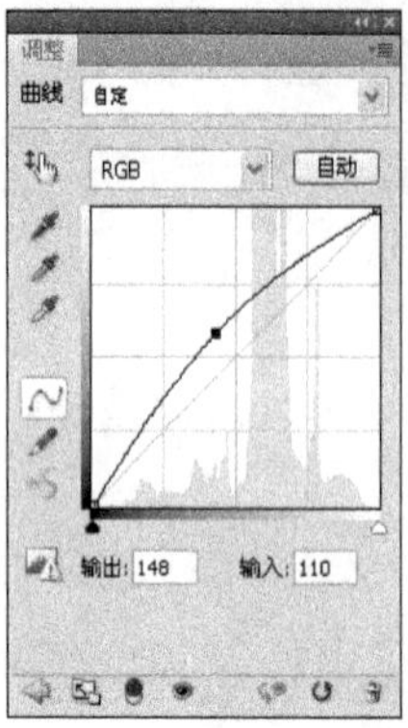

图 4.88 "曲线"调板

图 4.89 调亮效果

2. 图案图章工具

使用图案图章工具的具体操作步骤如下：

01 单击"文件"|"打开"命令，打开两张素材图像，如图 4.90 所示。

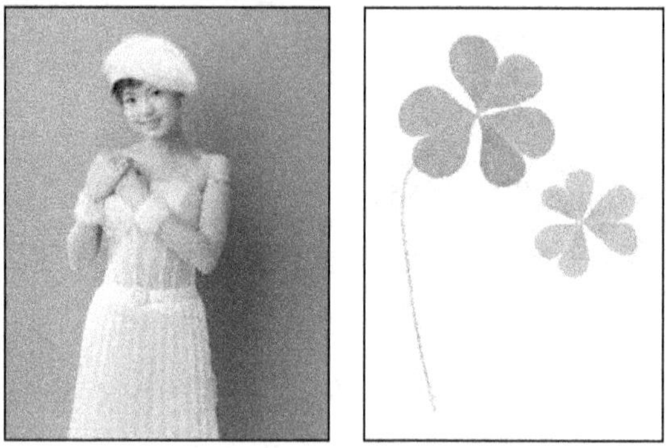

图 4.90 素材图像

02 使用魔棒工具 ✻ 选择白色背景，按 Ctrl+Shift+I 快捷键反选，得到叶子素材的选区，单击并拖曳，添加至人物素材中，如图 4.91 所示。

03 隐藏人物图层，使用矩形选框工具框选叶子图形，如图 4.92 所示。

图 4.91 添加叶子素材

图 4.92 框选叶子图形

04 单击"编辑"|"定义图案"命令，弹出"图案名称"对话框，如图 4.93 所示。

05 单击"确定"按钮，选择图案图章工具 ，在工具选项栏中选择刚刚定义的图案，如图 4.94 所示。

图 4.93 "图案名称"对话框

06 新建一个图层，单击并拖曳，在图像上涂抹，效果如图 4.95 所示。

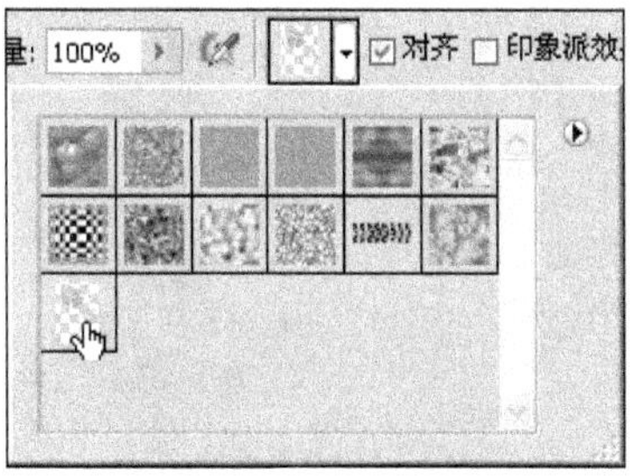

图 4.94 选择图案

图 4.95 图案填充效果

4.2.5 随堂实训 4——修复和修补工具

修复和修补工具常用于修复照片中的杂色或污斑，随着 Photoshop 版本的升级和功能的增强，修复和修补工具越来越智能，使用方法更为简单，普通的摄影爱好者也可以轻松驾驭 Photoshop 来处理自己的数码照片。

1. 修复画笔工具

修复画笔工具 通过从图像中取样或用图案填充图像来修复图像。不同的是，修复画笔工具在填充时会将取样点的像素融入目标区域，从而使修复区域与周围图像结合在一起。

使用修复画笔工具消除眼袋的具体操作步骤如下：

01 单击"文件"|"打开"命令，打开一张素材图像，如图 4.96 所示。

02 单击修复画笔工具 ，按住 Alt 键，当光标显示为 形状时在眼袋旁边的脸部皮肤位置单击进行取样，如图 4.97 所示。

图 4.96 素材图像

图 4.97 取样

03 在工具选项栏中设置各项参数，如图 4.98 所示。

图 4.98　修复画笔工具选项栏

04 使用修复画笔工具 ，在人物眼袋位置涂抹，松开鼠标后，去除眼袋图像，如图 4.99 所示。

05 调小笔尖，使用该工具继续在眼袋位置精修，得到图 4.100 所示的效果。

图 4.99　去除眼袋

图 4.100　继续修复眼部图像

06 单击"图层"调板底部的"创建新的填充或调整图层"按钮 ，在弹出的菜单中选择"亮度/对比度"选项，打开"亮度/对比度"调板，参照图 4.101 所示设置参数，效果如图 4.102 所示。

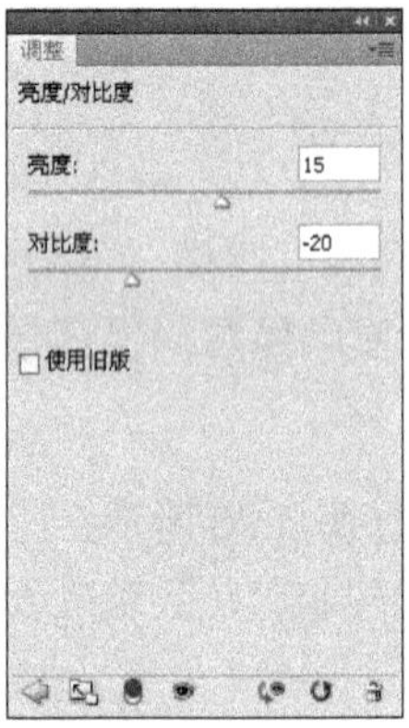

图 4.101　"亮度/对比度"调板

图 4.102　图像调整效果

2．修补工具

修补工具 与修复画笔工具类似，不同的是修补工具适用于对图像的某一块区域进行整体操作。修补工具选项栏如图 4.103 所示。

图 4.103　修补工具选项栏

使用修补工具去除照片中多余人物的具体操作步骤如下：

01 打开一张风景图片，如图 4.104 所示。

02 单击工具箱中的修补工具 🔵，圈选小桥上中间位置的人物图像，如图 4.105 所示。

图 4.104　素材图像

图 4.105　圈选图像

03 移动光标到选区内部，单击并向右拖动，如图 4.106 所示，松开鼠标后，修补部分图像，如图 4.107 所示。

图 4.106　拖动选区内的图像

图 4.107　修补部分图像

04 继续向右侧拖动选区内的图像，如图 4.108 所示，松开鼠标后，修补部分图像，如图 4.109 所示。

图 4.108　拖动选区内的图像

图 4.109　继续修补图像

05 继续向右侧拖动选区内的图像，如图 4.110 所示，松开鼠标后，修补部分图像，如图 4.111 所示。

图 4.110　拖动选区内的图像

图 4.111　继续修补图像

06 使用相同的方法，创建选区并使用修补工具 ，将视图中其余人物全部去除，得到图 4.112 所示的图像效果。

图 4.112　去除剩余的人物图像

3. 污点修复画笔工具

污点修复画笔工具 用于去除照片中的杂色或污斑。不同的是，污点修复画笔工具不需要指定采样点，只需要在图像中有杂色或污渍的地方单击即可。

使用污点修复画笔工具去除皮肤瑕疵的具体操作步骤如下：

01 单击"文件"|"打开"命令，打开一张素材图像，如图 4.113 所示。

02 选择污点修复画笔工具 ，在长痣、雀斑及额头不光滑的部位单击，即可将瑕疵去除，效果如图 4.114 所示。

图 4.113　素材图像

图 4.114　去除瑕疵

03 单击"图层"调板底部的"创建新的填充或调整图层"按钮 ，在弹出的菜单中选择"自然饱和度"选项，打开"自然饱和度"调板，参照图 4.115 所示设置参数，调亮图像，效果如图 4.116 所示。

图 4.115　"自然饱和度"调板

图 4.116　图像调整效果

4．红眼工具

红眼工具 是一个专用于去除照片中红眼问题的工具。

红眼工具的使用方法非常简单，只需要在设置参数后在图像中的红眼位置单击即可。

技巧

除了使用专门的红眼修复工具，也可以使用画笔工具，设置前景色为黑色，混合模式为"颜色"，即可去除人物的红眼。

使用红眼工具去除照片中人物红眼的具体操作步骤如下：

01 单击"文件"|"打开"命令，打开一张红眼素材图像，如图 4.117 所示。

02 单击工具箱中的红眼工具 ，参照图 4.118 所示在选项栏中设置各项参数。

图 4.117　素材图像

图 4.118　红眼工具选项栏

03 使用红眼工具 在瞳孔位置单击，去除红眼现象，如图 4.119～图 4.121 所示。

图 4.119　单击左侧瞳孔　　　图 4.120　去除右侧的红眼　　　图 4.121　去除红眼后的效果

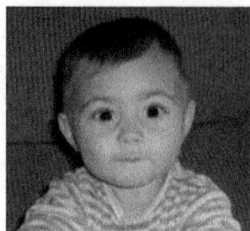

5. 颜色替换工具

颜色替换工具 位于绘图工具组，能够在保留照片原有材质纹理与明暗的基础上轻而易举地用前景色置换图像中的色彩。

使用颜色替换工具替换人物衣服色彩的具体操作步骤如下：

01 单击"文件"|"打开"命令，打开一张素材图像，如图 4.122 所示。

02 单击磁性套索工具 ，将小女孩儿的裙子选取，如图 4.123 所示。

图 4.122　素材图像　　　　　　　　　　　图 4.123　选取裙子

03 单击颜色替换工具 ，参照图 4.124 所示在工具选项栏中设置参数。

图 4.124　颜色替换工具选项栏

04 设置前景色为紫色，如图 4.125 所示。

05 使用该工具在选区内进行涂抹，替换裙子的颜色，然后按快捷键 Ctrl+D 取消选区，如图 4.126 所示。

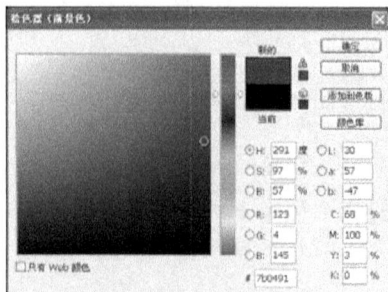

图 4.125　设置前景色　　　　　　　　　　图 4.126　替换裙子颜色

4.2.6 随堂实训 5——图像修饰工具

图像修饰工具包括模糊工具、锐化工具和涂抹工具，使用这些工具，可以对图像对比度、清晰度进行控制，以创建真实、完美的图像。

1. 模糊工具

模糊工具 ◐ 通过减少图像相邻像素之间的反差，以柔化图像边界，从而达到模糊图像的目的。

使用模糊工具创建景深效果的具体操作步骤如下：

01 单击"文件" | "打开"命令，打开一张素材图片，如图 4.127 所示。

02 单击模糊工具 ◐，参照图 4.128 所示在选项栏中设置参数。

03 移动光标至两朵白色的小花图像位置进行涂抹，模糊图像，产生景深效果，如图 4.129 所示。

图 4.127　素材图像

图 4.128　模糊工具选项栏

图 4.129　模糊花朵图像

04 单击"图层"调板底部的"创建新的填充或调整图层"按钮 ◉，在弹出的菜单中选择"色相/饱和度"选项，打开"色相/饱和度"调板，参照图 4.130 所示在调板中设置参数，调整图像整体的颜色，效果如图 4.131 所示。

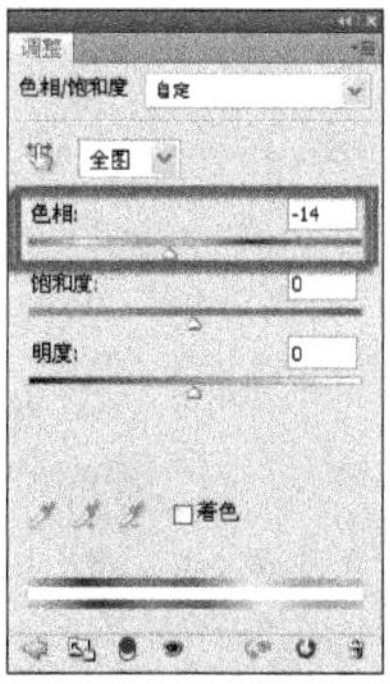

图 4.130　"亮度/对比度"调板

图 4.131　调整图像整体的颜色

2．锐化工具

锐化工具 △.与模糊工具恰恰相反，通过增大图像相邻像素之间的反差，以锐化图像，从而使图像看起来更为清晰，如图 4.132 所示。

图 4.132　使用锐化工具锐化图像

使用锐化工具使人物图像变清晰的具体操作步骤如下：

01　单击＂文件＂｜＂打开＂命令，打开一张素材图片，如图 4.133 所示。

02　单击快速选择工具 ，选中素材中的女孩儿图像，如图 4.134 所示。

图 4.133　素材图像

图 4.134　选中人物图像

03　按快捷键 Ctrl＋C 复制图像，新建一个图层，然后按快捷键 Ctrl＋V 粘贴图像，如图 4.135 所示。

04　单击锐化工具 △，参照图 4.136 所示在工具选项栏中设置参数。

图 4.135　＂图层＂调板

图 4.136　锐化工具选项栏

05　使用锐化工具 △.在选区中进行涂抹，锐化图像后取消选区，效果如图 4.137 所示。

图 4.137　锐化图像

3. 涂抹工具

涂抹工具 🖐 通过混合鼠标拖动位置的颜色，从而模拟手指搅拌颜料的效果。涂抹时首先在工具选项栏中选择一个大小合适的画笔，然后在图像中单击并拖动鼠标即可。

使用涂抹工具创建印象派装饰画的具体操作步骤如下：

01 单击"文件"｜"打开"命令，打开一张素材图片，如图 4.138 所示。

02 单击涂抹工具 🖐，在工具选项栏中设置参数，如图 4.139 所示。

图 4.138　素材图像

图 4.139　涂抹工具选项栏

03 使用涂抹工具 🖐 在整幅画面中进行涂抹，具体操作时注意按照物体的轮廓进行涂抹，最终得到如图 4.140 所示的效果。

04 打开画框素材并添加到花朵图像中，如图 4.141 所示。

图 4.140　涂抹图像

图 4.141　添加画框

4.2.7　随堂实训 6——色调调整工具

图像颜色调整工具包括减淡、加深和海绵 3 个工具，以便对图像的局部进行色调和颜色上的调整。如果要对整幅图像或某个区域进行调整，则可以使用 Photoshop 的色调调整命令，如"色阶"、"曲线"、"亮度/对比度"命令等。

1．减淡和加深工具

减淡 或加深工具 属于色调调整工具，通过增加和减少图像区域的曝光度来变亮或变暗图像。

使用减淡工具 和加深工具 修饰人物照片的具体操作步骤如下：

01 单击"文件" | "打开"命令，打开一张素材图片，如图 4.142 所示。

02 单击减淡工具 ，在工具选项栏中设置参数，如图 4.143 所示。

图 4.142　素材图像

范围：中间调　曝光度：50%　保护色调

图 4.143　减淡工具选项栏

03 使用减淡工具 首先在人物面部、颈部和手臂位置进行涂抹，减淡发红的状况，如图 4.144 所示。

04 继续使用该工具对天空图像进行减淡处理，如图 4.145 所示。

图 4.144　减淡人物图像

图 4.145　减淡天空图像

05 选择加深工具 ，在工具选项栏中设置参数，如图 4.146 所示。

06 使用该工具在人物的五官位置、衣服边缘和天空的部分图像中进行绘制，使明暗关系更为自然，如图 4.147 所示。

图 4.146　加深工具选项栏

图 4.147　加深部分图像

2．海绵工具

海绵工具 为色彩饱和度调整工具，可以降低或提高图像色彩的饱和度。

使用海绵工具 降低图像饱和度的具体操作步骤如下：

[01] 单击"文件"｜"打开"命令，打开一张素材图片，如图 4.148 所示。

[02] 单击海绵工具 ，在工具选项栏中设置参数，如图 4.149 所示。然后使用海绵工具 ，在图像中进行绘制，降低红色的饱和度，使墙壁、台灯、立柜及地面的颜色恢复到正常状态，如图 4.150 所示。

图 4.148　素材图像

图 4.149　海绵工具选项栏

图 4.150　降低图像的饱和度

4.3　进阶型实训

4.3.1　实训 1——皮肤美白去斑

实训分析：本实例主要通过为皮肤美白去斑，讲解修复画笔工具的用法。在制作的过程中，首先选择红通道，使用修复画笔工具去除脸上的斑点，然后使用套索工具将人物面部选中，并减选五官，再将红通道的选区复制、粘贴至其他通道，最后在图层中调整颜色，制作出皮肤美白去斑效果，如图 4.151 所示。

图 4.151　美白去斑

视频路径	配套 DVD 光盘\视频\第 4 章\皮肤美白去斑.avi
素材路径	配套 DVD 光盘\素材与源文件\第 4 章\皮肤美白去斑.psd

具体操作步骤如下：

01 双击桌面上的快捷图标，打开 Photoshop CS5。

02 单击"文件"｜"打开"命令，打开一张素材图像，如图 4.152 所示。

03 按 Ctrl+J 快捷键，复制图层，如图 4.153 所示。

04 在"通道"调板中选择红通道，因为在红通道中雀斑最不明显，如图 4.154 所示。

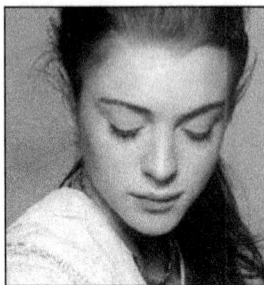

图 4.152　素材图像

图 4.153　复制图层

图 4.154　选择红通道

05 选择修复画笔工具 ，同时按住 Alt 键，光标显示为 形状，在没有斑点的脸部皮肤位置单击进行取样。释放 Alt 键，在有斑点的图像位置单击即可去掉脸部的斑点，如图 4.155 所示。

06 使用上述方法去除所有斑点，效果如图 4.156 所示。

07 选择磁性套索工具 ，在适当位置单击并沿着人物脸部拖曳，如图 4.157 所示。

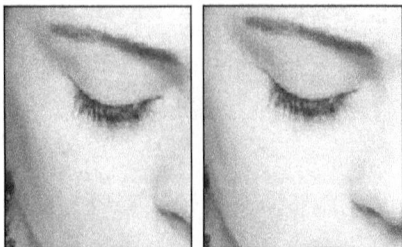

图 4.155　去掉脸部的斑点

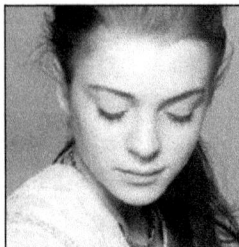

图 4.156　去除所有斑点

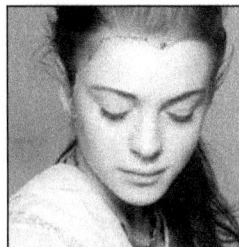

图 4.157　选中脸部

[08] 选中脸部后，选择多边形套索工具 ，按住 Alt 键，同时单击并拖曳，将人物的五官减选出来，如图 4.158 所示。

[09] 单击"选择"|"修改"|"羽化"命令，在弹出的"羽化选区"对话框中设置参数，如图 4.159 所示。

[10] 单击"确定"按钮，按 Ctrl+C 快捷键复制选区，选择绿通道，按 Ctrl+V 快捷键粘贴选区，效果如图 4.160 所示。

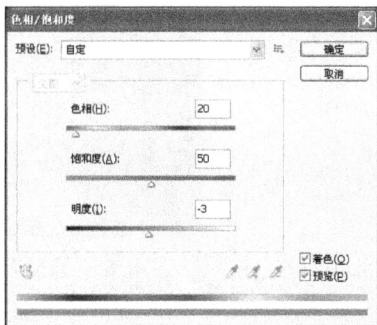

图 4.158　减选人物的五官　　　　图 4.159　"羽化选区"对话框　　　图 4.160　粘贴选区至绿通道

[11] 选择蓝通道，按 Ctrl+V 快捷键粘贴选区，如图 4.161 所示。

[12] 选择 RGB 通道，返回"图层"调板，效果如图 4.162 所示。

图 4.161　粘贴选区至蓝通道　　　　　　　图 4.162　返回"图层"调板的效果

[13] 单击"图像"|"调整"|"色相/饱和度"命令，在弹出的"色相/饱和度"对话框中设置参数，如图 4.163 所示。

[14] 单击"确定"按钮，调整颜色，效果如图 4.164 所示。

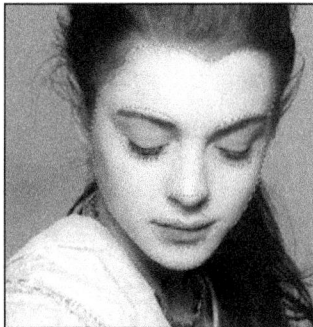

图 4.163　"色相/饱和度"对话框　　　　　　图 4.164　调整颜色

15 按 Ctrl+D 快捷键，取消选区，并将图层透明度设置为 70%。最终效果参见图 4.151。

4.3.2 实训 2——制作艺术照片

实训分析：本实例主要通过制作艺术照片，讲解背景橡皮擦和渐变填充的方法。在制作的过程中，首先使用背景橡皮擦工具将素材图像的背景擦除，然后新建一个文件，添加素材图像，再通过椭圆选框工具、描边命令、钢笔工具、画笔工具、渐变工具等制作出图像背景效果，最终得到艺术照片效果，如图 4.165 所示。

图 4.165 艺术照片效果

视频路径	配套 DVD 光盘\视频\第 4 章\制作艺术照片.avi
素材路径	配套 DVD 光盘\素材与源文件\第 4 章\制作艺术照片.psd

具体操作步骤如下。

1．制作素材效果

01 双击桌面上的快捷图标，打开 Photoshop CS5。

02 单击"文件"｜"打开"命令，打开一张素材图像，如图 4.166 所示。

03 选择背景橡皮擦工具 ，在工具选项栏中设置参数，如图 4.167 所示。

04 单击并拖曳，沿着人物与背景的边缘擦拭，效果如图 4.168 所示。

图 4.166 素材图像 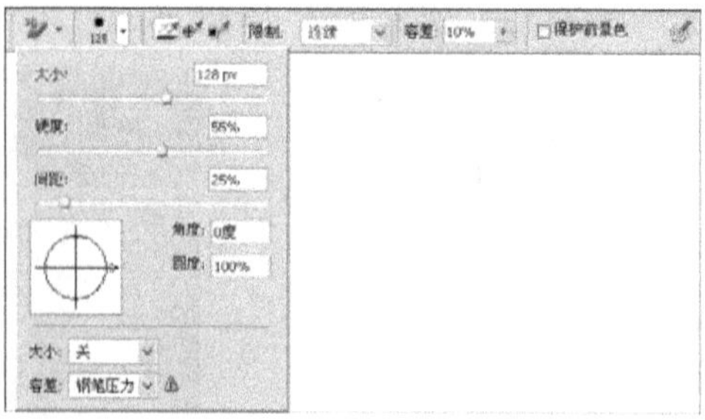　　　　图 4.167 设置参数 　　　　图 4.168 擦除背景

05 擦除背景后，效果如图 4.169 所示。

06 单击"文件"|"新建"命令，在弹出的"新建"对话框中设置参数，如图 4.170 所示。

图 4.169　继续擦除背景

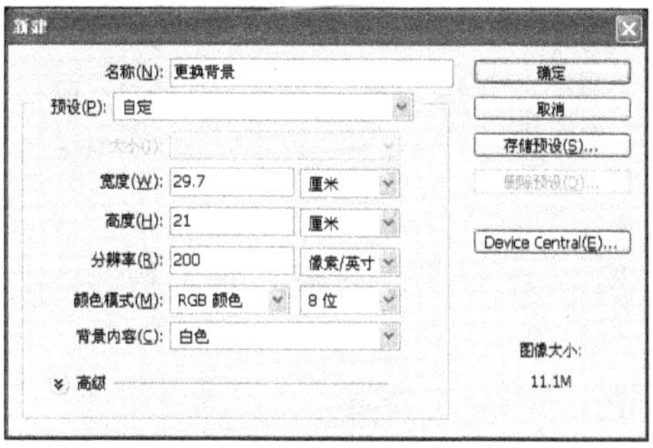

图 4.170　"新建"对话框

07 单击"确定"按钮，新建一个文件。选择移动工具，在图像单击并拖曳，将人物添加至新建的文件中，效果如图 4.171 所示。

08 按 Ctrl+T 快捷键，调整人物至合适大小，并移动至合适位置，效果如图 4.172 所示。

图 4.171　添加人物素材

图 4.172　调整大小及位置

2. 制作背景效果

01 单击"设置前景色"色块，在弹出的对话框中设置前景色为蓝色，参照图 4.173 所示设置参数。

02 单击人物图层前面的眼睛图标，隐藏图层，选择椭圆选框工具，绘制椭圆选框，如图 4.174 所示。

03 按 Ctrl+Alt+Shift+N 快捷键，新建一个图层，右击，在弹出的快捷菜单中选择"描边"选项，在弹出的"描边"对话框中设置参数，如图 4.175 所示。

04 单击"确定"按钮，效果如图 4.176 所示。

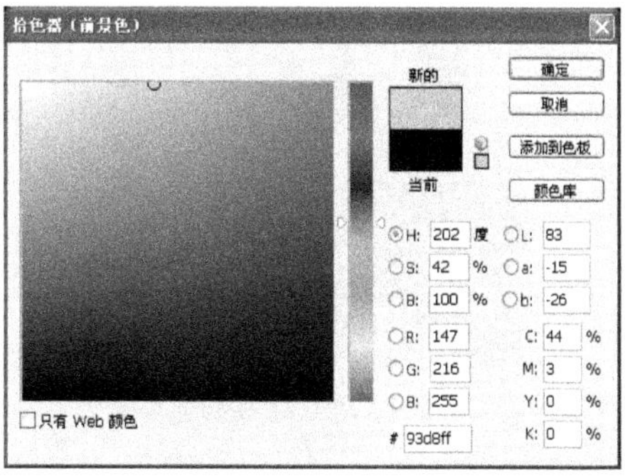

图 4.173　设置前景色

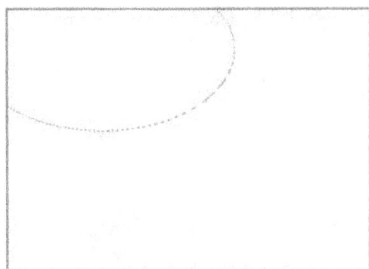

图 4.174　绘制选框

图 4.175　"描边"对话框

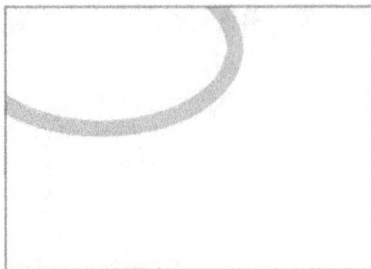

图 4.176　描边

05 选择钢笔工具 ✐,绘制一条路径,如图 4.177 所示。

06 选择画笔工具 ✐,在工具选项栏设置各参数,如图 4.178 所示。

07 新建一个图层,在图像中右击,在弹出的快捷菜单中选择"描边路径"选项,单击"确定"按钮,效果如图 4.179 所示。

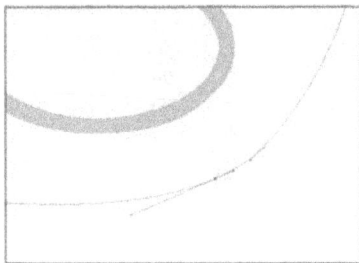

图 4.177　绘制一条路径

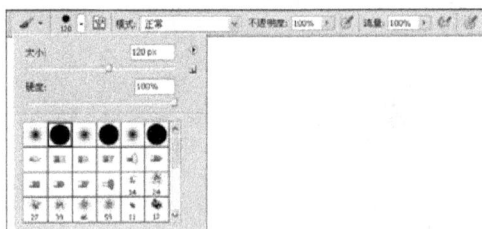

图 4.178　设置画笔参数

图 4.179　描边

08 使用同样的方法,绘制出其他图形,效果如图 4.180 所示。

09 设置"前景色"为黑色,选择椭圆选框工具 ◯,在绘图区中按住 Shift 键,同时单击并拖曳,绘制一个正圆,如图 4.181 所示。

图 4.180　绘制出其他图形

图 4.181　绘制一个正圆

10 按 Ctrl+Alt+Shift+N 快捷键,新建一个图层,右击,在弹出的快捷菜单中选择"描边"选项,在弹出的"描边"对话框中设置参数,如图 4.182 所示。

11 单击"确定"按钮,单击"选择"|"变换选区"命令,按住 Shift+Alt 快捷键,拖动

选框，等比缩放圆形选区，如图 4.183 所示。

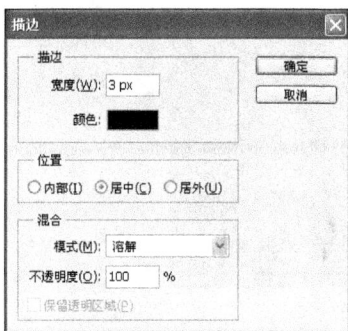

图 4.182　设置描边参数

图 4.183　变换选区

12 按 Enter 键应用变换，右击，在弹出的快捷菜单中选择"描边"选项，在弹出的"描边"对话框中设置参数，如图 4.184 所示。

13 单击"确定"按钮应用描边，按 Ctrl+D 快捷键取消选区，效果如图 4.185 所示。

图 4.184　设置描边参数

图 4.185　取消选区

14 隐藏其他图层，选择矩形选框工具，绘制一个矩形选区，如图 4.186 所示。

15 单击"编辑"│"定义画笔预设"命令，弹出"画笔名称"对话框，如图 4.187 所示。

图 4.186　绘制一个矩形

图 4.187　"画笔名称"对话框

16 单击"确定"按钮，按 F5 键，在弹出的"画笔"调板中选择定义的画笔，并进行设置，如图 4.188 所示。

17 设置"前景色"为蓝色，如图 4.189 所示。

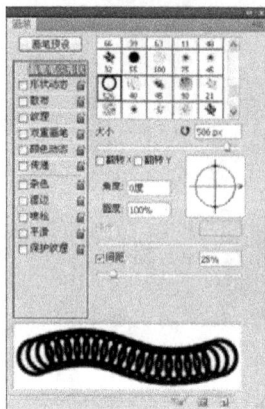

图 4.188　选择定义的画笔

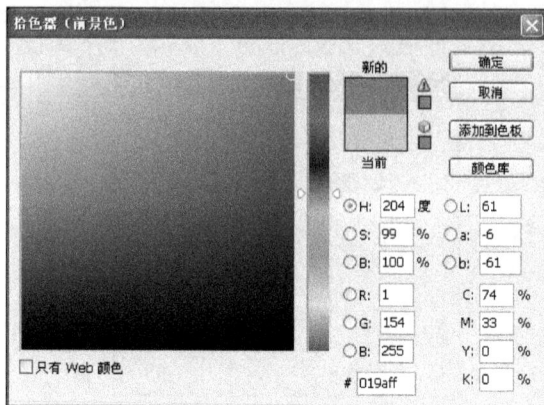

图 4.189　设置前景色

[18] 取消图层的隐藏，按 [键或] 键调整画笔大小，在绘图窗口单击，绘制图形，效果如图 4.190 所示。

[19] 设置"前景色"为蓝色，如图 4.191 所示。背景色为白色。

图 4.190　绘制图形

图 4.191　设置前景色

[20] 选择渐变工具 ，在工具选项栏中设置参数，如图 4.192 所示。

[21] 新建一个图层，在绘图区中单击并拖曳，填充渐变色，并将图层放置在底层，效果如图 4.193 所示。

图 4.192　设置渐变参数

图 4.193　填充渐变色

[22] 参照上述操作方法，绘制出白色的图形，艺术照片效果制作完成，最终效果如图 4.165 所示。

4.4 练习题

一、简答题

（1）如何去除人像照片中的红眼？

（2）如何将图像中的局部自定义为画笔？

（3）渐变工具有几种类型效果？分别是什么？

（4）擦除工具组中包括几种工具？它们的操作方法分别是什么？

（5）仿制图章工具和图案图章工具有何区别？

二、上机实验

1．给照片添加漂亮的边框，效果如图 4.194 所示。

原始素材	配套 DVD 光盘\素材与源文件\第 4 章\习题 1-1.jpg
最终效果	配套 DVD 光盘\素材与源文件\第 4 章\习题 1.psd

图 4.194　给照片添加漂亮的边框

要求：

（1）在"画笔"调板中设置画笔。

（2）设置前景色。

（3）在视图边缘绘制装饰图像。

2．为国画添加装饰图案，效果如图 4.195 所示。

原始素材	配套 DVD 光盘\素材与源文件\第 4 章\习题 2-1.jpg、习题 2-2.jpg
最终效果	配套 DVD 光盘\素材与源文件\第 4 章\习题 2.psd

图 4.195　为国画添加装饰图案

要求:

(1) 使用背景橡皮擦工具去除花瓶图像原有的背景。

(2) 使用橡皮擦工具对花瓶图像的边缘进行调整。

(3) 使用移动工具将花瓶图像拖动至另一幅图像中。

(4) 利用"自由变换"命令调整花瓶图像的大小和位置。

第5章

文字工具

　　读者在学习本章后，可以对 Photoshop CS5 中的文字工具有一个深入的了解。在平面设计中，文字一直是画面不可缺少的元素，好的文字布局和设计有时会起到画龙点睛的作用。对于商业平面作品而言，文字更是不可缺少的内容，只有通过文字的点缀和说明，才能清晰、完整地表达作品的含义。

基础知识 ◈ 文字的输入
◈ 文字的编辑

重点知识 ◈ 格式化文本
◈ 文字变形

提高知识 ◈ 制作路径文字
◈ 制作渐变文字

5.1 基础案例——制作 POP 广告

5.1.1 基础知识要点与制作思路

本实例通过制作 POP 广告的过程，讲解文字工具的使用方法。

在制作过程中，首先绘制出大致的背景色，然后通过添加素材制作出背景中的纹理，再使用文字工具在视图中添加文本，并对文本进行设置，得到所需要的画面效果。

5.1.2 制作步骤

在本章的开始，首先制作一个 POP 广告，通过该实例来了解 Photoshop 中文字工具的使用概况。本例制作完成的效果如图 5.1 所示。

图 5.1　POP 广告

视频路径	配套 DVD 光盘\视频\第 5 章\制作 POP 广告.avi
素材路径	配套 DVD 光盘\素材与源文件\第 5 章\制作 POP 广告.psd

具体操作步骤如下。

1．制作背景

01 执行"文件"|"新建"命令，打开"新建"对话框，参照图 5.2 所示在该对话框中设置参数，单击"确定"按钮，创建新文件。

02 在工具箱中单击"设置前景色"按钮，打开"拾色器"对话框，设置前景色为玫红色，如图 5.3 所示，然后使用前景色将"背景"图层填充。

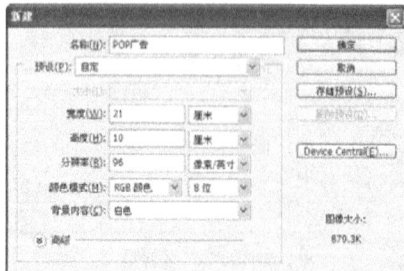

图 5.2　"新建"对话框

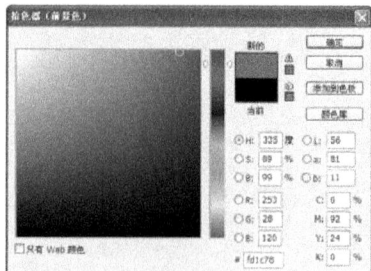

图 5.3　设置颜色

03 打开素材文件，如图 5.4 所示，选择工具箱中的魔棒工具 ，将花朵素材四周的空白选中，反转选区后，将花朵素材选中，如图 5.4 右图所示。

04 将选区中的花朵素材拖动到新建的文档中，并使用"自由变换"命令调整图像的大小，如图 5.5 所示。

图 5.4　选中素材文件　　　　　图 5.5　调整图像大小

05 为"图层 1"添加图层蒙版，使用画笔工具 在视图中绘制，将右侧部分图像隐藏，效果如图 5.6 所示。并将该图层的混合模式设置为"点光"，效果如图 5.7 所示。

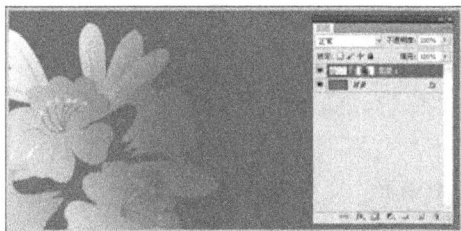

图 5.6　添加图层蒙版　　　　　图 5.7　设置图层混合模式

06 再次打开素材图像，如图 5.8 所示，将素材图像放入到新建的文档中，设置其混合模式为"正片叠底"，并为其添加图层蒙版，效果如图 5.9 所示，"图层"调板如图 5.10 所示。

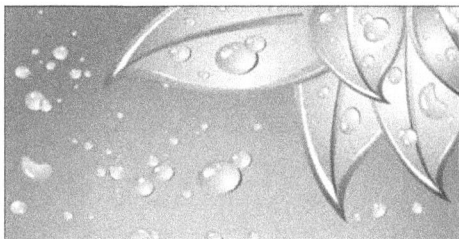

图 5.8　素材图像

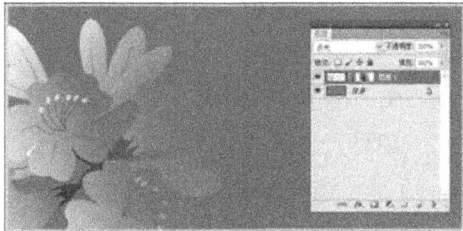

图 5-9　设置蒙版及图层混合模式　　　图 5.10　"图层"调板

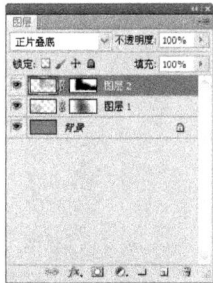

07 在"图层 2"下面新建"图层 3"，设置前景色为绿色，然后使用画笔工具在视图中

绘制图像，如图 5.11 所示，然后在"图层"调板内设置图层的属性，如图 5.12 所示。

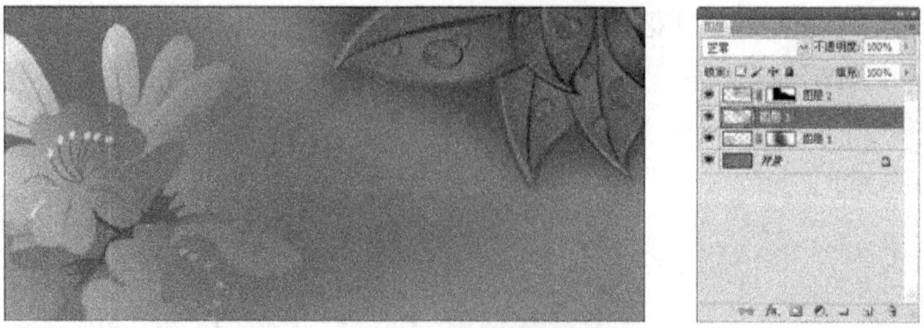

图 5.11　绘制图像

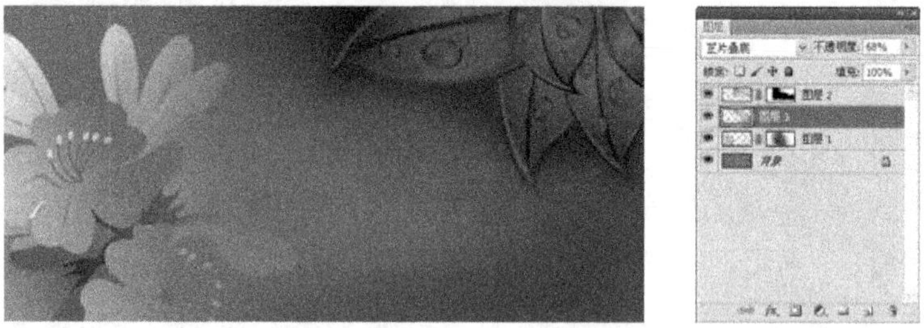

图 5.12　设置图层属性

08 将"图层 2"复制，使用"自由变换"命令调整图像的方向和大小，调整完毕后设置图层混合模式为"叠加"，如图 5.13 所示。

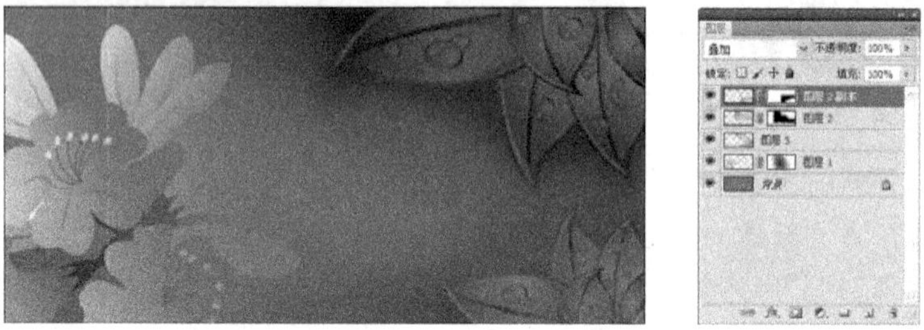

图 5.13　复制图像

2．添加文字信息

01 在"图层"调板中新建"组 1"图层组，选择工具箱中的横排文字工具 T.，在视图中输入文本，并参照"字符"调板设置文字属性，如图 5.14 所示。

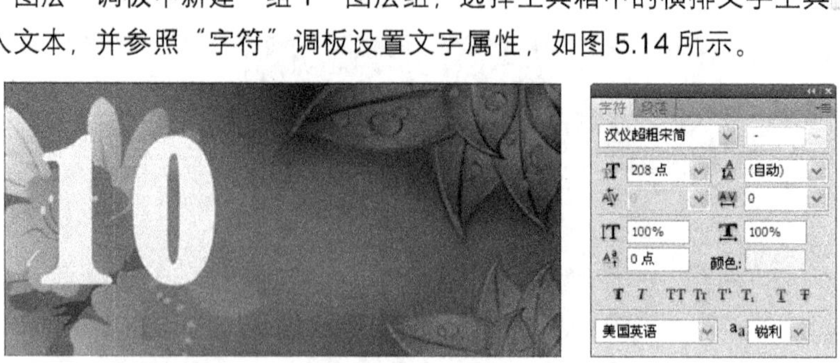

图 5.14　添加文本

02 在"字符"调板中，设置文本的属性，如图 5.15 所示。

03 使用横排文字工具 T,在视图中继续输入文本并设置文本的属性，如图 5.16 所示。

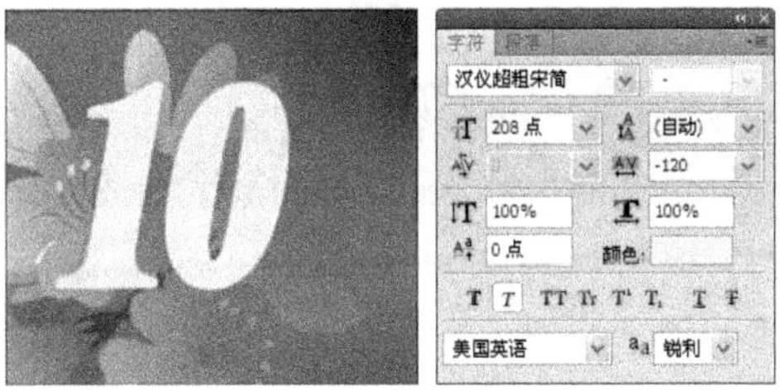

图 5.15　设置文本属性

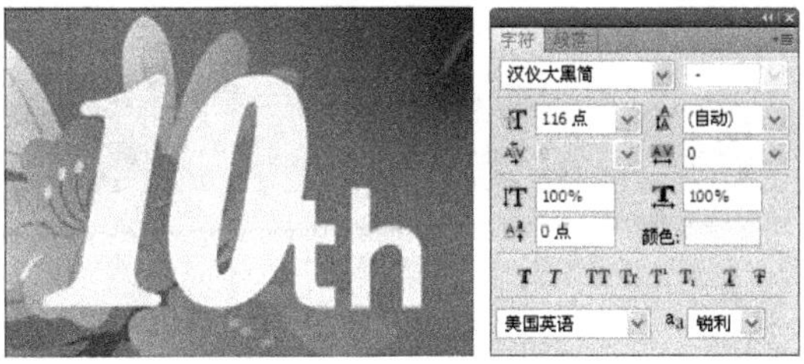

图 5.16　添加文本

04 在"字符"调板中，将"设置所选字符的字距调整" 选项设置为-60，并单击"仿斜体" T 按钮，如图 5.17 所示。

05 使用相同的方法，在视图中加入文字，如图 5.18 所示。

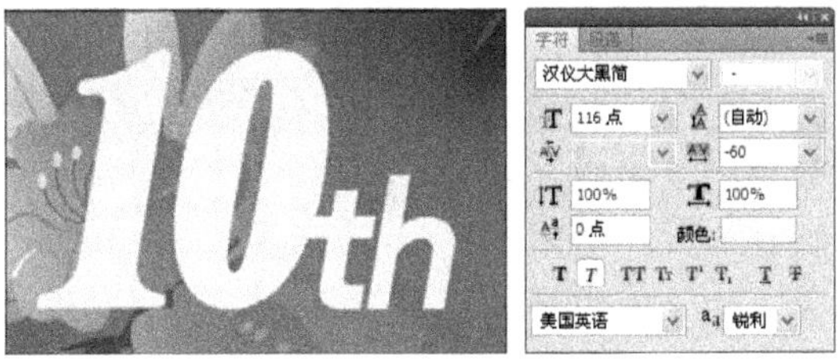

图 5.17　设置文本属性

图 5.18　添加其他文本

06 在"图层"调板内双击"10"图层右侧的空白处，打开"图层样式"对话框，参照图 5.19～图 5.22 所示，为文本添加投影、渐变及描边效果。

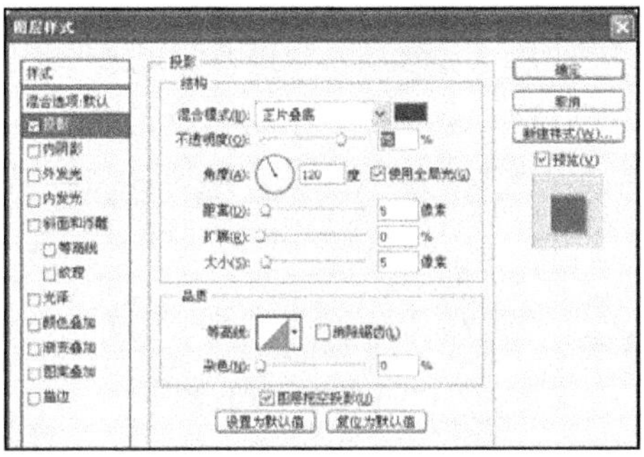

图 5.19　设置投影效果

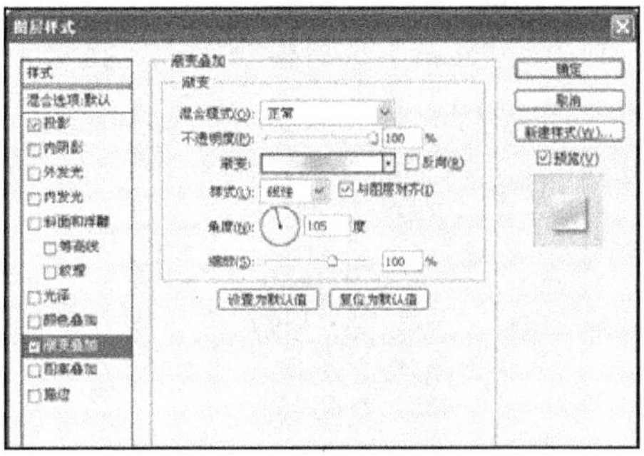

图 5.20　设置渐变叠加效果

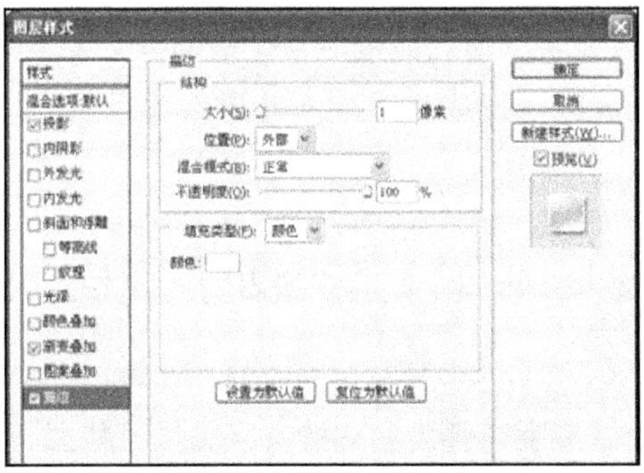

图 5.21　设置描边效果

图 5.22　添加样式后的文字效果

07 为其他文本添加图层样式，完成该实例的制作。效果如图 5.1 所示。

5.2 文字工具概述

Photoshop 的文字操作和处理方法非常灵活，可以添加各种图层样式或进行变形等艺术化处理，使之鲜活醒目。

5.2.1 随堂实训 1——输入文字

Photoshop CS5 中的文字工具包括横排文字工具 T.、直排文字工具 ↓T.、横排文字蒙版工具 T.和直排文字蒙版工具 T. 4 种，如图 5.23 所示。

图 5.23 文字工具

1. 输入点文字

输入点文本时，使用文字工具直接在图像窗口中单击，当出现闪动的插入光标时输入文字。这样输入的文字独立成行，但不会自动换行，若要换行则需按 Enter 键。当需要输入少量文字用做图像标题时，可以使用点文本类型。

选择横排文字工具 T.或直排文字工具 ↓T.，在图像中单击即可输入文字。下面以实例说明文字输入和编排的基本方法。

01 按 Ctrl+O 快捷键，打开一张素材图像，如图 5.24 所示。

02 在工具箱中选择横排文字工具 T.，参照图 5.25 所示在选项栏中进行设置。

图 5.24 素材图像

图 5.25 文字工具选项栏

03 在文件窗口中单击，确定插入点，然后输入文字，输入完成后，单击横排文字工具选项栏右侧的 ✔ 按钮，或按 Ctrl+Enter 快捷键，完成文字输入并退出输入状态，如图 5.26 所示。

🔵 技巧

输入文字之后，若单击选项栏中的 ⊘ 按钮或按 Esc 键，则会在退出输入状态的同时，取消刚才的文字输入操作。

04 输入文字后，"图层"调板会自动新建一个以文字内容为名称的文字图层，如图 5.27 所示。

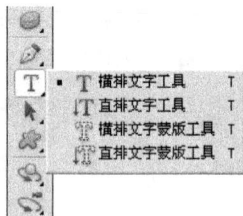

05 双击"图层"调板文字图层 T 型图标，进入文字编辑状态，拖动选择"同"文字，在工具选项栏中设置文字大小为 72 点，按 Ctrl+Enter 快捷键，结果如图 5.28 所示。

图 5.26　输入文字 　　　　　图 5.27　文字图层 　　　　　图 5.28　修改文字大小

2．输入段落文本

输入段落文本前，先用文字工具拖出一个矩形文本框，然后再在框中输入文字。当输入的文字到达文本框边界时可自动换行，使用此种方式得到的文本称为段落文本。

输入段落文本的具体操作步骤如下：

01 单击"文件"|"新建"命令，弹出"新建"对话框，参照图 5.29 所示在该对话框中设置参数，单击"确定"按钮，创建新文件。

02 单击"文件"|"打开"命令，打开一张素材图像，如图 5.30 所示。

03 使用移动工具 ▶⊕ 拖动素材图像到当前正在编辑的文件中，按 Ctrl+T 快捷键，调整图像的大小和位置，如图 5.31 所示。

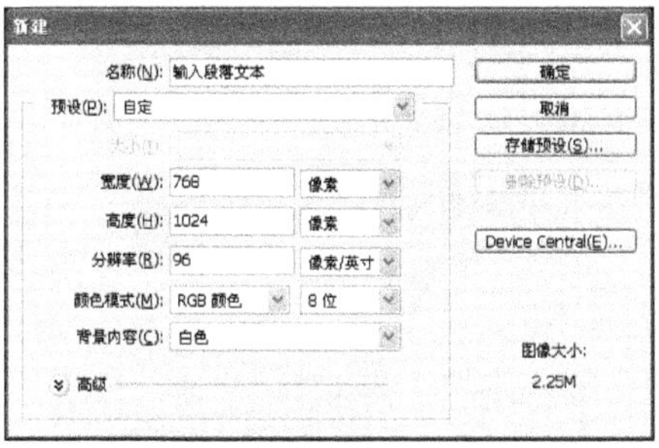

图 5.29　"新建"对话框 　　　　图 5.30　素材图像　　　　图 5.31　添加素材图像

04 单击矩形选框工具 [.]，在视图中绘制一个矩形选框，将图像中淡黄色背景的一部分选取，如图 5.32 所示。

05 按 Ctrl+C 快捷键进行复制，新建"图层 2"，再按 Ctrl+V 快捷键进行粘贴，复制选区中的图像，如图 5.33 所示。

06 按下 Ctrl+T 快捷键，调整图像的大小，效果如图 5.34 所示。

图 5.32　绘制选区

图 5.33　"图层"调板

图 5.34　调整图像大小

07 单击工具箱中的横排文字工具 T.，参照图 5.35 所示在视图中创建文字，然后单击选项栏中的"切换字符和段落面板"按钮，在弹出的"字符"调板中设置字符属性，如图 5.36 所示。

图 5.35　创建文字

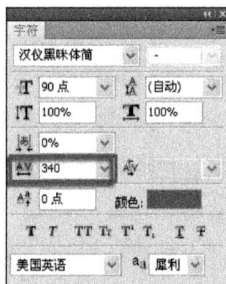

图 5.36　"字符"调板

08 单击"图层"调板底部的"添加图层样式"按钮 fx.，在弹出的菜单中选择"描边"选项，打开"图层样式"对话框，然后参照图 5.37 所示在该对话框中设置参数。

09 单击"确定"按钮，为文字添加白色的描边效果，如图 5.38 所示。

图 5.37　"图层样式"对话框

图 5.38　描边效果

10 单击横排文字工具 T.，参照图 5.39 所示在选项栏中设置各项参数。

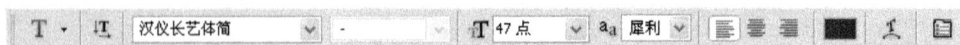

图 5.39　横排文字工具选项栏

11 使用横排文字工具 T.在视图中绘制出一个文本框，如图 5.40 所示。

12 使用横排文字工具 **T**,在文本框中输入招聘条件文字,如图 5.41 所示。

图 5.40　绘制文本框　　　　　　　　　　　　　图 5.41　创建文字

13 参照图 5.42 所示选中文本,单击"窗口"|"段落"命令,打开"段落"调板,参照图 5.43 所示设置参数,调整段间距,效果如图 5.44 所示。

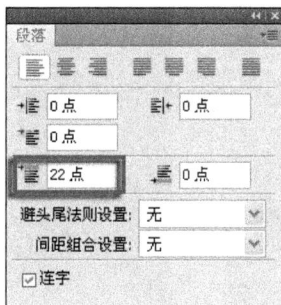

图 5.42　选中文本　　　　　　图 5.43　"段落"调板　　　　　　图 5.44　调整段间距

14 在"段落"调板中设置对齐方式为"最后一行左对齐" ▤,如图 5.45 所示,效果如图 5.46 所示。

图 5.45　设置对齐方式　　　　　　　　　　　　图 5.46　对齐效果

15 参照图 5.47 所示选择文本,然后在"段落"调板中进行设置,如图 5.48 所示,调整段落的左缩进,效果如图 5.49 所示。

图 5.47　选中文本　　　　　图 5.48　"段落"调板　　　　图 5.49　调整段间距

[16] 选择横排文字工具 T，参照图 5.50 所示在选项栏中设置各项参数。

图 5.50　横排文字工具选项栏

[17] 使用横排文字工具 T，在视图中创建文字，完成海报的制作，效果如图 5.51 所示，"图层"调板如图 5.52 所示。

图 5.51　创建文字　　　　　　　　　图 5.52　"图层"调板

3. 创建文字选区

使用文字蒙版工具 T 和 T，可以创建得到文字选区。在输入文字时，图像窗口会自动进入快速蒙版编辑状态，此时整个窗口显示为红色，输入的文字显示为镂空状态。输入文本后，单击选项栏中的 ✔ 按钮即可得到文字选区。

使用文字蒙版工具创建文字选区的具体操作步骤如下：

[01] 单击"文件"|"新建"命令，弹出"新建"对话框，参照图 5.53 所示设置参数，单击"确定"按钮，创建新文件。

[02] 单击"设置前景色"色块，参照图 5.54 所示在弹出的"拾色器（前景色）"对话框中进行设置。

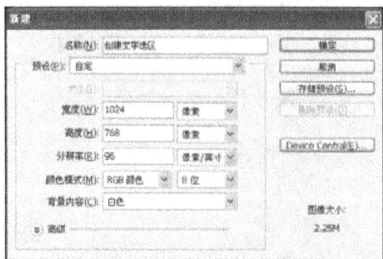

图 5.53　"新建"对话框　　　　　　　图 5.54　设置前景色

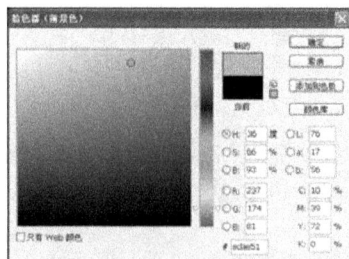

03 选择矩形工具 █ ，参照图 5.55 所示在视图中绘制矩形，然后按 Ctrl+T 快捷键调整图形的旋转角度和位置，如图 5.56 所示。

04 在"图层"调板中拖动"形状 1"图层到"创建新图层"按钮 █ 处，如图 5.57 所示，复制图层，如图 5.58 所示。

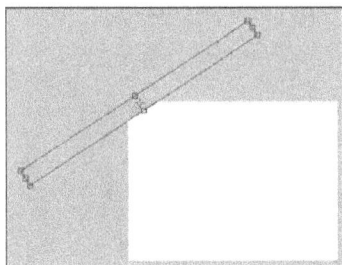

图 5.55　绘制矩形

图 5.56　调整矩形的角度和位置　　　图 5.57　拖动图层　　　图 5.58　复制图层

05 双击"形状 1 副本"图层缩览图，弹出"拾取实色："对话框，参照图 5.59 所示设置颜色值。

06 单击"确定"按钮，更改副本矩形的颜色，然后参照图 5.60 所示调整矩形的位置。

图 5.59　设置颜色　　　　　　　图 5.60　调整矩形的位置

07 使用相同的方法，创建出更多的倾斜色块，如图 5.61 所示。

图 5.61　绘制色块

08 群组创建的矩形，单击工具箱中的横排文字蒙版工具 ，参照图 5.62 所示在选项栏中设置各项参数，然后在视图中创建文字，如图 5.63 所示。

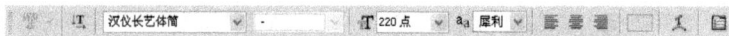

图 5.62　横排文字蒙版工具选项栏

图 5.63　输入文字

09 单击选项栏中的"提交当前所有编辑"按钮 ✔，得到文字选区，如图 5.64 所示。

10 单击工具箱中的渐变工具 ，在属性栏中单击渐变色条，弹出"渐变编辑器"对话框，参照图 5.65 所示在该对话框中进行设置，然后单击"确定"按钮，完成设置。

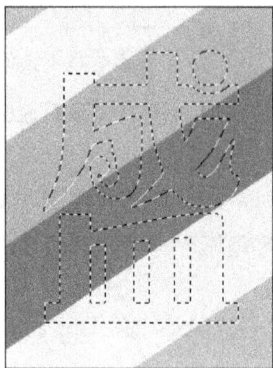

图 5.64　得到选区

图 5.65　"渐变编辑器"对话框

11 新建"图层 1"，使用渐变工具 在选区中由上至下进行拖动，创建渐变效果，然后按 Ctrl+D 键取消选区，如图 5.66～图 5.68 所示。

图 5.66　创建渐变

图 5.67　渐变效果

图 5.68　"图层"调板

12 使用横排文字蒙版工具 在视图中继续输入文字，然后选中文字，如图 5.69 所示，在"字符"调板中设置文本属性，如图 5.70 所示。

图 5.69　输入文字

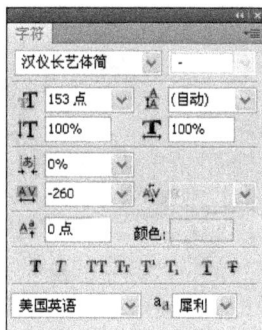

图 5.70　"字符"调板

[13]　单击选项栏中的"提交当前所有编辑"按钮 ✔，得到文字选区，如图 5.71 所示。

[14]　选择渐变工具 ▦，单击选项栏中的渐变色条，在弹出的"渐变编辑器"对话框中对渐变进行调整，如图 5.72 所示。

图 5.71　得到选区

图 5.72　"渐变编辑器"对话框

[15]　新建"图层 2"，使用渐变工具 ▦ 在选区位置由上至下垂直拖动，如图 5.73 所示，创建渐变效果，如图 5.74 所示。

图 5.73　创建渐变

图 5.74　渐变效果

[16]　参照图 5.75 所示调整文字图像在视图中的位置，然后单击"图层"调板底部的"添加图层样式"按钮 fx.，在弹出的菜单中选择"描边"选项，弹出"图层样式"对话框，参照图 5.76 所示设置参数。

图 5.75　调整文字图像的位置

图 5.76　"图层样式"对话框

[17] 单击"确定"按钮，为"图层 2"中的文字图像添加白色的描边效果，然后右击，在弹出的菜单中选择"拷贝图层样式"选项，拷贝图层样式，再选中"图层 1"，右击，在弹出的菜单中选择"粘贴图层样式"选项，复制图层样式，完成整个制作过程，效果如图 5.77 所示，"图层"调板如图 5.78 所示。

图 5.77　添加描边效果

图 5.78　"图层"调板

4．变换文本

在 Photoshop 中，点文本和段落文本也可以像图形一样进行缩放、倾斜和旋转等变换操作。变换文本的具体操作步骤如下：

[01] 打开一张素材图像，并输入相应文字，如图 5.79 所示。

[02] 单击"编辑"|"自由变换"命令或按 Ctrl+T 快捷键调出变换控制框，移动鼠标至右上角的控制点处，鼠标指针呈 ⤾ 形状，如图 5.80 所示。

图 5.79　打开素材图像并输入文字

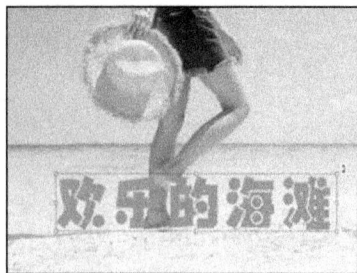

图 5.80　变换控制框

[03] 在文字上单击并拖曳，旋转文字，如图 5.81 所示。

[04] 按 Enter 键确定，完成变换操作，效果如图 5.82 所示。

图 5.81　旋转文字

图 5.82　完成操作

5.2.2　随堂实训 2——编辑文字

文字图层在栅格化之前，用户可对其格式进行设置，包括文字大小、字体、字间距、行间距、对齐方式等。

1. 设置文字格式

选择工具箱中的文字工具，在图像窗口文本位置单击鼠标，或在"图层"调板文字图层缩览图 T 上双击即可进入文本编辑状态，这时文本内会出现闪动的光标。如果需要修改文字格式，除了使用工具选项栏之外，还可以单击"窗口"|"字符"命令，或单击文字工具选项栏中的 按钮显示"字符"调板，通过调板进行字符格式设置，如图 5.83 所示。

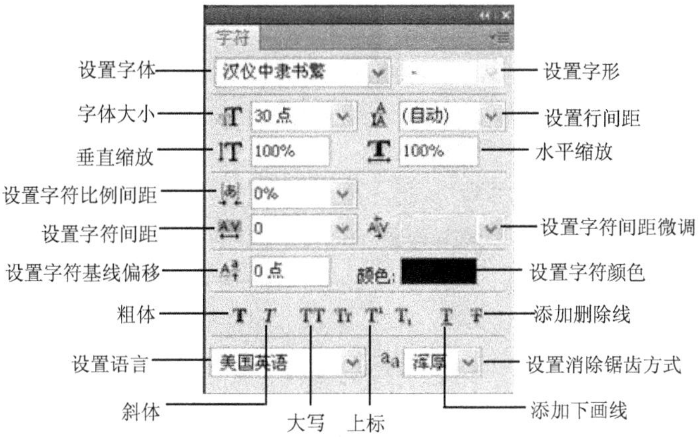

图 5.83　"字符"调板

🌐 **技巧**

在选定文字的情况下，按 Ctrl+Shift+>快捷键或 Ctrl+Shift+<快捷键，可以以 2 点为步长快速地增大或减少文字的大小；按 Ctrl+Alt+Shift+|快捷键或 Ctrl+Alt+Shift+<快捷键可以以 10 点为步长增大或减少文字的大小。

2. 设置段落格式

单击"窗口"|"段落"命令，在窗口中显示"段落"调板，可以对段落文本进行格式设置，如图 5.84 所示。

段落右对齐
段落居中
段落左对齐
设置左缩进
设置首行缩进
设置段前距

段落两端对齐，末行左
对齐、居中和右对齐
段落两端对齐
设置右缩进
设置段后距

图 5.84　"段落"调板

3.文字变形

对 Photoshop 文字可以进行变形操作，将其转换为波浪形、球形等各种形状，从而创建得到富有动感的文字特效。

创建文字变形的具体操作步骤如下：

01 打开一张素材图像，并输入相应文字，如图 5.85 所示。

02 单击"图层"|"文字"|"文字变形"命令，或单击选项栏中的 按钮，打开"变形文字"对话框，在该对话框中选择"旗帜"样式，如图 5.86 所示。

03 单击"确定"按钮，效果如图 5.87 所示。

图 5.85　素材图像　　　图 5.86　"变形文字"对话框　　　图 5.87　文字变形效果

在"变形文字"对话框的"样式"下拉列表框中可以选择一种变形样式，如扇形、上弧、下弧等，然后选择变形的方向为"水平"或"垂直"，再在其下的 3 个滑块上调整变形文本的参数，如图 5.88 所示。最后单击"确定"按钮，得到文本变形效果。

Photoshop 提供的 15 种文字变形样式效果如图 5.89 所示。

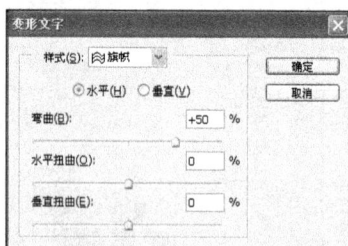

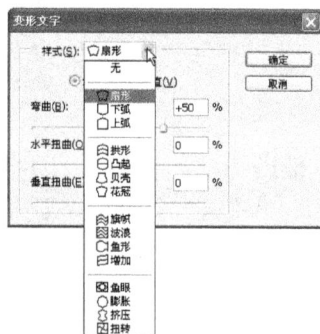

图 5.88　"变形文字"对话框

原段落文本	扇形	下弧	上弧
拱形	凸起	贝壳	花冠
旗帜	波浪	鱼形	增加
鱼眼	膨胀	挤压	扭转

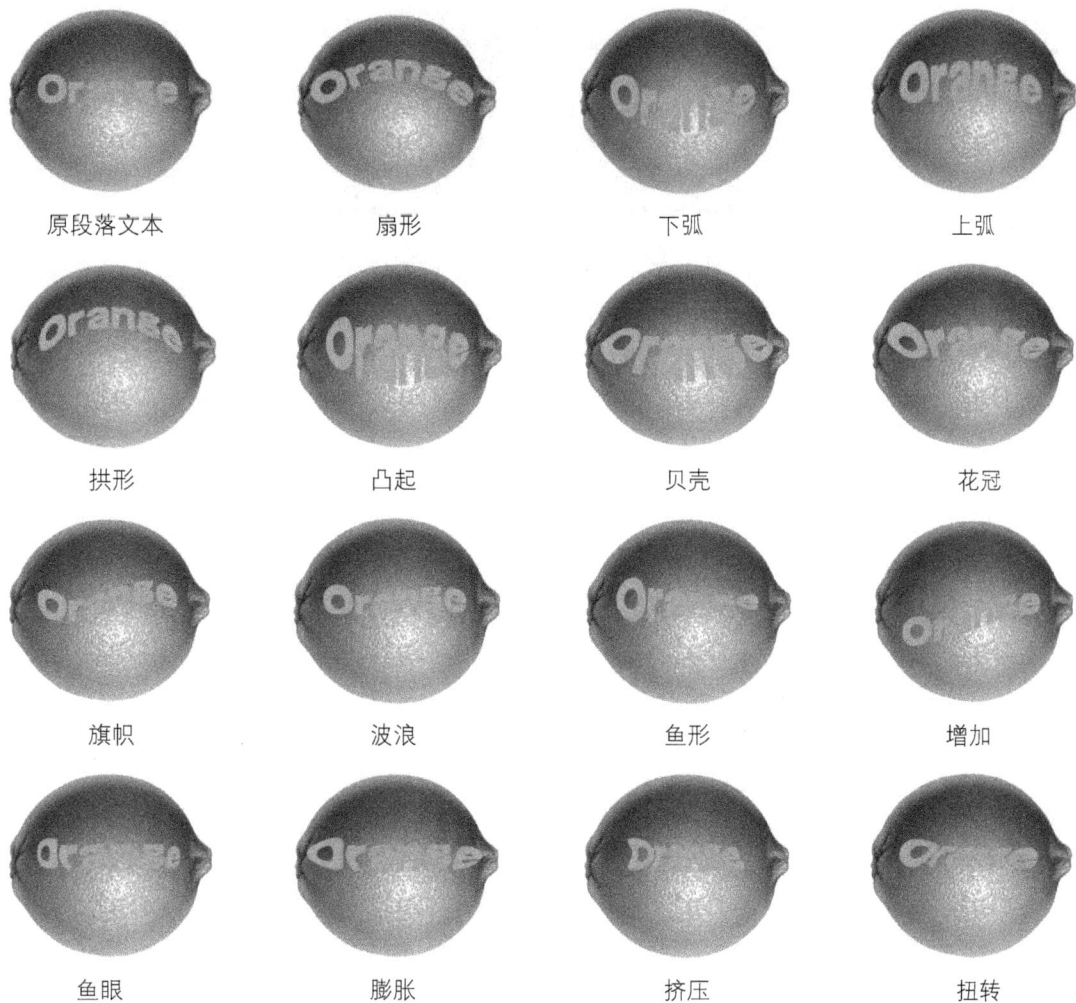

图 5.89　文字变形效果

5.3　进阶型实训

5.3.1　实训 1——制作显示器广告

实训分析：本实例通过制作显示器广告，主要讲解路径文字的用法。在制作的过程中，首先使用矩形选框工具制作出背景效果，使用钢笔工具绘制一条路径，在路径上输入广告语，然后使用矩形工具绘制一个矩形，输入说明文字，再添加素材，最终制作出显示器广告效果，如图 5.90 所示。

图 5.90　显示器广告

视频路径	配套 DVD 光盘\视频\第 5 章\制作显示器广告.avi
素材路径	配套 DVD 光盘\素材与源文件\第 5 章\制作显示器广告.psd

具体操作步骤如下。

1. 制作背景效果

01　双击桌面上的快捷图标，打开 Photoshop CS5。

02　单击"文件"|"新建"命令，在弹出的"新建"对话框中设置参数，如图 5.91 所示。单击"确定"按钮，新建一个文件。

03　单击"文件"|"打开"命令，打开一张素材图像，将素材图像放置在新建的文件中，调整至合适大小及位置，如图 5.92 所示。

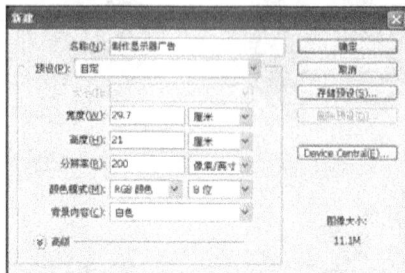

图 5.91　"新建"对话框

图 5.92　素材图像

04　选择矩形选框工具 ，绘制两个矩形，如图 5.93 所示。

05　设置"前景色"为墨绿（RGB 参考值为 R24、G75、B58），按 Alt＋Delete 快捷键，填充颜色，效果如图 5.94 所示。

06　使用同样的方法绘制矩形选框并填充白色，效果如图 5.95 所示。

图 5.93　绘制矩形

图 5.94　填充颜色

图 5.95　绘制白色矩形框

07 单击"文件"|"打开"命令，打开一张显示器素材图像，如图 5.96 所示。

08 运用磁性套索工具 ，配合使用多边形套索工具 ，框选显示器，如图 5.97 所示。

图 5.96　素材图像 　　　　　　　　　　　　　图 5.97　框选显示器

09 单击并拖曳，将显示器放置到图像编辑窗口中，调整至合适大小及位置，如图 5.98 所示。

2．制作文字效果

01 选择工具箱中的钢笔工具 ，单击工具选项栏中的"路径"按钮 ，绘制一条路径，如图 5.99 所示。

图 5.98　添加显示器素材 　　　　　　　　　　图 5.99　绘制一条路径

02 选择横排文字工具 T，放置光标至路径上方，当光标显示为 形状时单击，确定插入点，在工具选项栏中设置各参数，如图 5.100 所示。

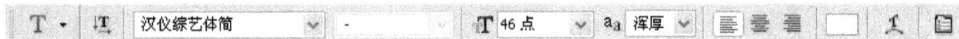

图 5.100　工具选项栏

03 输入文字"高清画质，引领时尚新潮流"，可以看到文字沿着路径排列，效果如图 5.101 所示。

04 单击"图层"调板底部的"添加图层样式"按钮 ，在弹出的"图层样式"对话框中设置参数，如图 5.102 所示。

图 5.101　输入文字

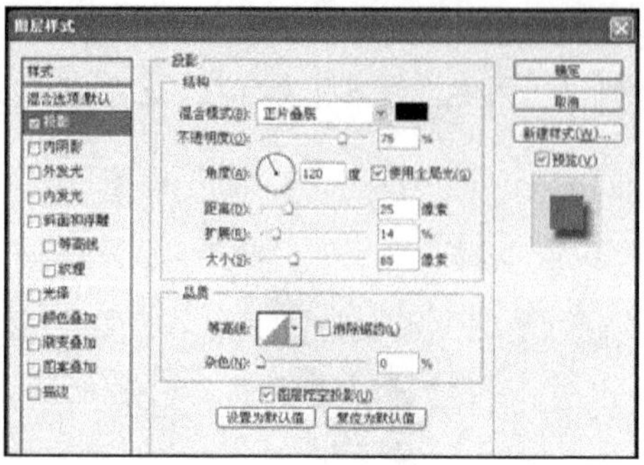

图 5.102　"图层样式"对话框

05　单击"确定"按钮,添加阴影效果,如图 5.103 所示。

06　选择矩形工具 █,绘制一个矩形,如图 5.104 所示。

07　选取横排文字工具 T,在矩形内单击,确定插入点,输入其他文字,效果如图 5.105 所示。

图 5.103　添加阴影

图 5.104　绘制一个矩形

图 5.105　输入其他文字

08　在"通道"调板中的空白区域单击,隐藏路径,效果如图 5.106 所示。

09　单击"文件"|"打开"命令,打开一张不同角度的显示器素材图像,如图 5.107 所示。

10　使用同样的操作方法,将素材添加至文件中,如图 5.108 所示。

图 5.106　隐藏路径

图 5.107　素材图像

图 5.108　添加素材

11　输入其他文字,完成显示器广告的制作。

5.3.2　实训 2——制作旅行社广告

实训分析:本实例通过制作旅行社广告,主要讲解渐变色文字的制作方法。在制作的过程中,首先通过图层的"混合模式"来调整颜色,制作出明媚的海滨背景效果;然后使用剪贴蒙版与图层样式,制作出素材图像的效果;最后运用渐变填充,制作出文字效果,再输入其他文字，最终制作出旅行社广告效果，如图 5.109 所示。

图 5.109　旅行社广告

视频路径	配套 DVD 光盘\视频\第 5 章\制作旅行社广告.avi
素材路径	配套 DVD 光盘\素材与源文件\第 5 章\制作旅行社广告.psd

具体操作步骤如下。

1．制作背景效果

01 双击桌面上的快捷图标，打开 Photoshop CS5。

02 单击"文件"|"新建"命令，在弹出的"新建"对话框中设置参数，如图 5.110 所示，然后单击"确定"按钮，新建一个文件。

03 单击"文件"|"打开"命令，打开一张素材图像，将素材图像放置在新建的文件中，并调整至合适大小及位置，如图 5.111 所示。

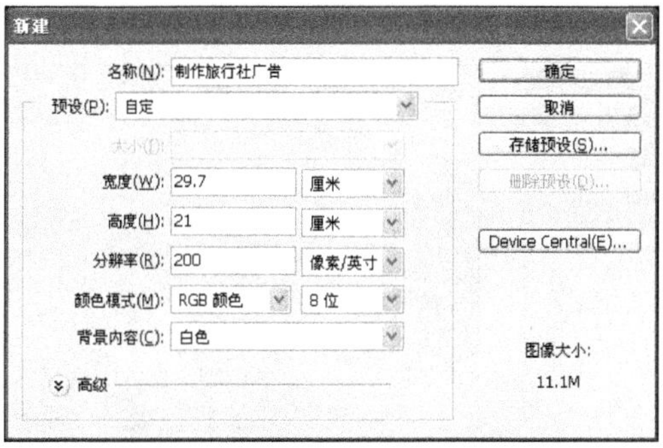

图 5.110　"新建"对话框

图 5.111　素材图像

04 选择矩形选框工具，绘制一个矩形，如图 5.112 所示。

05 设置前景色为墨绿（RGB 参考值为 R28、G121、B128），背景色为深绿（RGB 参考值为 R2、G50、B68），选择渐变工具，在矩形选框内从下至上沿垂直方向拖曳鼠标，填充渐变色，按 Ctrl+D 快捷键取消选区，效果如图 5.113 所示。

06 单击"添加图层蒙版"按钮，为图层添加蒙版，选取渐变工具，从上至下沿垂直方向拖曳鼠标，填充渐变色，如图 5.114 所示。

图 5.112　绘制矩形　　　　　图 5.113　填充渐变色　　　　　图 5.114　填充渐变色

07 设置图层的"混合模式"为"颜色减淡"，效果如图 5.115 所示。

08 新建一个图层，运用矩形选框工具 □ 绘制一个矩形，并填充白色，如图 5.116 所示。

09 按 Ctrl+T 快捷键，调整矩形的大小及位置，如图 5.117 所示。

图 5.115　设置图层的"混合模式"　　图 5.116　绘制矩形　　图 5.117　调整矩形的大小及位置

10 单击"文件"|"打开"命令，打开一张素材图像，如图 5.118 所示。

11 按住 Alt 键，同时移动鼠标至"图层 4"和"图层 5"之间，当光标呈 ↓◙ 形状时单击，
创建剪贴蒙版，如图 5.119 所示。

12 按 Ctrl+T 快捷键，旋转图形的角度，并移动至合适位置，如图 5.120 所示。

图 5.118　素材图像　　　　图 5.119　创建剪贴蒙版　　　图 5.120　设置图形的角度和位置

13 双击图层 4，在弹出的"图层样式"对话框中设置参数，如图 5.121 所示。

14 单击"确定"按钮，效果如图 5.122 所示。

15 参照上述操作方法，制作其他素材效果，如图 5.123 所示。

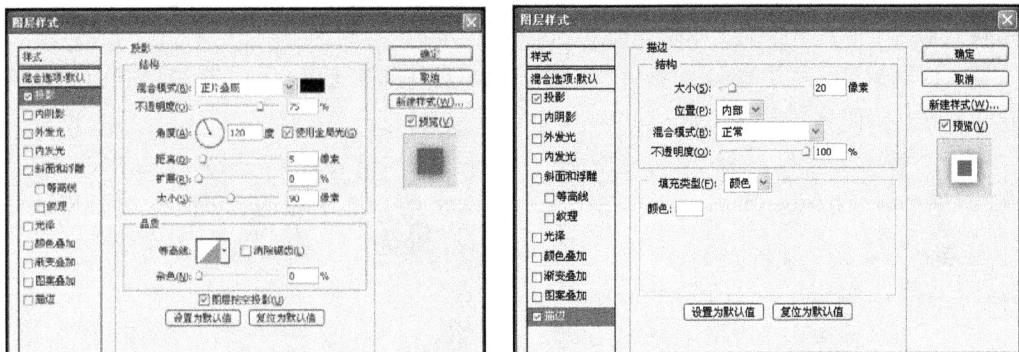

图 5.121　设置参数

图 5.122　添加"图层样式"效果

图 5.123　制作其他素材效果

2．制作文字效果

01 选择横排文字工具 T，在绘图窗口中单击，确定插入点，在工具选项栏中设置各项参数，如图 5.124 所示。

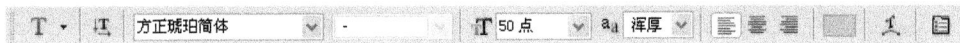

图 5.124　工具选项栏

02 输入文字"缤纷假期海滨游"，效果如图 5.125 所示。

03 单击"添加图层样式"按钮 fx.，在弹出的"图层样式"对话框中设置参数，如图 5.126 所示。

图 5.125　输入文字

图 5.126　设置参数

04 单击"确定"按钮，效果如图 5.127 所示。

05 选取横排文字工具 T ，在"纷"字右侧单击并向左拖曳，即可选中"缤纷"文字部分，如图 5.128 所示。

图 5.127　添加阴影

图 5.128　选中"缤纷"文字部分

06 在工具选项栏中设置文字"颜色"为白色，"字体大小"为 72，效果如图 5.129 所示。

07 按住 Ctrl 键，同时单击文字图层，可以在文字上建立选区，如图 5.130 所示。

图 5.129　更改文字效果

图 5.130　选择文字

08 选取矩形选框工具 [ ] ，按住 Alt 键，同时单击并拖曳，绘制一个矩形选框，框选"假期海滨游"文字部分，去除多余选区，如图 5.131 所示。

09 新建一个图层，选取渐变工具 ，设置参数，如图 5.132 所示。

图 5.131　去除多余文字选区

图 5.132　设置渐变工具参数

10 在文字部分从左至右水平拖曳鼠标，填充渐变色，效果如图 5.133 所示。

11 单击"编辑"｜"描边"命令，在弹出的"描边"对话框中设置参数，如图 5.134 所示。单击"确定"按钮，应用描边。

图 5.133　填充渐变色

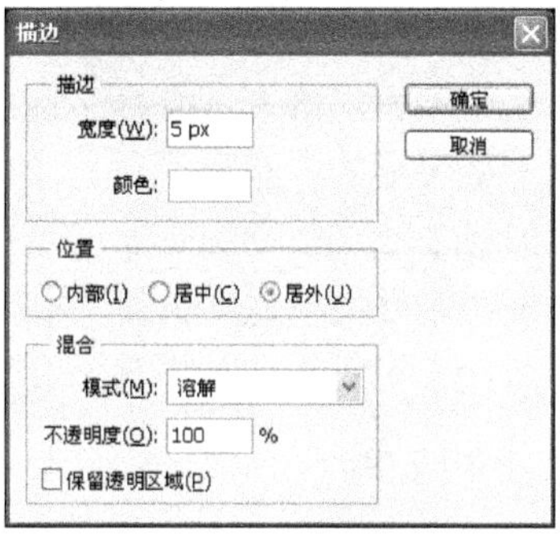

图 5.134　"描边"对话框

12 双击图层，在弹出的"图层样式"对话框中设置参数，如图 5.135 所示。

13 单击"确定"按钮关闭"图层样式"对话框，按 Ctrl+← 快捷键和 Ctrl+↑ 快捷键移动文字至合适位置，效果如图 5.136 所示。

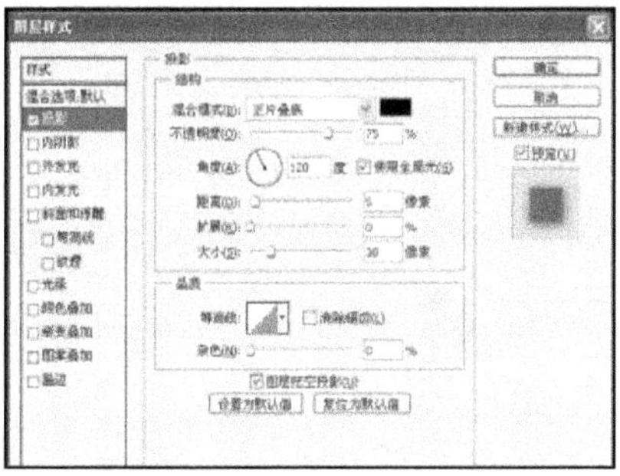

图 5.135　"图层样式"对话框

图 5.136　移动文字位置

14 选择矩形选框工具 ，绘制一个矩形，如图 5.137 所示。

15 设置前景色为白色，选取渐变工具 ，在工具选项栏中选择透明渐变，从右至左拖曳鼠标，填充渐变，效果如图 5.138 所示。

图 5.137　绘制一个矩形

图 5.138　填充渐变

16 输入其他文字，最终效果参见图 5.109。

5.4 练习题

一、简答题

（1）点文本和段落文本有什么区别？

（2）文字变形的样式有哪些？

（3）如何才能直接创建文字的选区？

（4）如何完整地将段落文本转换为文字？

（5）路径文字包括几种情况？分别如何创建？

二、上机实验

1．制作虚幻的诗配画效果，效果如图 5.139 所示。

原始素材	配套 DVD 光盘\素材与源文件\第 5 章\习题 1-1.jpg
最终效果	配套 DVD 光盘\素材与源文件\第 5 章\习题 1.psd

要求：

（1）添加背景素材图像。

（2）输入文字，并设置字体、字号、颜色等。

（3）设置文字的不透明度。

（4）调整文字至合适大小及位置。

图 5.139 诗配画效果

2．制作公益海报，效果如图 5.140 所示。

原始素材	配套 DVD 光盘\素材与源文件\第 5 章\习题 2-1.jpg
最终效果	配套 DVD 光盘\素材与源文件\第 5 章\习题 2.psd

图 5.140 公益海报

要求：

（1）添加背景素材图像。

（2）绘制路径。

（3）输入文字。

（4）设置文字属性。

第 6 章

图层

读者在学习本章后，可以对图层的运用有一个翔实的了解。图层是 Photoshop 的核心功能之一。图层的引入为图像的编辑带来了极大的便利。以前只能通过复杂的选区和通道运算才能得到的效果，现在通过图层和图层样式便可轻松实现。本章深入讨论图层的概念、类型和基本操作，并详细地介绍图层混合模式和图层样式。

基础知识
- ◆ 图层的显示
- ◆ 图层的选择
- ◆ 图层的新建
- ◆ 图层的删除

重点知识
- ◆ 图层的链接
- ◆ 图层的排列
- ◆ 图层的复制
- ◆ 图层的合并

提高知识
- ◆ 图层样式
- ◆ 图层的混合模式

6.1 基础案例——给卡通画上色

6.1.1 基本知识要点与制作思路

本实例通过为卡通画上色，主要讲解图层模式的用法。

在制作的过程中，首先填充渐变色、更改图层模式为"颜色"，制作出背景效果，然后通过填充颜色和更改图层模式制作出衣服和花朵的颜色，最后调整色相/饱和度，制作出彩色卡通画效果。

6.1.2 制作步骤

Photoshop 图层模式可以控制图层之间像素颜色的相互作用。其中，可以使用的图层混合模式有正常、溶解、叠加、正片叠底等二十几种，不同的混合模式会得到不同的效果。本实例是将一张黑白的卡通画制作成彩色效果。使用同样的操作方法，也可以将黑白照片处理成彩色照片。制作完成的卡通画上色效果如图 6.1 所示。

图 6.1　卡通画上色效果

视频路径	配套 DVD 光盘\视频\第 6 章\给卡通画上色.avi
素材路径	配套 DVD 光盘\素材与源文件\第 6 章\给卡通画上色.psd

具体操作步骤如下：

01 双击桌面上的快捷图标，打开 Photoshop CS5。

02 单击"文件"|"打开"命令，打开黑白素材图像，如图 6.2 所示。

03 单击"图层"|"新建"|"图层"命令，新建"图层 1"，如图 6.3 所示。

图 6.2　素材图像

图 6.3　新建图层

04 选取渐变工具 ，单击工具选项栏中的渐变色块，在弹出的"渐变编辑器"对话框中设置参数，色标依次是橙色（RGB 参考值分别为 R248、G155、B12）、黄色（RGB 参考值分别为 R255、G237、B0）、绿色（RGB 参考值分别为 R28、G255、B1）、蓝色（RGB 参考值分别为 R1、G199、B212），如图 6.4 所示。

05 在绘图编辑区，按住 Shift 键从上至下垂直拖动鼠标，填充渐变色，效果如图 6.5 所示。

06 在"图层"调板中，单击"设置图层的混合模式"下三角按钮，在弹出的下拉列表中选择"颜色"选项，如图 6.6 所示。

图 6.4 "渐变编辑器"对话框　　　　图 6.5 填充渐变色　　　　图 6.6 选择"颜色"选项

07 更改图层模式为"颜色"后，效果如图 6.7 所示。

08 单击"设置前景色"色块，在弹出的对话框中设置参数，如图 6.8 所示。

图 6.7 更改图层模式为"颜色"　　　　图 6.8 设置前景色

09 新建一个图层，选择画笔工具 ，在人物的衣服上涂抹，如图 6.9 所示。

10 在"图层"调板中，单击"设置图层的混合模式"下三角按钮，在弹出的列表框中选择"实色混合"选项，如图 6.10 所示。

11 更改图层模式为"实色混合"后效果如图 6.11 所示。

图 6.9　涂抹人物衣服颜色　　图 6.10　选择"实色混合"选项　图 6.11　更改图层模式为"实色混合"

12　单击"设置前景色"色块，在弹出的对话框中设置参数，如图 6.12 所示。

13　新建一个图层，选择画笔工具 ，在花朵上涂抹，如图 6.13 所示。

图 6.12　设置前景色

图 6.13　涂抹花朵颜色

14　在"图层"调板中，单击"设置图层的混合模式"下三角按钮，在弹出的列表框中选择"色相"选项，如图 6.14 所示。

15　更改图层模式为"色相"后，效果如图 6.15 所示。

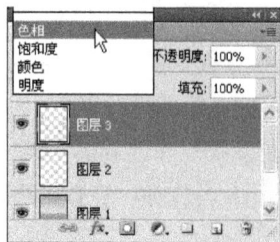

图 6.14　选择"色相"选项

图 6.15　更改图层模式为"色相"

16　按 Ctrl+Shift+Alt+E 快捷键，盖印所有图层，效果如图 6.16 所示。

17　单击"图像"｜"调整"｜"色相/饱和度"命令，在弹出的"色相/饱和度"对话框中设置参数，如图 6.17 所示。

图 6.16　盖印所有图层

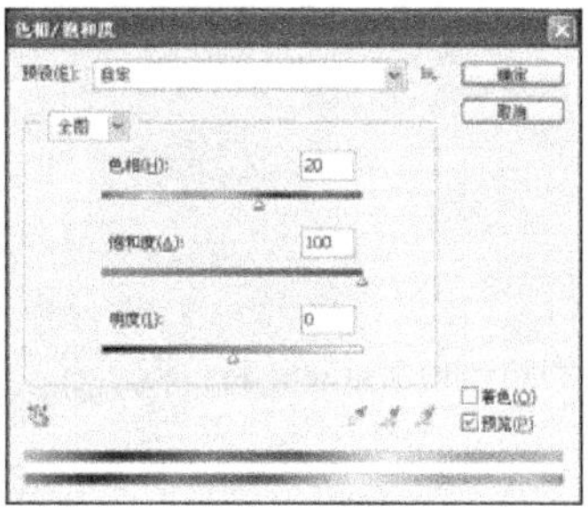

图 6.17　"色相/饱和度"对话框

18 单击"确定"按钮，最终效果参见图 6.1。

6.2 图层的基础知识

图层可以看做是一张张独立的透明胶片。每一张胶片上都绘制有图像的一部分内容，将所有胶片按顺序叠加起来，便可以得到完整的图像。

6.2.1 显示、选择、链接和排列图层

显示、选择、链接和排列图层是图层的基本操作，熟悉并掌握这些操作是灵活运用图层的基础。

1. 显示/隐藏图层

"图层"调板中的眼睛图标 ● 不仅可以指示图层的可见性，也可以用于图层的显示/隐藏切换。通过设置图层的显示/隐藏，可以控制一幅图像的最终效果。

单击"图层 1"图层前的 ● 图标，该图层即由可见状态转换为隐藏状态，同时眼睛图标也显示为 □ 形状，如图 6.18 所示。

图 6.18　隐藏图层

当图层处于隐藏状态时，单击该图层中的 □ 图标，即由不可见状态转换为可见状态，眼睛图标显示为 ● 形状，如图 6.19 所示。

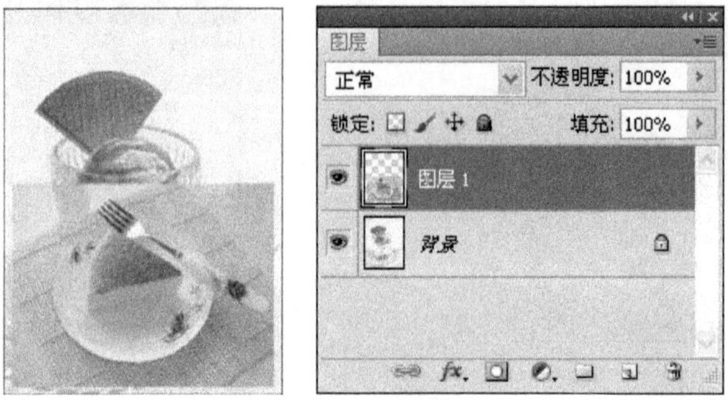

图 6.19 显示图层

💿 **技巧**

按住 Alt 键，单击图层的眼睛图标 👁，可以显示/隐藏除本图层外的所有其他图层。

2．选择图层

在"图层"调板中，每个图层都有相应的图层名称和缩览图，因而可以轻松区分各个图层。如果需要选择某个图层，拖动"图层"调板滚动条，使其显示在"图层"调板中，然后单击该图层即可。

处于选择状态的图层与未选择的图层有一定区别，选择的图层将以蓝底反白显示。

在 Photoshop CS5 中，可以同时选择多个图层。

❖ 如果要选择连续的多个图层，在选择一个图层后，按住 Shift 键在"图层"调板中单击另一个图层的名称，则两个图层之间的所有图层都会被选中，如图 6.20 所示。

❖ 如果要选择不连续的多个图层，在选择一个图层后，按住 Ctrl 键在"图层"调板中单击另一个图层的名称即可，如图 6.21 所示。

图 6.20 选择多个连续图层

图 6.21 选择多个不连续图层

3．链接图层

Photoshop 允许将多个图层进行链接，以便可以进行移动、旋转、缩放等操作。与同时选择多个图层不同，图层的链接关系可以随文件一起保存，除非用户解除了之间的链接。

单击"图层"调板下方的"链接图层"按钮，选中的图层被链接在一起，如图 6.22 所示。再次单击"链接图层"按钮，可以取消链接，如图 6.23 所示。

图 6.22　链接图层

图 6.23　取消链接

4．调整图层叠放顺序

对于一幅图像而言，叠于上方的图层总是会遮挡下方的图层，因此图层的叠放顺序决定着图像的效果。

在"图层"调板中移动图层的位置，也可以调整图层的叠放顺序。

移动光标至"图层2"，当光标显示为 🖐 形状时，按住鼠标左键向下拖动。在拖动过程中，光标会由 🖐 形状转变为 ✊ 形状，同时"图层2"以半透明显示，如图6.24所示。

当 ✊ 形状光标位于"图层1"下方时释放鼠标，"图层2"即被调整至"图层1"下方，如图6.25所示。

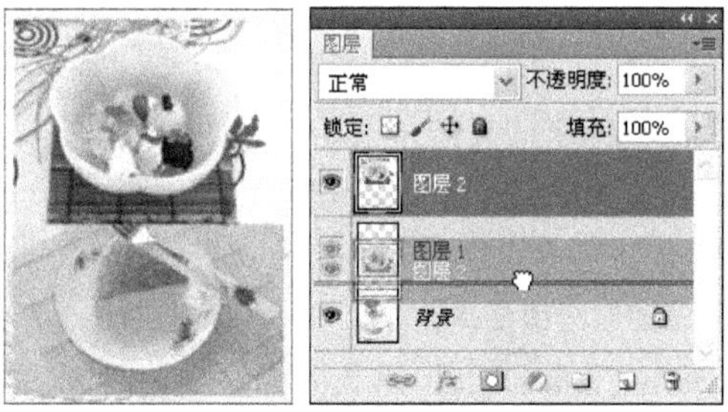

图 6.24　拖动调整图层叠放顺序

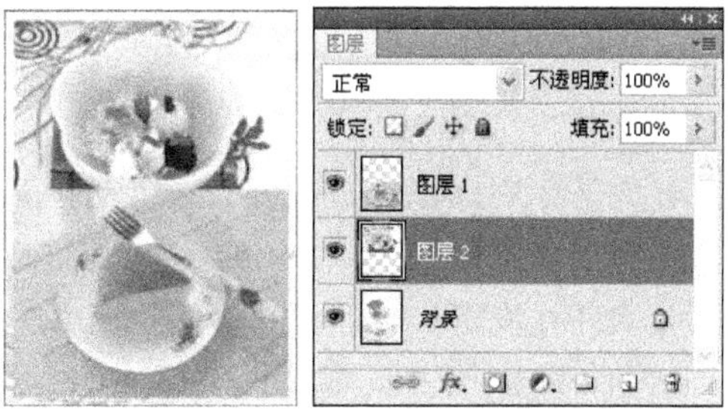

图 6.25　调整图层顺序的结果

6.2.2　新建、复制、合并和删除图层

新建、复制、合并和删除图层是图层的基本操作，熟悉并掌握这些操作是灵活运用图层的基础。

1．新建图层

Photoshop 新建图层的方法很多，在"图层"|"新建"菜单中可以找到许多相关的图层新建命令。除此之外，还可以通过"图层"调板中的按钮和相应的快捷键新建图层。

❖ 单击"图层"调板底端的"创建新图层"按钮 🔲 ，在当前图层的上方会得到一个新建图层，并自动命名。

❖ 按住 Alt 键单击"图层"调板底端的"创建新图层"按钮 🔲 ，或单击"图层"|"新建"|"图层"命令，或按 Ctrl+Shift+N 快捷键，在弹出的"新建图层"对话框中单击"确定"按钮，即可得到新建图层。

❖ 在制作选区后，单击"图层"|"新建"菜单中的"通过拷贝的图层"或"通过剪切的图层"命令可以将选区内的图像复制或者剪切到新建的图层中。

 技巧

> 默认情况下，新建图层会置于当前图层的上方，并自动成为当前图层。按住 Ctrl 键单击"创建新图层"按钮 ，则在当前图层下方创建新图层。

2. 复制图层

通过复制图层可以复制图层中的图像。在 Photoshop 中，不但可以在同一图像中复制图层，而且可以在两个不同的图像之间复制图层。

❖ 如果是在同一图像内复制，单击"图层"|"复制图层"命令，或拖动图层至"创建新图层"按钮 ，即可得到当前选择图层的复制图层。

❖ 按 Ctrl+J 快捷键，可以快速复制当前图层。

❖ 如果是在不同的图像之间复制，首先在 Photoshop 桌面中同时显示这两个图像窗口，然后在源图像的"图层"调板中拖动该图层至目标图像窗口即可。

3. 合并图层

尽管 Photoshop CS5 对图层的数量已经没有限制，用户可以新建任意数量的图层，但一幅图像的图层越多，打开和处理时所占用的内存和保存时所占用的磁盘空间也就越大。因此，及时合并一些不需要修改的图层，减少图层数量，就显得非常必要。

下面是合并图层的 4 种方法。

❖ 向下合并：选择此命令，可将当前选择图层与"图层"调板的下一图层进行合并，合并时下一图层必须可见，否则该命令无效，快捷键为 Ctrl+E。

❖ 合并可见图层：选择此命令，可将图像中所有可见图层全部合并。

❖ 拼合图像：合并图像中的所有图层。如果合并时图像中有隐藏图层，系统将弹出一个提示对话框，单击其中的"确定"按钮，隐藏图层将被删除，单击"取消"按钮则取消合并操作。

 技巧

> 如果需要合并多个图层，可以先选择这些图层，然后执行"图层"|"合并图层"命令，快捷键为 Ctrl+E。

4. 删除图层

对于多余的图层，应及时将其从图像中删除，以减少图像文件的大小。在实际工作中，可以根据具体情况选择最快捷的删除图层的方法。

❖ 如果需要删除的图层为当前图层，可以单击"图层"调板底端的"删除图层"按钮 ，或单击"图层"|"删除"|"图层"命令，在弹出的如图 6.26 所示的提示信息框中单击"是"按钮即可。

❖ 如果需要删除的图层不是当前图层，则可以移动光标至该图层上方，然后单击并拖至 按钮上，当该按钮呈按下状态时释放鼠标即可。

图 6.26　确认图层删除提示框

❖ 如果需要同时删除多个图层，可以首先选择这些图层，然后单击 按钮删除。

❖ 如果需要删除所有处于隐藏状态的图层，可以单击"图层"|"删除"|"隐藏图层"命令。

技巧

按 Alt 键单击"删除图层"按钮 ⬚ 可以快速删除图层，而无须确认。

6.2.3 图层的锁定和不透明度

Photoshop 的图层锁定功能可以锁定图层编辑的内容和范围，锁定后则不可对其进行操作。

更改图层的不透明度就是更改图层的透明性。降低上方图层的不透明度后，下方图层的图像就显示出来，从而得到相融的效果。

1. 锁定图层

Photoshop 提供了图层锁定功能，以限制图层编辑的内容和范围，避免误操作。单击"图层"调板 4 个锁定按钮即可实现相应的图层锁定，如图 6.27 所示。

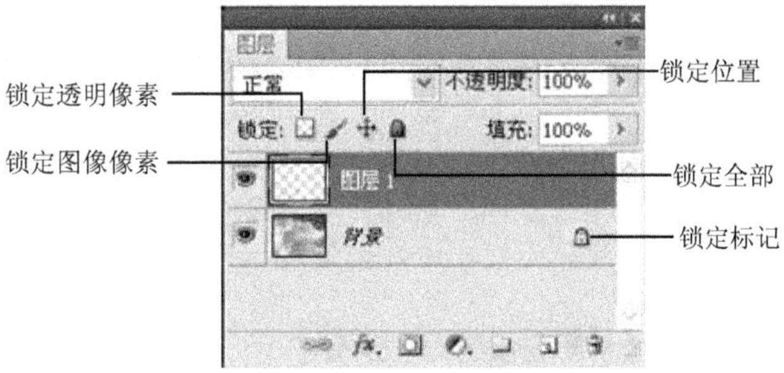

图 6.27　图层锁定

- ❖ ▦：锁定透明像素。在"图层"调板中选择图层或图层组，然后单击▦按钮，则图层或图层组中的透明像素被锁定。当使用绘图工具绘图时，将只能编辑图层非透明区域（即有图像像素的部分）。

- ❖ 🖌：锁定图像像素。单击此按钮，则任何绘图、编辑工具和命令都不能在该图层上进行编辑，绘图工具在图像窗口上操作时将显示禁止光标 🚫。

- ❖ ✛：锁定位置。单击此按钮，图层不能进行移动、旋转和自由变换等操作，但是可以正常使用绘图和编辑工具进行图像编辑。

- ❖ 🔒：锁定全部。单击此按钮，图层被全部锁定，不能移动位置，不能执行任何图像编辑操作，也不能更改图层的不透明度和混合模式。"背景"图层即默认为全部锁定。

2. 图层的不透明度

可以通过"图层"调板上方的"不透明度"和"填充"选项来调节图层的不透明度。"不透明度"选项可以调节图层中的图像、图层样式和混合模式的不透明度；"填充"选项不能调节图层样式的不透明度。设置不同数值时，图像产生的不同效果如图 6.28 所示。

原图 　　　　　　　　 不透明度 50% 　　　　　　　　 填充 50%

图 6.28　图层的不透明度效果对比

6.3　使用填充图层功能

填充图层与普通图层具有相同的颜色混合模式和不透明度，也可以对其进行图层顺序调整、删除、隐藏、复制和应用滤镜等操作。在"新建填充图层"命令子菜单中包括"纯色"、"图案"和"渐变"命令，选择相应命令，可以创建对应的填充图层。

6.3.1　随堂实训 1——创建渐变填充图层

对图层进行渐变填充，首先要创建新的图层，才会作用到已有图像上，而渐变填充图层功能则可以集创建图层和填充渐变效果于一体，并且是可重复调整的，操作方便又易于编辑。

创建渐变填充图层的具体操作步骤如下：

[01] 单击"文件"|"新建"命令，弹出"新建"对话框，参照图 6.29 所示在该对话框中设置参数，单击"确定"按钮，创建新文件。

[02] 单击"图层"|"新建填充图层"|"渐变"命令，打开"新建图层"对话框，如图 6.30 所示。

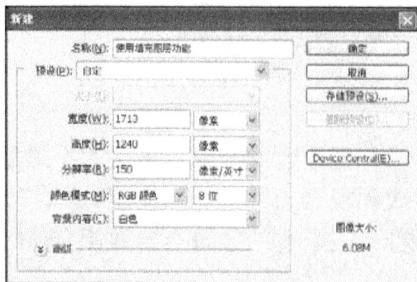

图 6.29　"新建"对话框

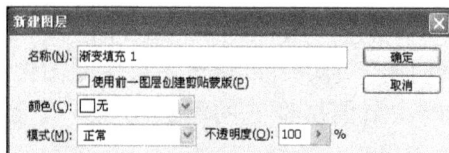

图 6.30　"新建图层"对话框

[03] 单击"确定"按钮，关闭对话框，创建"渐变填充 1"图层，如图 6.31 所示，同时打开"渐变填充"对话框，如图 6.32 所示。

图 6.31　"图层"调板

图 6.32　"渐变填充"对话框

04 单击"渐变填充"对话框中的渐变色条，打开"渐变编辑器"对话框，渐变色设置分别为绿色（RGB 参考值分别为 R112、G160、B35）和黄色（RGB 参考值分别为 R255、G228、B0），如图 6.33 所示。

05 单击"确定"按钮完成设置，回到"渐变填充"对话框中，参照图 6.34 所示设置参数。

图 6.33　"渐变编辑器"对话框

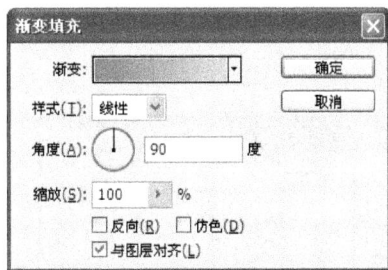

图 6.34　"渐变填充"对话框

06 单击"确定"按钮完成设置，效果如图 6.35 所示，"图层"调板如图 6.36 所示。

图 6.35　渐变填充效果

图 6.36　"图层"调板

6.3.2　随堂实训 2——创建图案填充图层

创建图案填充图层功能就是在创建出独立图层的同时，可以进行图案填充，与其他图层之间互不影响，并且可以反复编辑。

创建图案填充图层的具体操作步骤如下：

01 单击"文件"｜"打开"命令，打开古代花型纹理素材文件，如图 6.37 所示。

02 单击"编辑"|"定义图案"命令，打开"图案名称"对话框，如图 6.38 所示，单击"确定"按钮，关闭对话框，将其定义为图案。

图 6.37 素材文件

图 6.38 "图案名称"对话框

03 切换到背景文件中，单击"图层"|"新建填充图层"|"图案"命令，打开"新建图层"对话框，如图 6.39 所示。

04 单击"确定"按钮，打开"图案填充"对话框，如图 6.40 所示，同时创建"图案填充 1"填充图层，如图 6.41 所示，单击"确定"按钮，关闭对话框，在视图中添加图案填充效果，如图 6.42 所示。

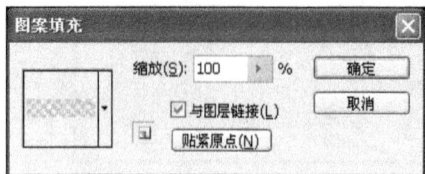

图 6.39 "新建图层"对话框

图 6.40 "图案填充"对话框

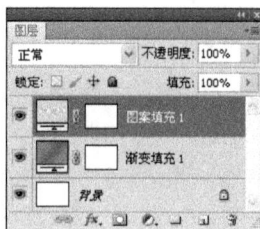

图 6.41 "图层"调板

图 6.42 图案填充效果

05 参照图 6.43 所示在"图层"调板中设置"图案填充 1"填充图层总体的不透明度为 50%，为其添加半透明效果，效果如图 6.44 所示。

图 6.43 "图层"调板

图 6.44 添加透明效果

6.3.3 随堂实训 3——创建颜色填充图层

颜色填充图层与其他两个填充图层相同，都是在创建单独图层的基础上带有一定的填充功能，在此是指单色填充。

创建颜色填充图层的具体操作步骤如下：

01 选择钢笔工具 ，参照图 6.45 所示在视图中绘制路径，然后按 Ctrl+Enter 快捷键，将路径转换为选区，如图 6.46 所示。

02 单击"图层"|"新建填充图层"|"纯色"命令，打开"新建图层"对话框，如图 6.47 所示。

图 6.45　绘制路径　　图 6.46　将路径转换为选区　　　　　图 6.47　"新建图层"对话框

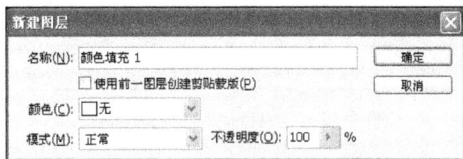

03 单击"确定"按钮，打开"拾取实色："对话框，同时创建"颜色填充 1"填充图层，参照图 6.48 所示在对话框中设置颜色值，然后单击"确定"按钮，如图 6.49 所示，为选区填充颜色，效果如图 6.50 所示。

图 6.48　"拾取实色："对话框　　　　图 6.49　"图层"调板　　　图 6.50　颜色填充效果

04 打开古纹理图案素材文件，如图 6.51 所示，使用移动工具拖动素材图像到背景文件中，调整图像位置，并为其添加相关文字信息，效果如图 6.52 所示，"图层"调板如图 6.53 所示。

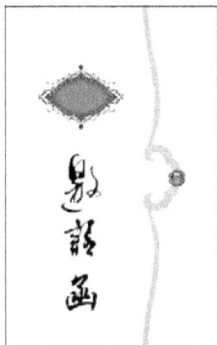

图 6.51　素材图像　　　　图 6.52　添加素材图像和文本　　　图 6.53　"图层"调板

05 选择"盛大开幕"文本图层，单击"图层"调板底部的"添加图层样式"按钮 *fx.*，在弹出的菜单中选择"渐变叠加"选项，打开"图层样式"对话框，参照图 6.54 所示进行设置，为文本添加渐变叠加效果，如图 6.55 所示。

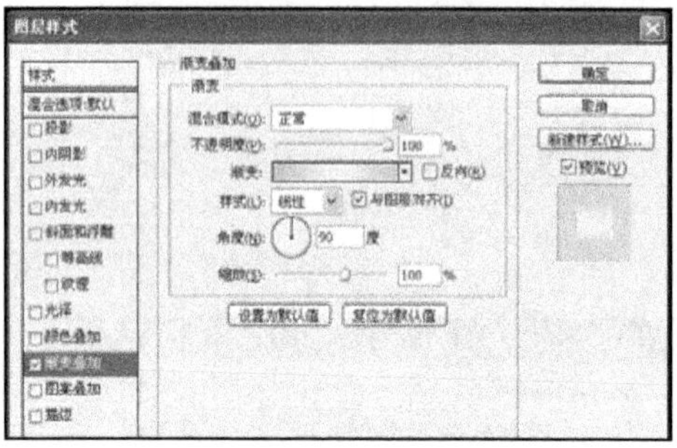

图 6.54　"图层样式"对话框

图 6.55　渐变叠加效果

6.4　进阶型实训

6.4.1　实训 1——绘制祝福卡片

实训分析：本实例通过为卡片上色，主要讲解图层样式的用法。在制作的过程中，首先使用矩形选框工具，制作出背景，然后使用椭圆选框工具添加素材，为素材应用图层样式，最后添加文字并应用图层样式，制作出祝福卡片效果，如图 6.56 所示。

图 6.56　祝福卡片

视频路径	配套 DVD 光盘\视频\第 6 章\绘制祝福卡片.avi
素材路径	配套 DVD 光盘\素材与源文件\第 6 章\绘制祝福卡片.psd

具体操作步骤如下。

1．制作背景效果

01 双击桌面上的快捷图标，打开 Photoshop CS5。

02 单击"文件"|"新建"命令，在弹出的"新建"对话框中设置参数，如图 6.57 所示。单击"确定"按钮，新建一个文件。

03 单击"设置前景色"色块，在弹出的对话框中设置参数，如图 6.58 所示。

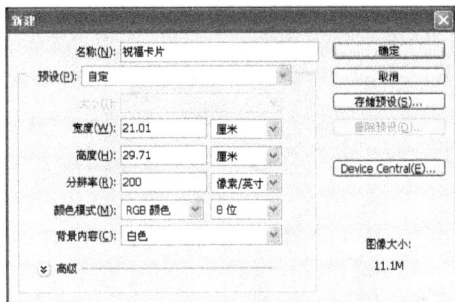

图 6.57　"新建"对话框

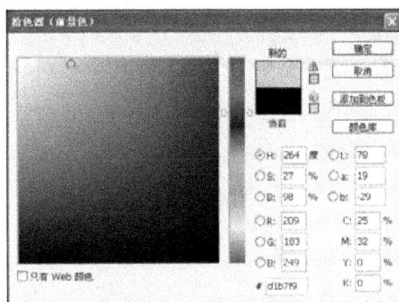

图 6.58　设置前景色

04 选择矩形选框工具 ，绘制一个矩形，如图 6.59 所示。

05 按 Alt＋Delete 快捷键，填充前景色，效果如图 6.60 所示。

06 参照上述操作方法，绘制其他矩形并填充颜色，完成背景效果的制作，如图 6.61 所示。

图 6.59　绘制矩形

图 6.60　填充前景色

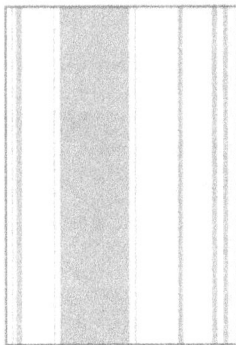

图 6.61　背景效果

2．添加素材效果

01 单击"文件"|"打开"命令，打开一张素材图像，如图 6.62 所示。

02 选取椭圆选框工具 ，同时按住 Shift 键，在素材图像上绘制一个正圆，如图 6.63 所示。

图 6.62　素材图像

图 6.63　绘制一个正圆

03 单击并拖曳，将素材图像添加至背景文件中，得到"图层2"，如图6.64所示。

04 按Ctrl+T快捷键，调整图像的大小并移至合适位置，如图6.65所示。

图6.64　添加素材图像

图6.65　调整大小及位置

05 单击"图层"调板下方的"添加图层样式"按钮 _fx._，在弹出的快捷菜单中选择"投影"命令，如图6.66所示。

06 弹出"图层样式"对话框，设置参数，如图6.67所示。

图6.66　选择"投影"选项

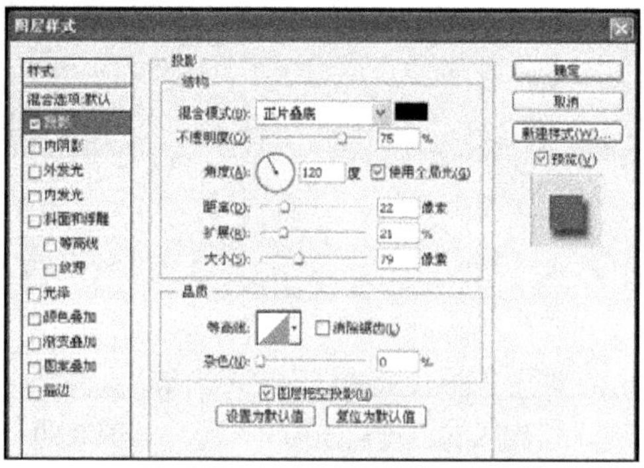

图6.67　"图层样式"对话框

07 选中"内阴影"复选框，并设置参数，如图6.68所示。

08 选中"描边"复选框，并设置参数，如图6.69所示。

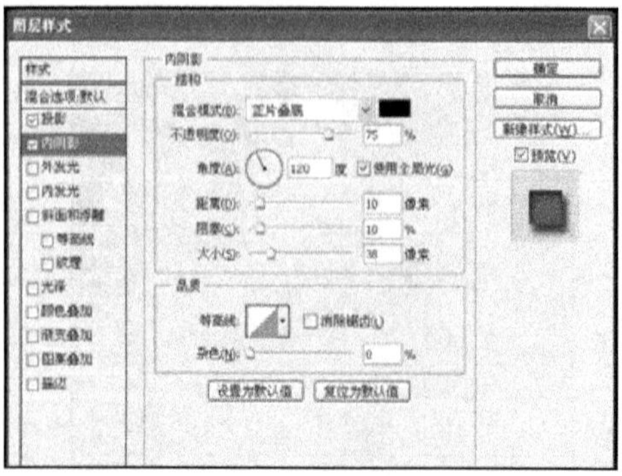

图6.68　设置"内阴影"效果

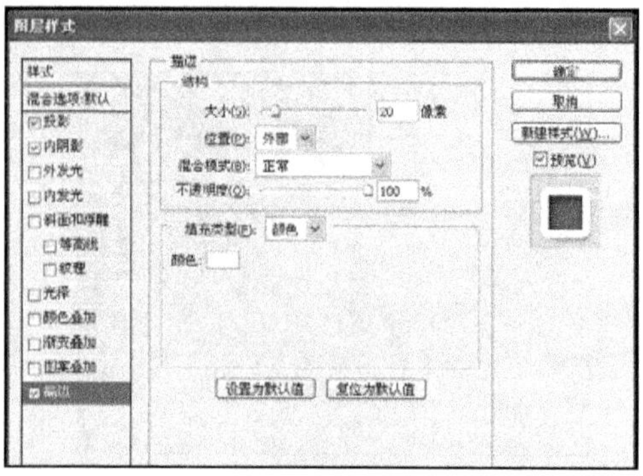

图6.69　设置"描边"效果

09 单击"确定"按钮，效果如图 6.70 所示。

10 参照上述操作方法，添加其他素材，得到"图层 3"和"图层 4"，如图 6.71 所示。

11 在"图层 2"上右击，在弹出的快捷菜单中选择"拷贝图层样式"命令，如图 6.72 所示。

12 在"图层 3"上右击，在弹出的快捷菜单中选择"粘贴图层样式"命令，效果如图 6.73 所示。

图 6.70 添加图层样式　　图 6.71 添加其他素材　　图 6.72 选择命令　　图 6.73 粘贴图层样式

13 复制图层样式的效果如图 6.74 所示。

14 在"图层 4"上右击，在弹出的快捷菜单中选择"粘贴图层样式"选项，粘贴图层样式的效果如图 6.75 所示。

图 6.74 复制图层样式　　　　　　　图 6.75 粘贴图层样式

3. 制作文字效果

01 选取横排文字工具 **T** ，在图像窗口中单击，确定插入点，在工具选项栏中设置文字"颜色"为粉红色（RGB 参考值分别为 R232、G117、B174），"字体大小"为 48，"字体"为"方正胖娃简体"，如图 6.76 所示。

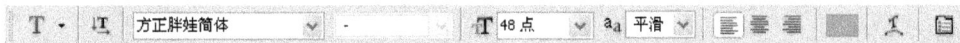

图 6.76 文字工具选项栏

02 输入文字"深深的祝福"，如图 6.77 所示。

03 选择文字，单击工具选项栏中的"切换字符和段落面板"按钮 ，在"字符"选项卡中设置"字符间距"为 360，如图 6.78 所示。

图 6.77 输入文字

图 6.78 设置"字符间距"

04 单击工具选项栏中的"创建文字变形"按钮 ，弹出"变形文字"对话框，从"样式"下拉列表中选择"旗帜"样式，如图 6.79 所示。

05 单击"确定"按钮，效果如图 6.80 所示。

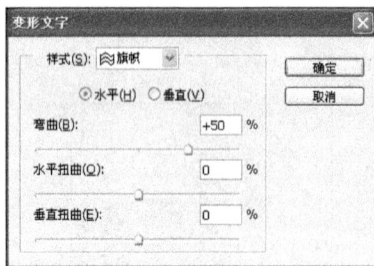

图 6.79 "变形文字"对话框

图 6.80 文字效果

06 单击"图层"调板下方的"添加图层样式"按钮 ，在弹出的快捷菜单中选择"投影"选项，设置参数，如图 6.81 所示。

07 选中"描边"复选框，设置参数，如图 6.82 所示。

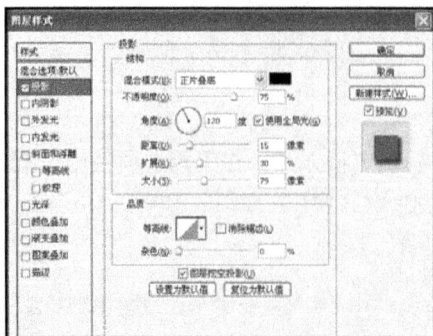

图 6.81 设置"投影"效果

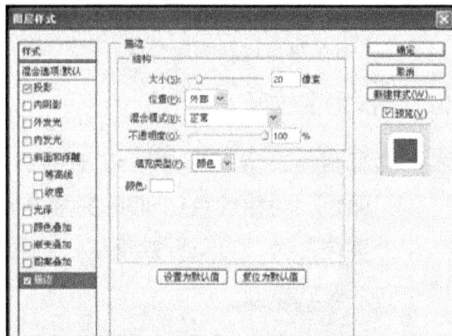

图 6.82 设置"描边"效果

08 单击"确定"按钮，最终效果参见图 6.56。

6.4.2 实训 2——制作闪电特效文字

实训分析：本实例通过制作闪电特效文字，讲解图层样式和图层混合模式在特效文字制作方面的应用。在制作的过程中，首先使用图层样式，制作出文字图层效果，然后添加素材图像、更改图层混合模式，制作出特效文字效果，如图 6.83 所示。

图 6.83　特效文字

视频路径	配套 DVD 光盘\视频\第 6 章\制作闪电特效文字.avi
素材路径	配套 DVD 光盘\素材与源文件\第 6 章\制作闪电特效文字.psd

具体操作步骤如下。

1. 制作文字图层效果

[01] 双击桌面上的快捷图标，打开 Photoshop CS5。

[02] 单击"文件"|"打开"命令，打开一张素材图像，如图 6.84 所示。

图 6.84　素材图像

[03] 选取横排文字工具 T，在图像窗口中单击，确定插入点，在工具选项栏中设置各参数，如图 6.85 所示。

图 6.85　文字工具选项栏

[04] 输入文字 DESIGN，如图 6.86 所示。

[05] 选择文字，单击工具选项栏中的"切换字符和段落面板"按钮 ，在"字符"调板中设置"设置所选的字符调整"为 30，并单击"仿斜体"按钮 T，如图 6.87 所示，文字效果如图 6.88 所示。

图 6.86 输入文字

图 6.87 "字符"调板

06 单击"图层"调板下方的"添加图层样式"按钮 *fx.*，在弹出的快捷菜单中选择"外发光"选项，设置参数，如图 6.89 所示。

图 6.88 文字效果

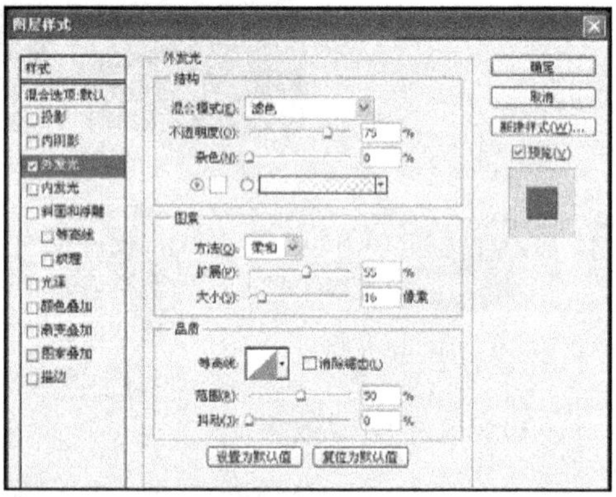

图 6.89 设置"外发光"效果

07 选中"渐变叠加"复选框，设置参数，如图 6.90 所示。

08 选中"描边"复选框，设置参数，如图 6.91 所示。

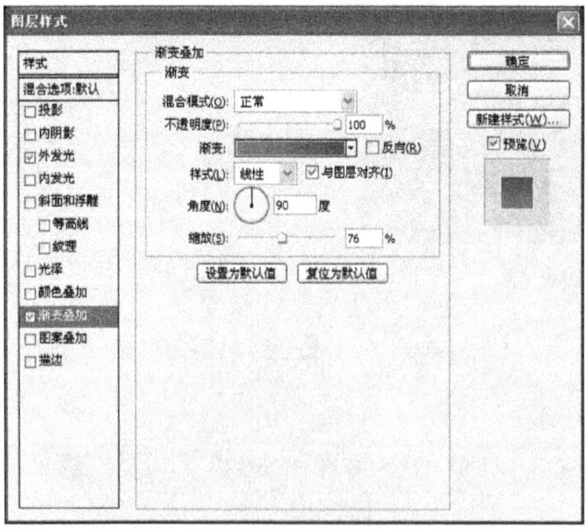

图 6.90 设置"渐变叠加"效果

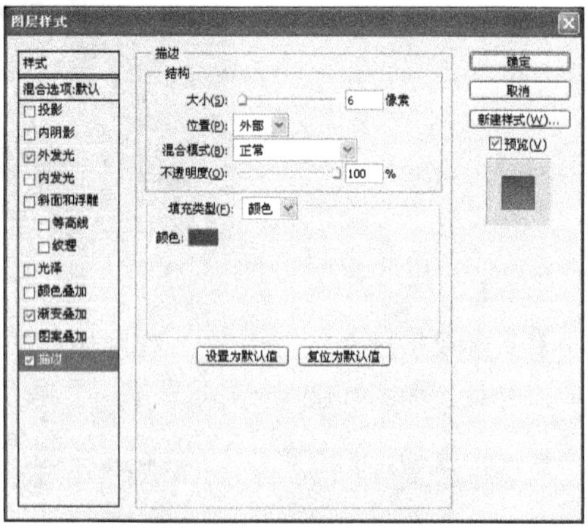

图 6.91 设置"描边"效果

09 单击"确定"按钮，效果如图 6.92 所示。

图 6.92　添加图层样式效果

2. 制作文字发光效果

01 单击"文件"|"打开"命令，打开一张素材图像，如图 6.93 所示。

02 按 Ctrl+T 快捷键，调整图像的大小并移动至合适位置，如图 6.94 所示。

图 6.93　素材图像

图 6.94　调整图像的大小及位置

03 按住 Ctrl 键，同时单击文字图层，得到文字的选区，如图 6.95 所示。

04 按 Ctrl+Shift+I 快捷键反选，按 Delete 键删除多余的图像，按 Ctrl+D 快捷键取消选区，效果如图 6.96 所示。

图 6.95　得到文字的选区

图 6.96　删除多余的图像

05 更改"图层 1"图层的混合模式为"明度"，如图 6.97 所示。

06 更改图层的混合模式后，效果如图 6.98 所示。

07 单击"文件"|"打开"命令，打开一张素材图像，如图 6.99 所示。

图 6.97　更改图层混合模式　　　　图 6.98　更改图层样式效果　　　　图 6.99　素材图像

08 按 Ctrl+T 快捷键，调整图像的大小并移至合适位置，如图 6.100 所示。

09 参照上述方法，删除图像多余的部分，如图 6.101 所示。

10 更改"图层 2"图层的图层样式为"亮光"，效果如图 6.102 所示。

图 6.100　调整图像的大小及位置　　　　图 6.101　删除多余的图像　　　　图 6.102　更改图层样式为"亮光"

11 选择文字图层，单击"图层"调板下方的"添加图层样式"按钮 _fx._ ，在弹出的快捷菜单中选择"投影"选项，设置颜色为红色（RGB 参考值分别为 R242、G72、B204），如图 6.103 所示。

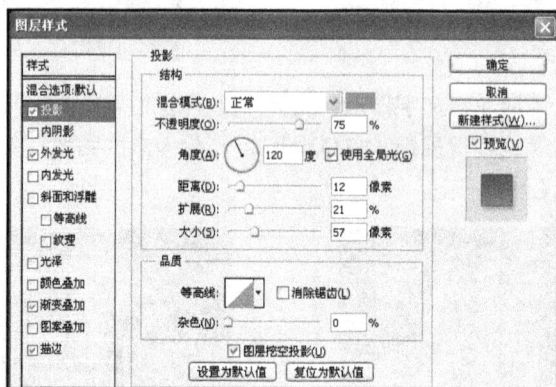

图 6.103　设置"投影"效果

12 单击"确定"按钮，最终效果参见图 6.83。

6.4.3　实训 3——制作黄昏效果

实训分析： 本实例通过制作黄昏效果，讲解图层蒙版的应用。在制作的过程中，首先添加素材图像，然后通过添加图层蒙版，制作出黄昏时节的天空效果，最后添加调整图层，调整视图的整个色调，完成制作，如图 6.104 所示。

图 6.104 黄昏效果

视频路径	配套 DVD 光盘\视频\第 6 章\制作黄昏效果.avi
素材路径	配套 DVD 光盘\素材与源文件\第 6 章\制作黄昏效果.psd

具体操作步骤如下：

01 双击桌面上的快捷图标，打开 Photoshop CS5。

02 单击"文件"｜"打开"命令，打开两张素材图像，如图 6.105、图 6.106 所示。

03 选择移动工具 ▶+，将晚霞图像拖动到景观长廊图像中，效果如图 6.107、"图层"调板如图 6.108 所示。

04 双击"背景"图层，弹出"新建图层"对话框，按如图 6.109 所示设置，单击"确定"按钮，将其转换为普通图层，如图 6.110 所示。

图 6.105 景观长廊图像

图 6.106 晚霞图像

图 6.107 添加素材图像

图 6.108 "图层"调板

图 6.109 "新建图层"对话框

图 6.110 "图层"调板

05 拖动"图层 0"到"图层 1"的上方，松开鼠标后，调整图层之间的位置，如图 6.111、图 6.112 所示。

06 单击"图层"调板底部的"添加图层蒙版"按钮 ▣，如图 6.113 所示，为"图层 0"添加图层蒙版，如图 6.114所示。

图 6.111 拖动图层

图 6.112　调整位置　　　　　图 6.113　单击按钮　　　　　图 6.114　添加图层蒙版

[07] 单击画笔工具 ，参照图 6.115 所示在选项栏中进行设置。

图 6.115　画笔工具选项栏

[08] 单击工具箱中的"切换前景色和背景色"图标 ，设黑色为前景色，然后使用画笔工具 在天空图像位置进行绘制，隐藏现在的天空图像，显现出下层的天空图像，效果如图 6.116 所示，"图层"调板如图 6.117 所示。

图 6.116　调换天空效果　　　　　　　　图 6.117　"图层"调板

[09] 单击"图层"调板底部的"创建新的填充或调整图层"按钮 ，在弹出的菜单中选择"照片滤镜"选项，弹出"照片滤镜"调板，同时创建出"照片滤镜 1"调整图层，如图 6.118 所示，参照图 6.119 所示设置参数，调整视图整体的色调，制作出黄昏效果，最终效果参看图 6.104。

图 6.118　添加调整图层　　　　　　　　图 6.119　设置参数

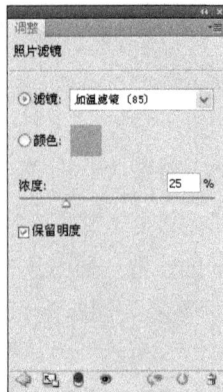

6.5 练习题

一、简答题

（1）如何显示/隐藏图层？

（2）创建图层有哪些方法？

（3）如何利用图层中的功能为图像添加阴影？

（4）要想在对图像变形过程不破坏源文件，最好的方法是什么？

（5）图层的混合模式有哪些？

二、上机实验

1. 制作卡通画，效果如图 6.120 所示。

最终效果	配套 DVD 光盘\素材与源文件\第 6 章\习题 1.psd

图 6.120　卡通画

要求：

（1）使用图案填充，制作背景效果。

（2）使用自定形状工具绘制树、太阳、云彩图形。

（3）添加图层样式。

（4）调整图形之间的位置。

2. 制作古典风格边框，效果如图 6.121 所示。

原始素材	配套 DVD 光盘\素材与源文件\第 6 章\习题 2-1.jpg
最终效果	配套 DVD 光盘\素材与源文件\第 6 章\习题 2.psd

图 6.121　古典风格边框

要求：

（1）打开素材图像。

（2）使用矩形选框工具绘制作为画框的选区。

（3）添加图层样式。

第 7 章

通道和蒙版

读者在学习本章后，可以对在 Photoshop CS5 中通道和蒙版的应用有一个翔实的了解。通道的主要功能是保存颜色数据，同时也可以用来保存和编辑选区。通道功能强大，因而在制作图像特效方面应用广泛，但同时也最难于理解和掌握。蒙版是图像合成一种常用的手段，与通道有着密不可分的联系。本章从实际应用出发，详细讲解通道和蒙版的分类、作用和实际工作中的应用方法。

基础知识
- ◆ 通道调色
- ◆ "通道" 调板
- ◆ 通道的类型和作用
- ◆ 新建 Alpha 通道
- ◆ 保存选区至通道
- ◆ 复制和删除通道

重点知识
- ◆ 添加与编辑图层蒙版
- ◆ 图层与图层蒙版的链接
- ◆ 停用和启用图层蒙版
- ◆ 创建与取消剪贴蒙版

提高知识
- ◆ 通道抠图
- ◆ 蒙版抠图

7.1 基础案例——制作明媚少女效果

7.1.1 基础知识要点与制作思路

本实例通过制作明媚少女，主要讲解通道调色的操作方法。

在制作的过程中，首先将通道模式转换为 Lab 通道，然后将 a 通道复制到 b 通道中，再使用高斯模糊滤镜、更改图层模式添加云彩效果，最终制作出明媚少女效果。

7.1.2 制作步骤

使用通道调色，可以得到意想不到的效果。本实例通过在 Lab 通道中调整，得到明媚少女特殊效果。如果使用同样的方法，在 RGB 通道或是 CMYK 通道中调整，可以调整成不同的色调效果。

制作完成的明媚少女效果如图 7.1 所示。

图 7.1　通道调色

视频路径	配套 DVD 光盘\视频\第 7 章\制作明媚少女效果.avi
素材路径	配套 DVD 光盘\素材与源文件\第 7 章\明媚少女.psd

具体操作步骤如下：

01　双击桌面上的快捷图标，打开 Photoshop CS5。

02　单击"文件"|"打开"命令，打开一张素材图像，如图 7.2 所示。

03　将背景图层复制一份，如图 7.3 所示。

04　单击"图像"|"模式"|"Lab 颜色"命令，弹出提示对话框，如图 7.4 所示。

图 7.2　素材图像

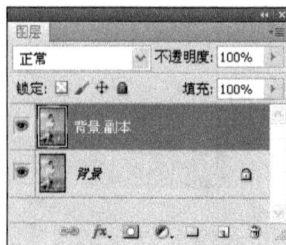

图 7.3　复制图层

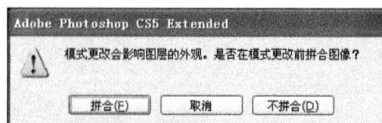

图 7.4　提示对话框

05 单击"不拼合"按钮，在"通道"调板中进行观察，如图7.5所示。

06 选择b通道，按Ctrl+A快捷键全选，再按Ctrl+C快捷键复制;选择a通道，按Ctrl+V快捷键粘贴，再按Ctrl+D快捷键取消选区，单击"图像"|"模式"|"RGB模式"命令，效果如图7.6所示。

07 将图层复制一份，单击"滤镜"|"模糊"|"高斯模糊"命令，在弹出的"高斯模糊"对话框中设置"半径"为3，单击"确定"按钮，效果如图7.7所示。

08 更改图层模式为"柔光"，效果如图7.8所示。

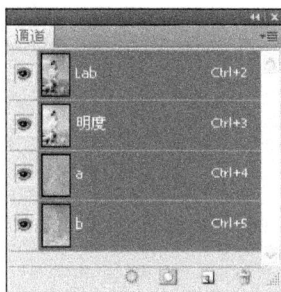

图 7.5　"通道"调板　　图 7.6　复制通道效果　　图 7.7　高斯模糊　　图 7.8　柔光效果

09 新建一个图层，单击"滤镜"|"渲染"|"云彩"命令，效果如图7.9所示。

10 按Ctrl+Alt+F快捷键，加强云彩渲染效果，如图7.10所示。

11 更改图层模式为"滤色"，效果如图7.11所示。

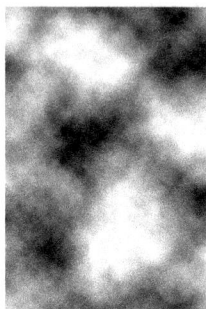

图 7.9　云彩渲染　　图 7.10　加强渲染效果　　图 7.11　滤色效果

12 单击"添加图层蒙版"按钮，为图层添加蒙版，如图7.12所示。

13 设置前景色为黑色，选择画笔工具，将不透明度和流量降低，在人物部分涂抹，如图7.13所示。

图 7.12　添加蒙版　　　　　　　　图 7.13　编辑图层蒙版

最终效果参见图 7.1。

7.2 通道的基础知识

通道是具有 256 个色阶的灰度图像，分为 3 种类型：颜色通道、Alpha 通道和专色通道，在"通道"调板中可以看到系统自动或用户手动创建的各种通道。

7.2.1 通道的作用

通道在图像处理中的应用大致可归纳为 3 个方面。首先可以用通道来存储、制作精确的选区和对选区进行各种处理；其次可以把通道看做由原色组成的图像，利用图像菜单的调整命令对单种原色通道进行色阶、曲线、色相/饱和度的调整；此外，还可以利用滤镜对单种原色通道（包括 Alpha 通道）进行各种艺术效果的处理，以改善图像的品质或创建复杂的艺术效果。

7.2.2 "通道"调板

"通道"调板是创建和编辑通道的主要场所。打开一幅图像，选择"窗口"|"通道"命令，在 Photoshop 窗口中即可看到如图 7.14 所示的"通道"调板。

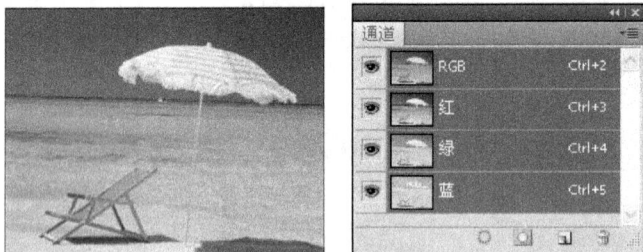

图 7.14 "通道"调板

默认状态下，"通道"调板显示的都是颜色通道，包括一个复合通道和相应的颜色通道。通道内容的缩览图显示在通道名称的左侧，并且在编辑通道时自动更新。

7.2.3 通道的类型

通道分为颜色信息通道、Alpha 通道、专色通道 3 种类型。

1．颜色信息通道

颜色信息通道也称为原色通道，主要用于保存图像的颜色信息。打开一幅新图像，Photoshop 会自动创建相应的颜色通道。所创建的颜色通道的数量取决于图像的颜色模式，而非图层的数量。例如，RGB 图像有 4 个默认通道，红色、绿色和蓝色各有一个通道，以及一个用于编辑图像的复合通道。当所有颜色通道合成在一起才会得到具有色彩效果的图像。如果图像缺少某一原色通道，则合成的图像将会偏色。

CMYK 颜色模式图像则拥有青色、洋红、黄色、黑色 4 个单色通道和 CMYK 复合通道，如图 7.15 所示。这 4 个单色通道相当于四色印刷中的四色胶片，将这四色胶片分别输出，即印刷领域中俗称的"出片"。

不同的原色通道保存了图像的不同颜色信息。复合通道不包含任何信息，常被用来在单独编辑完一个或多个颜色通道后使"通道"调板返回到默认状态。

图 7.15　CMYK 图像

2．Alpha 通道

Alpha 通道用于创建和存储选区。一个选区保存后就成为一个灰度图像保存在 Alpha 通道中，在需要时也可以载入图像继续使用。

Alpha 通道是一个 8 位的灰度图像，可以使用绘图和修图工具进行各种编辑，也可以使用滤镜进行各种处理，从而得到各种复杂的效果。

3．专色通道

专色通道应用于印刷领域。当需要在印刷物上加上一种特殊的颜色（如银色、金色）时，就可以创建专色通道，以存放专色油墨的浓度、印刷范围等信息。

7.2.4　新建 Alpha 通道

新建 Alpha 通道的方法如下：

（1）单击"通道"调板右上角的按钮，从弹出的调板菜单中选择"新建通道"命令，打开"新建通道"对话框，如图 7.16 所示。

（2）输入新通道的名称，单击"确定"按钮，得到创建的 Alpha 通道，如图 7.17 所示。

图 7.16　"新建通道"对话框

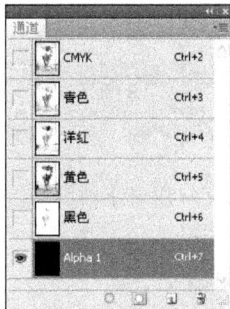

图 7.17　新建通道

Photoshop 默认以 Alpha 1、Alpha 2…为 Alpha 通道命名。

7.2.5 保存选区至通道

在图像窗口中建立的选区都是临时性的，一旦建立新的选区，原来的选区将不复存在。因而对于一些需要重复使用的选区，有必要将其保存至通道。

选区保存至通道，事实上是将选区转换为 8 位灰度图像。通道中黑色区域为非选择区域，白色区域为选择区域，灰色区域为羽化区域。

选区保存至通道之后，需要使用时可以将其从通道中载入至图像窗口。按住 Ctrl 键单击保存选区的 Alpha 通道，或选中通道后单击调板底端的 ⬭ 按钮，即可快速载入保存在通道中的选区。

7.2.6 复制和删除通道

复制通道与复制图层非常类似。选中欲复制的通道，拖动该通道至调板底端"创建新通道"按钮 ⬚ ，即可得到复制通道。另一种方法是在选中通道之后，从调板菜单中单击"复制通道"命令，此时将弹出一个对话框供用户设置新通道的名称和目标文档。

删除通道的方法也很简单，将要删除的通道拖动至 🗑 按钮，或者选中通道后单击调板菜单中的"删除通道"命令即可。

需要注意的是，如果删除的不是 Alpha 通道而是颜色通道，则图像将转为多通道颜色模式，图像颜色也将发生变化。

7.2.7 分离通道

在"通道"调板弹出菜单中单击"分离通道"命令，可以将图像的通道分离为单独的图像文件，分离后原文件被关闭，每一个通道均以灰度颜色模式成为一个独立的图像文件。

7.2.8 以原色显示通道

在默认情况下，"通道"调板中的原色通道均以灰度显示，但是如果需要，通道也可以用原色进行显示，选择"编辑"|"首选项"|"界面"命令，在打开"首选项"对话框中勾选"用彩色显示通道"复选框，单击"确定"按钮后，即可在"通道"调板中看到原色显示的通道。

7.3 蒙版的基础知识

图层蒙版可以轻松控制图层区域的显示或隐藏，是进行图像合成最常用的手段。使用图层蒙版混合图像的好处在于，可以在不破坏图像的情况下反复实验、修改混合方案，直至得到所需的效果。

7.3.1 随堂实训 1——添加并编辑图层蒙版

添加图层蒙版的具体操作步骤如下：

01 单击"文件"|"打开"命令，打开两张素材图像，如图 7.18 所示。

图 7.18　素材图像

02 将水稻素材图像添加至大海素材图像中，并调整至合适大小及位置，单击"图层"|"图层蒙版"|"显示全部"命令，或单击"添加图层蒙版"按钮，即可在当前图层上添加图层蒙版，如图 7.19 所示。

03 按 D 键，恢复前景色和背景色的默认颜色，单击并拖曳，填充渐变色，则位于蒙版黑色区域的图像被隐藏，如图 7.20 所示。

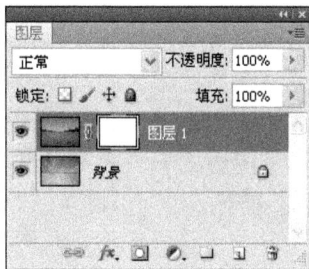

图像效果如图 7.21 所示。

图 7.19　添加图层蒙版

图 7.20　填充渐变色

图 7.21　添加蒙版效果

从上述操作可以看出，使用"图层"|"图层蒙版"|"显示全部"命令创建的蒙版默认全部填充白色，因而图层中的图像仍全部显示在图像窗口中。

如果使用的是"图层"|"图层蒙版"|"隐藏全部"命令，或按住 Alt 键单击 按钮，则得到的是一个黑色的蒙版，当前图层中的图像会被全部隐藏。

添加图层蒙版后，图层的右侧会显示出蒙版缩览图，同时在图层缩览图和蒙版缩览图之间显示链接标记 ，表示当前图层蒙版和图层处于链接状态，如果移动或缩放其中一个，另一个也会发生相应的改变，如同链接图层一样。

技巧

按住 Ctrl 键单击 按钮，可以在当前图层上添加矢量蒙版。

如果当前图像中存在选区，则可以将选区转换为蒙版。单击"图层"|"图层蒙版"|"显示选区"命令，可得到选区外图像被隐藏的效果，如图 7.22 所示。

图 7.22　通过选区创建图层蒙版

若单击"图层"|"图层蒙版"|"隐藏选区"命令，则会得到相反的结果，选区内的图像会被隐藏，与按住 Alt 键再单击 按钮效果相同。

在创建选区后，单击"编辑"|"选择性粘贴"|"贴入"命令，在新建图层的同时会添加相应的蒙版，默认选区外的图像被隐藏。如果有多个图层需要统一的蒙版效果，可以将这些图层放于一个图层组中，然后为图层组添加蒙版，以简化操作。

技巧

选区与蒙版之间可以相互转换。按住 Ctrl 键单击图层蒙版，可以载入图层蒙版作为选区，蒙版的白色区域为选择区域，蒙版中的黑色区域为非选择区域。

要编辑图层蒙版，首先必须单击"图层"调板蒙版缩览图，进入蒙版编辑状态。在蒙版被选中的情况下，其缩览图周围会显示一个白色边框，此时进行任何编辑操作将只对蒙版有效。单击图层缩览图，又可以返回图像编辑状态，其缩览图同样会显示白色边框，如图 7.23 所示。

图 7.23　图像编辑状态

7.3.2　停用和启用图层蒙版

按住 Shift 键单击图层蒙版缩览图，或右击图层蒙版缩览图，从弹出快捷菜单中选择"停用图层蒙版"选项，可以暂时使蒙版失效，如图 7.24 所示。此时在蒙版缩览图上会出现一个红色的"×"符号，同时图层被隐藏的图像会恢复显示，如图 7.25 所示。

图 7.24　蒙版快捷菜单

图 7.25　停用图层蒙版

停用的图层蒙版并没有从图层上删除，按住 Shift 键或直接单击蒙版缩览图，红色 "×"
标记即可消除，图层蒙版又恢复控制图像显示。

7.3.3 删除和应用图层蒙版

要应用图层蒙版，只需在图层被选中的情况下
单击 "图层" | "图层蒙版" | "应用" 命令即可。
此外，选中图层蒙版，将其拖至 ▣ 按钮，在弹出
的如图 7.26 所示的提示框中单击 "应用" 按钮，
也可以将图层蒙版应用于当前图层，图层中隐藏的
图像将被清除。

图 7.26　提示框

如果单击 "删除" 按钮，则如同单击 "图层" | "图层蒙版" | "删除" 命令，可以将
蒙版删除。

7.3.4 链接图层与图层蒙版

系统默认图层与图层蒙版是相互链接的，两者的缩览图之间会出现 ▣ 标记，因而当对
其中的一方进行移动、缩放或变形操作时，另一方也会发生相应的改变。

单击 ▣ 标记，使之消失，可以取消两者的链接状态，从而可以单独地移动图层或图层
蒙版。

如果要重新在图层与图层蒙版之间建立链接，可以单击图层和图层蒙版之间的区域，
重新显示链接标记 ▣ 即可。

7.3.5 随堂实训 2——编辑剪贴蒙版

剪贴蒙版图层是 Photoshop 中的特殊图层，利用下方图层的图像形状对上方图层图像
进行剪切，从而控制上方图层的显示区域和范围，最终得到特殊的效果。

创建剪贴蒙版的具体操作步骤如下：

01 单击 "文件" | "打开" 命令，打开一张素材图像，如图 7.27 所示。

02 选择横排文字工具 T，输入文字 "春天"，设置好字体和字号，并删格化文字，如
图 7.28 所示。

03 单击 "文件" | "打开" 命令，打开一张鲜花素材图像，并添加至绿叶素材中，效果
如图 7.29 所示。

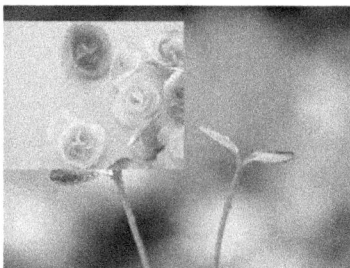

图 7.27　素材图像　　　　　图 7.28　输入文字　　　　　图 7.29　添加素材图像

04 按住 Alt 键，同时移动光标至分隔两个图层的实线上，当光标显示为↠形状时单击，创建剪贴蒙版，如图 7.30 所示。图像效果如图 7.31 所示。

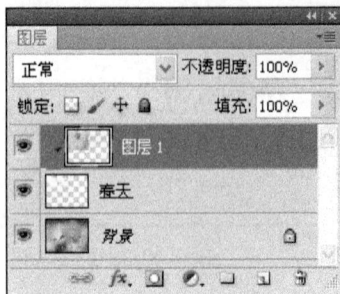

图 7.30　创建剪贴蒙版

图 7.31　创建剪贴蒙版效果

选择图层，单击"图层"|"创建剪贴蒙版"命令，或者按 Alt+Ctrl+G 快捷键，也可以创建剪贴蒙版图层。

如果用户需要取消剪贴蒙版，可以采用下述两种方法。

❖ 按住 Alt 键，移动光标至"图层"调板中分隔两个图层的实线上，当光标显示为↠形状时单击即可。

❖ 选择剪贴蒙版组中的任一个图层，单击"图层"|"释放剪贴蒙版"命令，或按 Ctrl＋Alt＋G 快捷键。

7.4　进阶型实训

7.4.1　实训 1——通道抠图

实训分析：本实例通过更换人物背景，主要讲解使用通道抠图的方法。在制作的过程中，首先使用磁性套索工具和多边形套索工具，得到人物大致选区并存储，然后在通道中得到头发的选区，最后添加背景素材，使用画笔工具去除白色杂边，最终制作出通道抠图效果，最终效果如图 7.32 所示。

图 7.32　通道抠图

视频路径	配套 DVD 光盘\视频\第 7 章\通道抠图.avi
素材路径	配套 DVD 光盘\素材与源文件\第 7 章\通道抠图.psd

具体操作步骤如下。

1. 抠取人物图像

[01] 双击桌面上的快捷图标，打开 Photoshop CS5。

[02] 单击"文件"|"打开"命令，打开一张素材图像，如图 7.33 所示。

[03] 按 Ctrl+J 快捷键，将背景图层复制一份，如图 7.34 所示。

图 7.33　素材图像

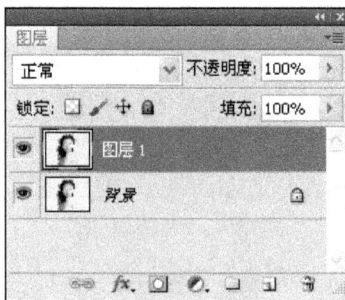

图 7.34　复制图层

[04] 选择磁性套索工具 ，围绕人物创建大致选区，如图 7.35 所示。

[05] 选择多边形套索工具 ，配合使用 Shift 和 Alt 键，调整选区，效果如图 7.36 所示。

图 7.35　创建选区

图 7.36　调整选区

[06] 右击，在弹出的快捷菜单中选择"存储选区"选项，切换至"通道"调板，可以看到存储的选区，如图 7.37 所示。按 Ctrl+D 快捷键取消选区。

[07] 因为蓝通道黑白对比最强烈，所以选择蓝通道，如图 7.38 所示。

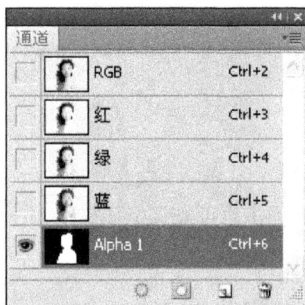

图 7.37　存储选区

图 7.38　选择蓝通道

08 复制蓝通道，得到"蓝 副本"通道，如图 7.39 所示。

09 按 Ctrl+L 快捷键，在弹出的"色阶"对话框中调整色阶参数，如图 7.40 所示。

图 7.39 复制蓝通道

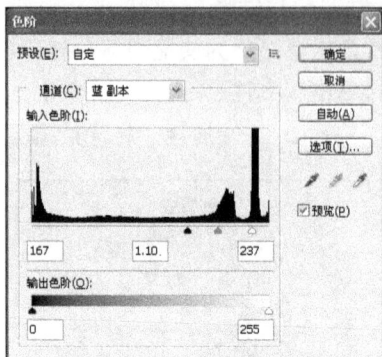

图 7.40 "色阶"对话框

10 单击"确定"按钮，效果如图 7.41 所示。

11 按住 Ctrl 键，同时单击 Alpha 1 通道，载入通道选区，如图 7.42 所示。

图 7.41 调整后的效果

图 7.42 载入通道选区

12 按 Ctrl+Delete 快捷键，将选区填充为黑色，如图 7.43 所示。

13 按 Ctrl+D 快捷键，取消选区。按住 Ctrl 键，同时单击"蓝 副本"通道，载入选区，如图 7.44 所示。

图 7.43 填充黑色

图 7.44 载入选区

14 返回"图层"调板，按 Delete 键删除人物背景，如图 7.45 所示。

图 7.45 〝图层〞调板

2. 制作并更换背景

01 单击〝文件〞|〝打开〞命令，打开一张背景素材图像，如图 7.46 所示。

02 将素材图像添加至文件中，调整大小及位置，并放置在〝背景 副本〞图层的下方，如图 7.47 所示。

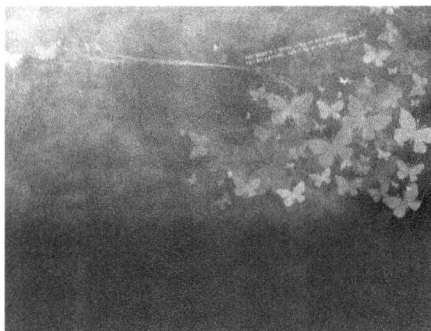

图 7.46 素材图像

图 7.47 添加素材图像

03 在图像窗口中可以看到人物更换背景后的效果，如图 7.48 所示。人物头发边缘有很多白色杂边，下面进行去除。

04 选择〝背景 副本〞图层，单击〝锁定透明像素〞按钮 ，以锁定图层透明像素，如图 7.49 所示。

图 7.48 更换人物背景效果

图 7.49 锁定透明像素

05 选择画笔工具 ，按住 Alt 键在图像中选取头发颜色，然后在白色杂边区域涂抹，以消除白色杂边，如图 7.50 所示。

06 选择"图层 1"图层，单击"图像"|"调整"|"色相/饱和度"命令，在弹出的"色相/饱和度"对话框中设置参数，如图 7.51 所示，以调整背景图像的颜色。

图 7.50　消除白色杂边

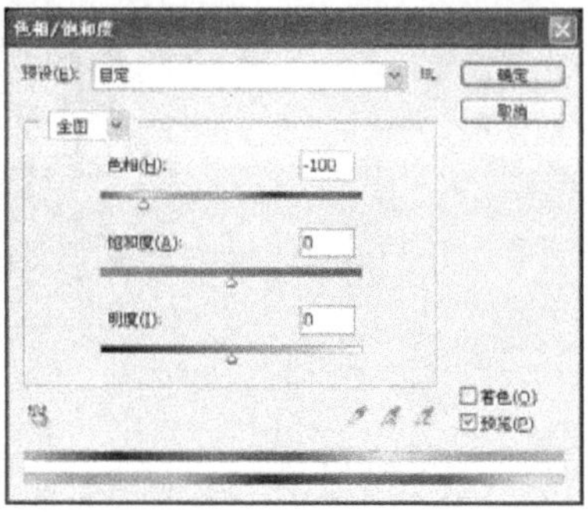

图 7.51　调整色相/饱和度

07 单击"确定"按钮，得到如图 7.52 所示的颜色调整效果。

图 7.52　调整后的效果

08 移动人物至合适位置，人物背景更换完成，最终效果参见图 7.32。

7.4.2　实训 2——制作浪漫边框

实训分析：本实例通过为照片制作浪漫边框，主要讲解通道在创建特殊选区方面的应用。在制作的过程中，首先使用通道调整图像的颜色，再使用滤镜在 Alpha 通道中进行编辑，从而得到复杂的选区，最终制作出浪漫边框效果，如图 7.53 所示。

图 7.53　浪漫边框效果

视频路径	配套 DVD 光盘\视频\第 7 章\制作浪漫边框.avi
素材路径	配套 DVD 光盘\素材与源文件\第 7 章\制作浪漫边框.psd

具体操作步骤如下。

1. 调整图像颜色

[01] 双击桌面上的快捷图标，打开 Photoshop CS5。

[02] 单击"文件"|"打开"命令，打开一张素材图像，如图 7.54 所示。

[03] 单击"图像"|"模式"|"Lab 颜色"命令，切换到 Lab 颜色模式，此时的"通道"调板如图 7.55 所示。

图 7.54　素材图像

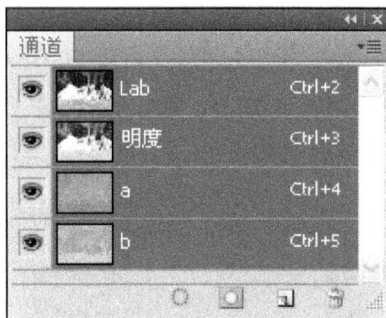

图 7.55　"通道"调板

[04] 选择 a 通道，按 Ctrl+A 快捷键全选，再按 Ctrl+C 快捷键复制；选择 b 通道，按 Ctrl+V 快捷键粘贴，再按 Ctrl+D 快捷键取消选区，选择 Lab 复合通道，得到如图 7.56 所示的效果。

[05] 单击"图像"|"模式"|"RGB 颜色"命令，转换图像为 RGB 颜色模式，如图 7.57 所示。

图 7.56　复制通道

图 7.57　转换为 RGB 颜色模式

2. 制作浪漫边框

[01] 新建 Alpha 1 通道，如图 7.58 所示。

[02] 按 Ctrl+A 快捷键，全选通道图像。单击"编辑"|"描边"命令，在打开的"描边"对话框中设置"宽度"为 50px，描边"颜色"为白色，"位置"为"内部"，如图 7.59 所示。

图 7.58　新建通道

图 7.59　"描边"对话框

03 单击"确定"按钮关闭对话框，描边结果如图 7.60 所示，按 Ctrl+D 快捷键取消选区。

04 单击"滤镜"|"模糊"|"高斯模糊"命令，设置"半径"为 15 像素，如图 7.61 所示。

图 7.60　描边

图 7.61　"高斯模糊"对话框

05 单击"确定"按钮确认，模糊效果如图 7.62 所示。

06 单击"滤镜"|"像素化"|"彩色半调"命令，设置对话框参数，如图 7.63 所示。

图 7.62　模糊效果

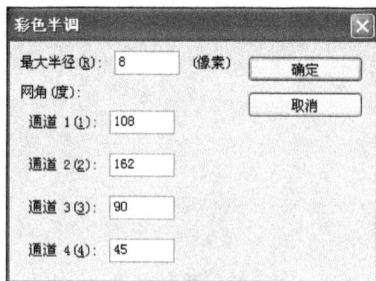

图 7.63　"彩色半调"对话框

07 单击"确定"按钮确认，得到如图 7.64 所示的效果。

08 返回复合通道，按住 Ctrl 键的同时单击 Alpha 1 通道，载入通道选区，返回"图层"调板，如图 7.65 所示。

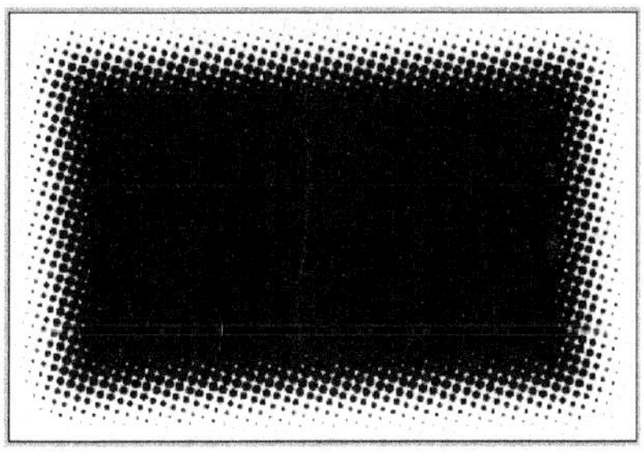

图 7.64 彩色半调效果

图 7.65 载入通道选区

09 设置前景色为白色，按 Alt+Delete 快捷键将选区填充为白色。按 Ctrl+D 快捷键取消选区，最终效果参见图 7.53。

7.4.3 实训 3——制作鸡蛋创意

实训分析：本实例通过制作鸡蛋创意，讲解图层蒙版的用法。在制作的过程中，主要使用图层蒙版将眼睛和鸡蛋结合起来，通过调整颜色、更改图层模式使两者融合得更加完美，最终制作出鸡蛋创意效果，如图 7.66 所示。

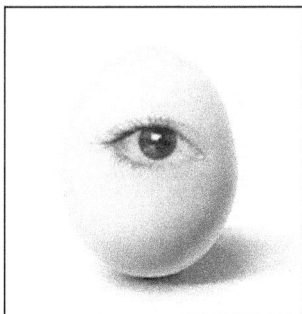

图 7.66 鸡蛋创意

视频路径	配套 DVD 光盘\视频\第 7 章\制作鸡蛋创意.avi
素材路径	配套 DVD 光盘\素材与源文件\第 7 章\制作鸡蛋创意.psd

具体操作步骤如下：

01 双击桌面上的快捷图标，打开 Photoshop CS5。

02 单击"文件"｜"打开"命令，打开两张素材图像，如图 7.67 所示。

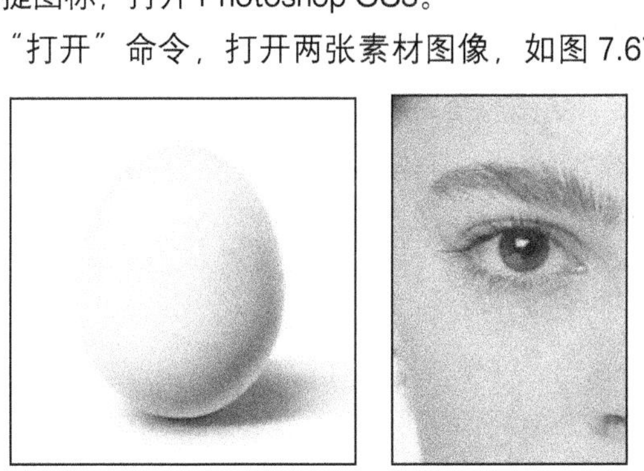

图 7.67 素材图像

03 单击并拖曳，将人物素材添加至鸡蛋素材中，按 Ctrl+T 快捷键，调整图像至合适位置及大小，按 Enter 键确定，效果如图 7.68 所示。

04 单击"添加图层蒙版"按钮 ，为图层添加蒙版，如图 7.69 所示。

05 按 D 键，恢复前景色和背景色的默认值，选择画笔工具 ，在蒙版中涂抹，隐藏多余的图形，如图 7.70 所示。

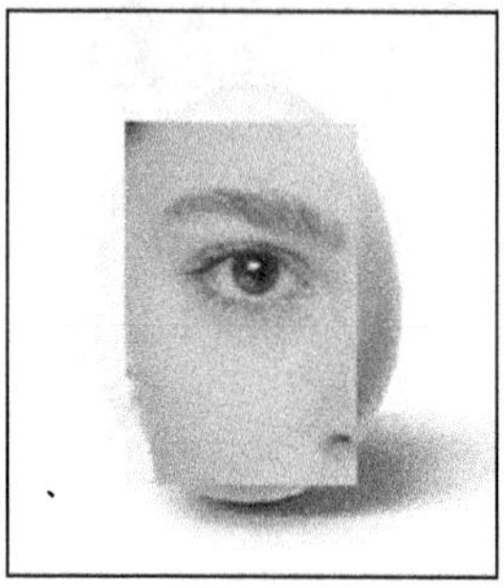

图 7.68　添加素材并调整大小

图 7.69　添加蒙版

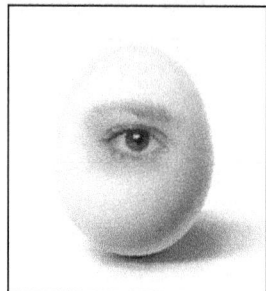

图 7.70　隐藏多余的图形

06 在属性栏中将画笔的"不透明度"和"流量"均更改为 50%，在蒙版中涂抹，继续隐藏多余的图形，如图 7.71 所示，使眼睛图像能够自然地融合在鸡蛋图像中。

07 单击"图像"|"调整"|"色相/饱和度"命令，设置参数，如图 7.72 所示。降低图像颜色的饱和度，使眼睛图像的色调与鸡蛋图像更为统一。

08 单击"确定"按钮，效果如图 7.73 所示。

图 7.71　继续隐藏多余的图形

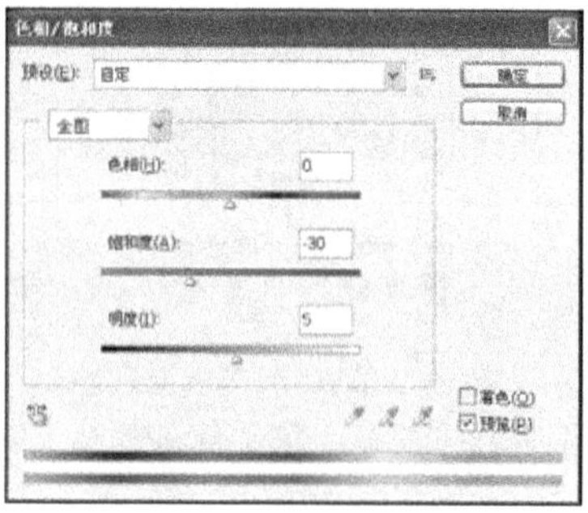

图 7.72　调整色相/饱和度

图 7.73　减淡眼睛颜色

09 选择画笔工具 ，在属性栏中将画笔的"不透明度"和"流量"均更改为 20%，在蒙版中涂抹，继续去掉多余的图形，如图 7.74 所示。

10 设置前景色为黑色，使用画笔工具把睫毛部分涂抹出来，效果如图 7.75 所示。

11 按 Ctrl+T 快捷键，调整眼睛的大小和位置，如图 7.76 所示。

12 将图层复制一层，更改图层模式为"柔光"，如图 7.77 所示。

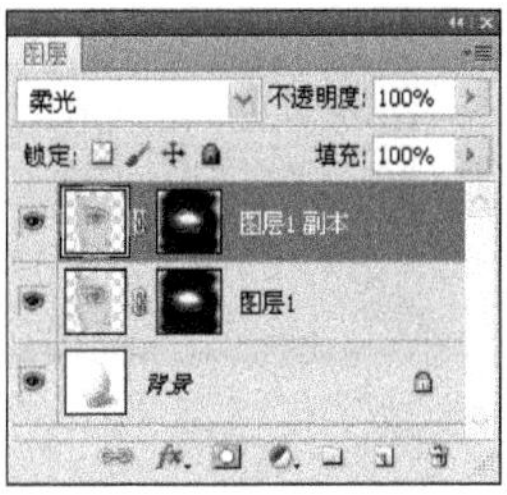

图 7.74　去掉多余的图形　图 7.75　把睫毛部分涂抹出来　图 7.76　调整大小和位置　图 7.77　更改图层模式

最终图像合成效果参见图 7.66。

7.5　练习题

一、简答题

（1）Photoshop 中的蒙版包括哪几种？
（2）如何将通道中的图像内容转换为选区？
（3）Alpha 通道如何转换为专色通道？
（4）在图像中添加的图层蒙版上的黑、白、灰分别代表着什么？
（5）如何分离通道？

二、上机实验

1．使用通道调整图像颜色，效果如图 7.78 所示。

图 7.78　调整颜色

原始素材	配套 DVD 光盘\素材与源文件\第 7 章\习题 1-1.jpg
最终效果	配套 DVD 光盘\素材与源文件\第 7 章\习题 1.psd

要求：
（1）复制绿通道至蓝通道中。
（2）复制图层。
（3）更改图层的混合模式。

175

2. 制作合成图像，效果如图 7.79 所示。

原始素材	配套 DVD 光盘\素材与源文件\第 7 章\习题 2-1.jpg、习题 2-2.jpg
最终效果	配套 DVD 光盘\素材与源文件\第 7 章\习题 2.psd

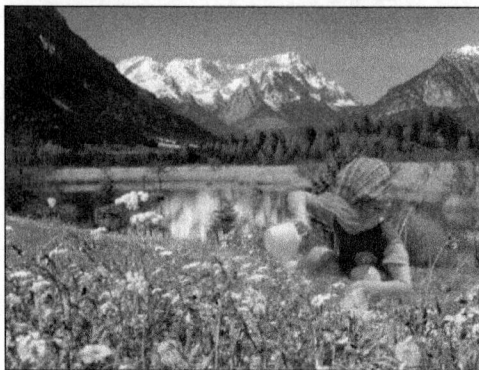

图 7.79　图像合成效果

要求：

（1）打开素材图像。

（2）选择相应的选区并复制。

（3）添加图层蒙版，隐藏部分图像。

第 8 章

形状和路径

读者在学习本章后，可以对在 Photoshop CS5 中如何创建、编辑形状和路径有一个具体的了解。形状和路径是 Photoshop 可以建立的两种矢量图形。由于是矢量图形，因此可以自由地缩小或放大，而不影响其分辨率，还可以输出到 Illustrator 矢量图形软件中进行编辑。

基础知识	◆ 创建路径
	◆ 绘制图形

重点知识	◆ 调整和编辑路径

提高知识	◆ 路径的应用
	◆ 应用路径制作文字

8.1 基础案例——绘制卡通风景插画

8.1.1 基础知识要点与制作思路

本实例主要通过绘制卡通风景插画，讲解形状和路径工具的用法。

在制作的过程中，首先使用渐变填充制作出背景效果，然后通过矩形工具、变换命令制作出风景图像，再使用路径工具、画笔工具和形状工具添加其他元素，最终制作出卡通风景插画。

8.1.2 制作步骤

插画是一种艺术形式，作为现代设计的一种重要的视觉传达形式，以其直观的形象性、真实的生活感和美的感染力在现代设计中占有重要的地位，已广泛用于现代设计的多个领域，涉及文化活动、社会公共事业、商业活动、影视文化等方面。

本实例绘制一幅卡通风景插画，操作虽然简单，但是效果漂亮，制作完成的卡通风景插画效果如图 8.1 所示。

图 8.1　卡通风景插画

视频路径	配套 DVD 光盘\视频\第 8 章\绘制卡通风景插画.avi
素材路径	配套 DVD 光盘\素材与源文件\第 8 章\绘制卡通风景插画.psd

具体操作步骤如下：

01 双击桌面上的快捷图标，打开 Photoshop CS5。

02 单击"文件"|"新建"命令，弹出"新建"对话框，设置参数，如图 8.2 所示。

03 单击"确定"按钮，新建一个文件，单击"图层"调板下方的"创建新图层"按钮，新建"图层 1"，如图 8.3 所示。

04 选取渐变工具，单击工具选项栏中的渐变色块，在弹出的"渐变编辑器"对

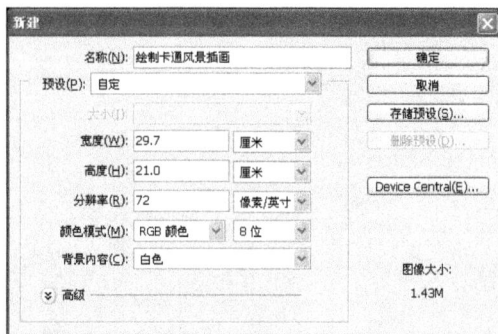

图 8.2　"新建"对话框

话框中设置参数，色标颜色参数分别为红色（RGB 参考值分别为 R255、G42、B99）、橙色（RGB 参考值分别为 R255、G102、B40）、浅橙色（RGB 参考值分别为 R254、G151、B2）、黄色（RGB 参考值分别为 R253、G226、B77），如图 8.4 所示。

图 8.3 新建图层

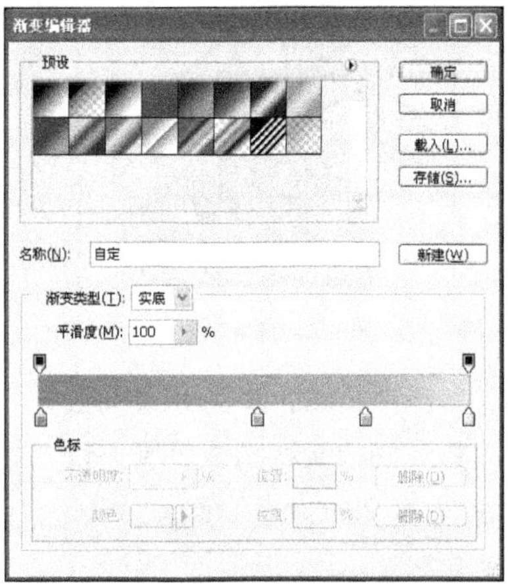

图 8.4 "渐变编辑器"对话框

[05] 在绘图编辑区，按住 Shift 键，同时从上至下垂直拖动鼠标，填充渐变色，效果如图 8.5 所示。

[06] 新建一个图层，选取矩形工具，设置前景色为黑色（RGB 参考值分别为 R35、G5、B5），在工具选项栏中单击"填充像素"按钮，绘制一个矩形，如图 8.6 所示。

[07] 按 Ctrl+T 快捷键，右击，在弹出的快捷菜单中选择"斜切"命令，向下拖曳右上角的控制点，变换效果如图 8.7 所示，按 Enter键应用调整。

图 8.5 填充渐变色

图 8.6 绘制一个矩形

图 8.7 斜切

[08] 单击"文件"|"打开"命令，打开一张素材图像，如图 8.8 所示。

[09] 选取魔棒工具，在图像的黑色部分单击，将图像载入选区，如图 8.9 所示。

图 8.8　素材图像

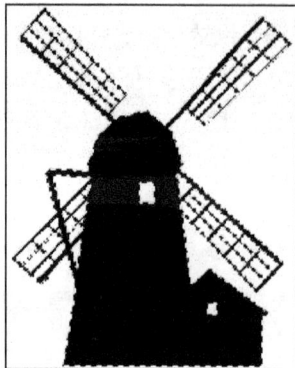

图 8.9　载入选区

10 单击并拖动，将图像添加至文件中，并调整至合适大小及位置，如图 8.10 所示。

11 将添加的素材图像复制一份，并调整至合适大小及位置，效果如图 8.11 所示。

图 8.10　将图像添加至文件中

图 8.11　复制素材图像

12 选取钢笔工具 ，绘制一条闭合路径，如图 8.12 所示。

13 新建一个图层，单击"设置前景色"色块，在弹出的对话框中设置颜色为黄色（RGB 参考值分别为 R255、G164、B27）。在路径上右击，在弹出的快捷菜单中选择"填充路径"命令，在弹出的"填充路径"对话框中设置参数，如图 8.13 所示。

图 8.12　绘制路径

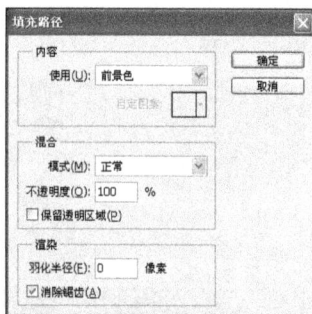

图 8.13　"填充路径"对话框

14 单击"确定"按钮，得到如图 8.14 所示的效果。

15 按 Ctrl+T 快捷键，调整至合适位置及大小，效果如图 8.15 所示。

图 8.14　填充效果

图 8.15　调整大小及位置

16　将云朵图层复制一层，并调整至合适大小及位置，效果如图 8.16 所示。

17　选取画笔工具 ，按 F5 键弹出"画笔"调板，选择画笔预设为"沙丘草"，设置"形状动态"参数，如图 8.17 所示。

图 8.16　复制图层

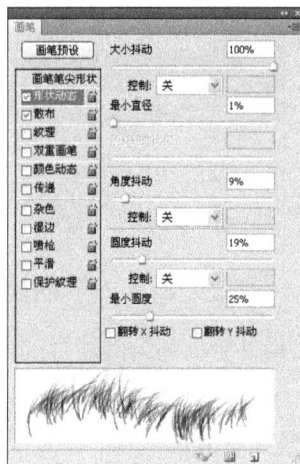

图 8.17　设置形状动态参数

18　设置"散布"参数，如图 8.18 所示。

19　在绘图窗口中单击并拖曳，绘制沙丘草，效果如图 8.19 所示。

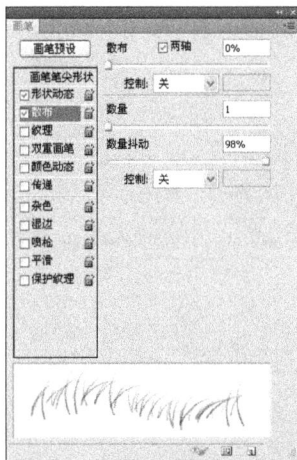

图 8.18　设置"散布"参数

图 8.19　绘制沙丘草

20 选取自定形状工具 ![icon]，在工具选项栏中选择"松树"形状，如图 8.20 所示。

21 在绘图窗口中单击并拖曳，绘制松树图形，如图 8.21 所示。

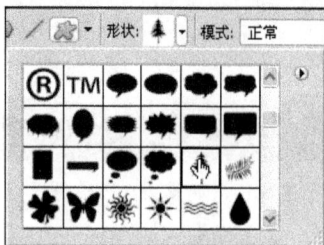

图 8.20　选择"松树"形状

图 8.21　绘制松树图形

22 参照上述操作方法，绘制其他图形。最终效果参见图 8.1。

8.2 路径的基础知识

路径在 Photoshop 中有着广泛的应用，可以描边和填充颜色，也可以作为剪贴路径而应用到矢量蒙版中。此外，路径还可以转换为选区，因而常用于抠取复杂而光滑的对象。

8.2.1 随堂实训 1——创建路径

钢笔工具是绘制和编辑路径的主要工具，了解和掌握钢笔工具的使用方法是创建路径的基础。

1. 路径工具组

Photoshop CS5 路径工具组包括 5 种工具，如图 8.22 所示，分别用于绘制路径，增加、删除锚点及转换锚点类型。

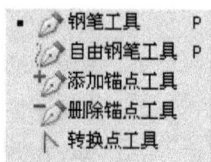

图 8.22　路径工具组

❖ ![icon]钢笔工具：最常用的路径工具，可以创建光滑而复杂的路径。

❖ ![icon]自由钢笔工具：类似于真实的钢笔工具，允许在单击并拖动鼠标时创建路径。

❖ ![icon]添加锚点工具：为已经创建的路径添加锚点。

❖ ![icon]删除锚点工具：从路径中删除锚点。

❖ ![icon]转换点工具：用于转换锚点的类型，可以将路径的圆角转换为尖角，或将尖角转换为圆角。

钢笔工具选项栏如图 8.23 所示。

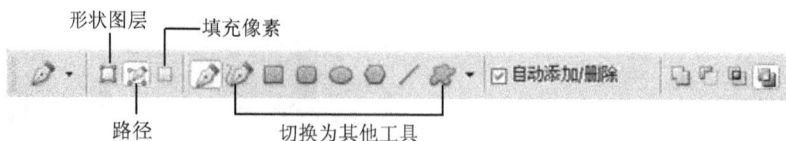

图 8.23　钢笔工具选项栏

如果仅仅是绘制路径，则应单击工具选项栏中的 按钮；如果是建立带矢量蒙版的形状图层，则应单击 按钮。

钢笔工具 是创建路径的基本工具，使用该工具可以创建直线或曲线路径。

选择钢笔工具后，单击工具选项栏路径中的 按钮，依次在图像窗口单击，以确定路径各个锚点的位置，锚点之间将自动创建一条直线形路径，如图 8.24 所示。

在绘制路径的过程中，按住 Shift 键可以让所绘制的点与上一个点保持 45° 的整数倍夹角（如 0°、90°、180° 等）。

💿 **技巧**

在使用钢笔工具时，按住 Ctrl 键可以切换至直接选择工具 ，按住 Alt 键可以切换至转换点工具 。

绘制曲线路径比绘制直线路径相对要复杂一些，一般可以按照下述步骤进行。

绘制时首先将钢笔的笔尖放在要绘制路径的开始点位置，单击以定义第一个点作为起始锚点，此时钢笔状光标变成箭头状光标。当单击确定第二个锚点时，单击并拖动，以创建方向线。按此方法继续创建锚点，即可绘制出曲线路径，如图 8.25 所示。

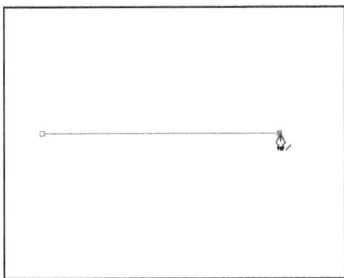

图 8.24 直线路径　　　　图 8.25 曲线路径

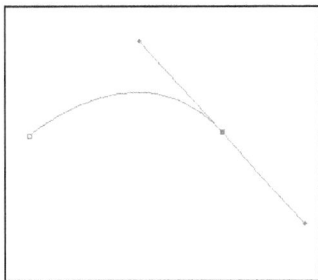

按照前面介绍的绘制曲线路径的方法定义第二个锚点。

在未松开鼠标左键前按住 Alt 键，此时可以移动锚点一侧的方向线而不会影响到另一侧的句柄。

先松开鼠标左键再松开 Alt 键，再绘制第三个锚点，从而得到拐角形路径，如图 8.26 所示。

图 8.26 绘制拐角形路径

如果需要，也可以按住 Alt 键单击锚点中心，去掉锚点一侧的句柄，从而直接绘制直线路径，如图 8.27 所示。

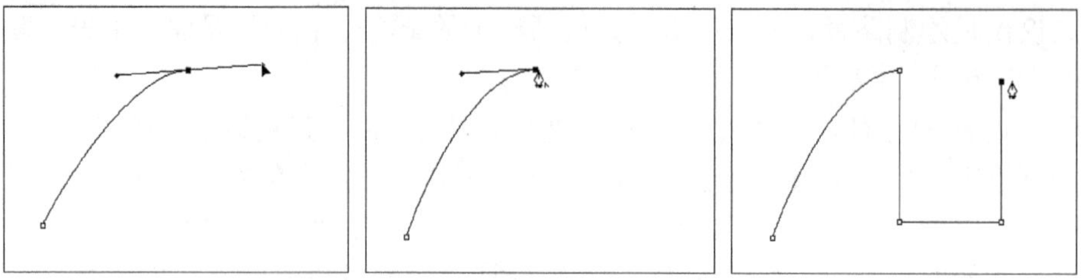

图 8.27 直接绘制直线路径

在绘制路径时，如果将光标放于路径第一个锚点处，钢笔光标的右下角会显示一个小圆圈（🖊️⃝）标记，此时单击即可使路径闭合，得到闭合路径，否则得到的为开放路径。

使用钢笔工具 ✒️ 绘制水晶苹果的具体操作步骤如下。

（1）创建水晶苹果的基本图像

01 单击"文件"|"新建"命令，弹出"新建"对话框，参照图 8.28 所示在该对话框中设置参数，然后单击"确定"按钮，创建新文档。

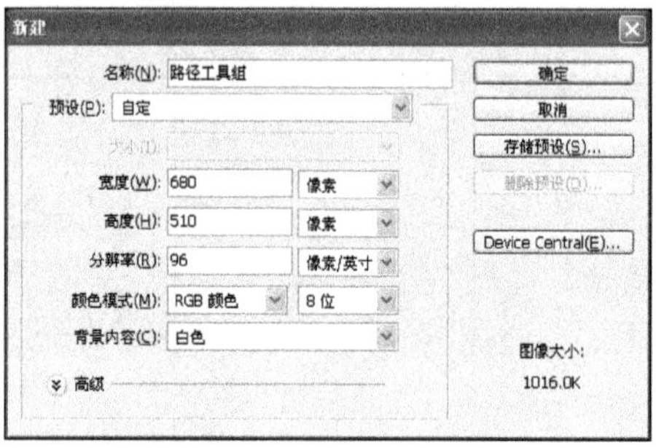

图 8.28 "新建"对话框

02 单击"图层"调板底部的"创建新的填充或调整图层"按钮 ⬭，在弹出的菜单中选择"纯色"选项，弹出"拾取实色"对话框，参照图 8.29 所示在对话框中设置颜色值，单击"确定"按钮，实现填充效果，如图 8.30 所示。

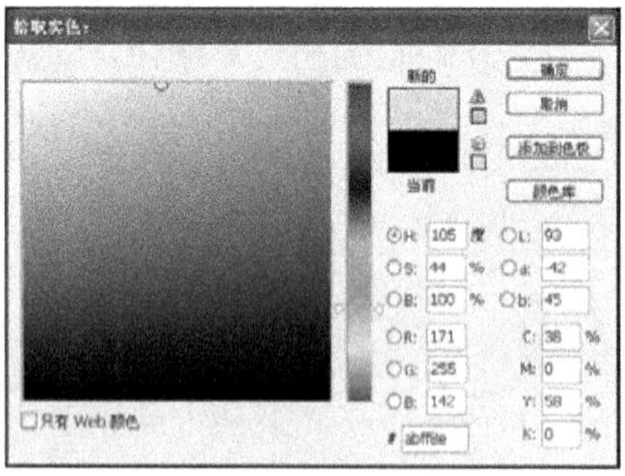

图 8.29 "拾取实色"对话框　　　　　　图 8.30 填充效果

03 单击"窗口"|"路径"命令，打开"路径"调板，单击底部的"创建新路径"按钮 ⬭，新建"路径 1"，如图 8.31 所示。

04 选择钢笔工具 ✒️，参照图 8.32 所示在视图中绘制路径。

图 8.31　"路径"调板

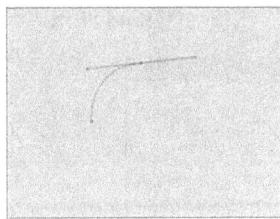

图 8.32　绘制路径

[05]　参照图 8.33、图 8.34 所示继续绘制路径，然后单击起始锚点，封闭路径，如图 8.35、图 8.36 所示。

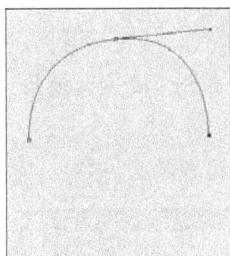

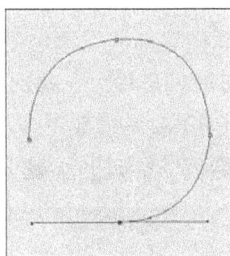

图 8.33　绘制路径　　图 8.34　继续绘制路径　　图 8.35　将光标移至起始锚点　　图 8.36　封闭路径

[06]　选择转换点工具 ⌐，单击控制柄，向右下方轻微拖动，对路径的外形进行调整，如图 8.37、图 8.38 所示。

[07]　使用转换点工具 ⌐ 配合直接选择工具 ⌐ 继续调整路径的外形，使其更接近圆形，效果如图 8.39 所示，"路径"调板如图 8.40 所示。

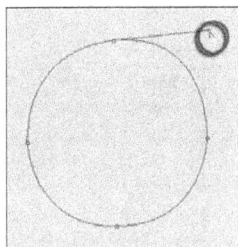

图 8.37　将光标移动至控制柄处

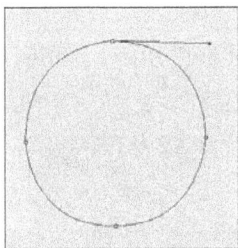

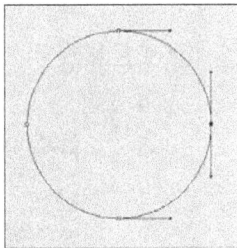

图 8.38　调整路径　　图 8.39　继续调整路径

图 8.40　"路径"调板

[08]　单击"设置前景色"色块，在弹出的"拾色器（前景色）"对话框中设置颜色值，单击"确定"按钮完成设置，如图 8.41 所示。

[09]　新建"图层 1"，然后在视图中右击，在弹出的快捷菜单中选择"填充路径"命令，打开"填充路径"对话框，参照图 8.42 所示设置参数，单击"确定"按钮，填充路径，效果如图 8.43 所示，"图

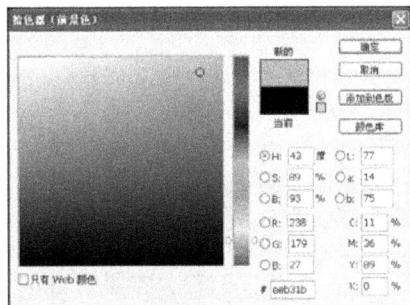

图 8.41　"拾色器（前景色）"对话框

185

层"调板如图 8.44 所示。

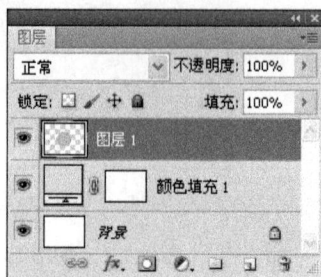

图 8.42　"填充路径"对话框　　　图 8.43　填充路径　　　图 8.44　"图层"调板

[10] 按 Enter 键取消路径显示，单击"图层"调板底部的"添加图层样式"按钮 *fx.*，在弹出的菜单中选择"渐变叠加"选项，打开"图层样式"对话框，单击"渐变"色条，弹出"渐变编辑器"对话框，参照图 8.45 所示进行设置。

[11] 单击"确定"按钮，返回"图层样式"对话框，参照图 8.46 所示设置参数。

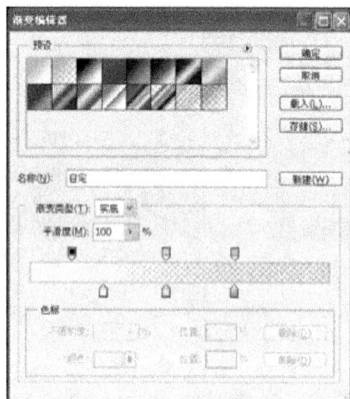

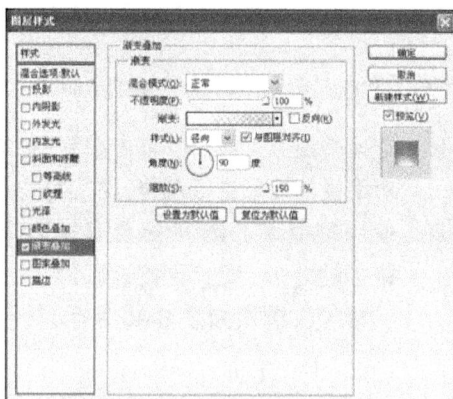

图 8.45　"渐变编辑器"对话框　　　　图 8.46　"图层样式"对话框

[12] 单击"确定"按钮，为圆形图像添加渐变叠加效果，如图 8.47 所示，"图层"调板如图 8.48 所示。

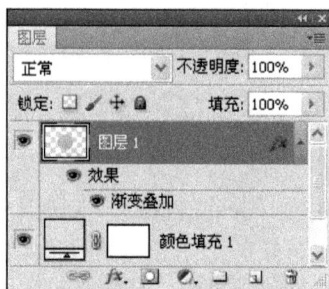

图 8.47　渐变叠加效果　　　　图 8.48　"图层"调板

[13] 单击"图层"调板底部的"添加图层样式"按钮 *fx.*，在弹出的菜单中选择"内阴影"选项，打开"图层样式"对话框，设置阴影颜色为棕红色（RGB 参考值分别为 R186、G55、B15），参照图 8.49 所示设置其他参数，然后单击"确定"按钮，为圆形添加

内阴影效果，如图 8.50 所示。

图 8.49　"图层样式"对话框

图 8.50　添加内阴影效果

（2）继续创建水晶苹果

01 选择椭圆选框工具 ◯，单击选项栏中的"从选区减去"按钮 ▣，参照图 8.51、图 8.52
所示在视图中绘制选区，形成月牙状，如图 8.53 所示。

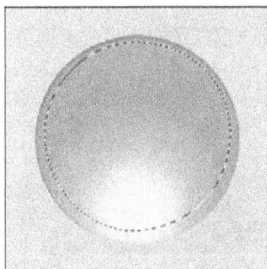

图 8.51　绘制选区

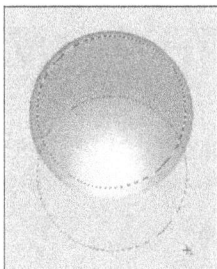

图 8.52　从选区减去

图 8.53　形成月牙状

02 使用椭圆选框工具 ◯ 继续对椭圆选区进行调整，如图 8.54 所示。

03 单击"图层"调板底部的"创建新的填充或调整图层"按钮 ◉，在弹出的菜单中选
择"渐变"选项，弹出"渐变填充"对话框，单击"渐变"色条，弹出"渐变编辑器"
对话框，参照图 8.55 所示设置参数。

图 8.54　调整选区

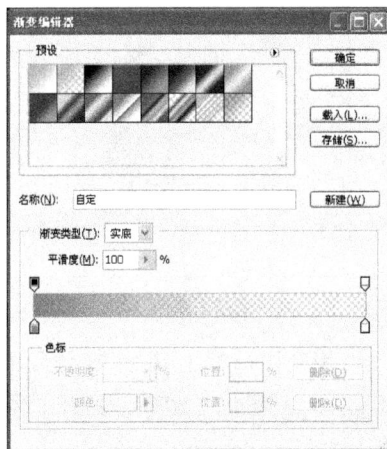

图 8.55　"渐变编辑器"对话框

04 单击 "确定" 按钮, 返回 "渐变填充" 对话框, 效果参照图 8.56 所示设置参数, 单击 "确定" 按钮, 为选区添加渐变填充效果, 然后取消选区, 效果如图 8.57 所示, "图层" 调板如图 8.58 所示。

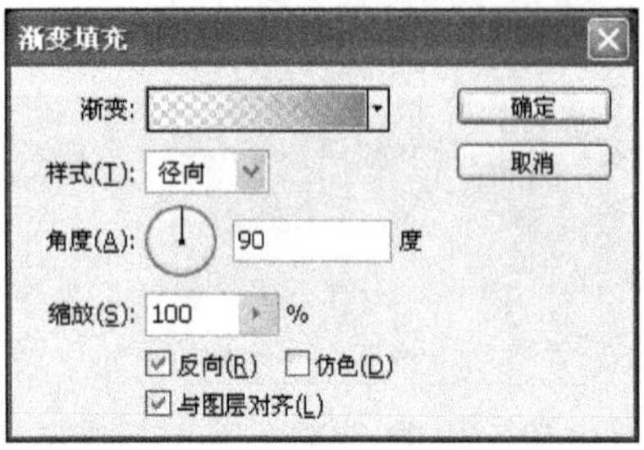

图 8.56 "渐变填充" 对话框

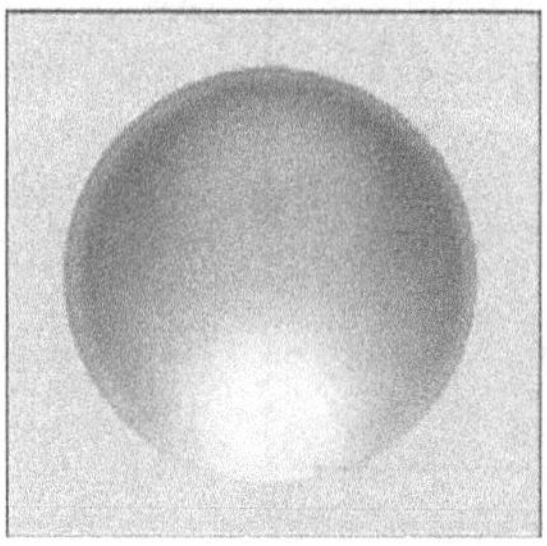

图 8.57 渐变填充效果

图 8.58 "图层" 调板

05 新建 "路径 2", 使用钢笔工具 ✍ 在视图中绘制路径, 效果如图 8.59 所示, "路径" 调板如图 8.60 所示。然后设置前景色为白色(RGB 参考值分别为 R255、G255、B255), 如图 8.61 所示。

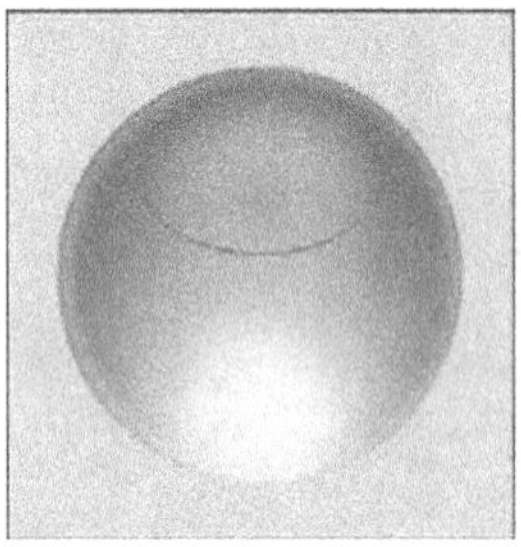

图 8.59 绘制路径

图 8.60 "路径" 调板

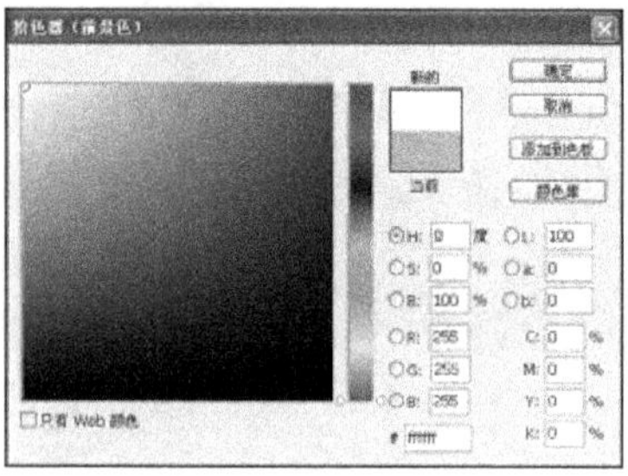

图 8.61 设置前景色

06 新建 "图层 2", 在视图中右击, 在弹出的快捷菜单中选择 "填充路径" 命令, 打开 "填充路径" 对话框, 单击 "确定" 按钮, 为路径填充颜色, 并取消路径显示, 效果如图 8.62 所示, "图层" 调板如图 8.63 所示。

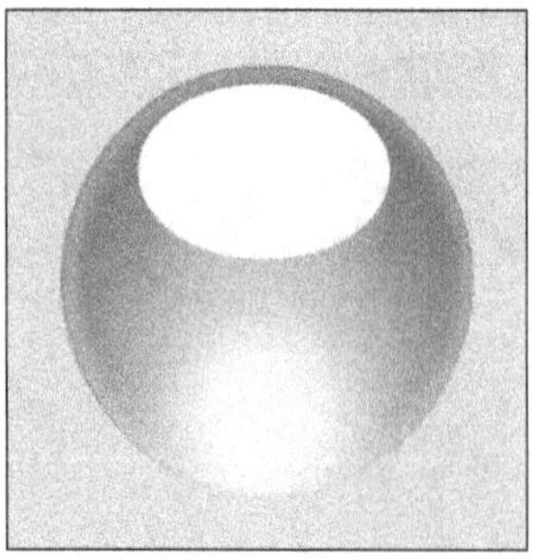

图 8.62 填充路径

图 8.63 "图层" 调板

07 使用椭圆选框工具 ◯ 参照图 8.64 所示在视图中绘制选区, 然后单击 "选择" | "修改" | "羽化" 命令, 打开 "羽化选区" 对话框, 参照图 8.65 所示设置参数。

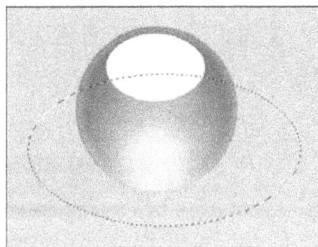

图 8.64　绘制选区

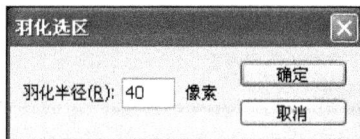

图 8.65　"羽化选区"对话框

08 单击"确定"按钮，羽化选区，如图 8.66 所示，然后按 Ctrl+Shift+I 快捷键反向选择，如图 8.67 所示。

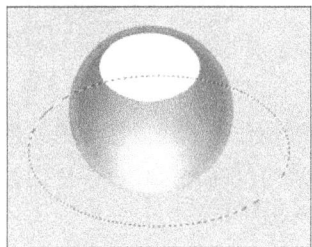

图 8.66　羽化选区

图 8.67　反向选择

09 单击"图层"调板底部的"添加图层蒙版"按钮 ，为"图层 2"添加图层蒙版，然后对高光图像的位置稍作调整，效果如图 8.68 所示，"图层"调析如图 8.69 所示。

10 使用钢笔工具 参照图 8.70、图 8.71 所示绘制路径，使用路径选择工具 参照图 8.72 所示选择外围的路径，单击"路径"调板底部的"将路径作为选区载入"按钮 ，将路径转换为选区，然后新建"图层 3"，填充棕色（RGB 参考值分别为 R99、G78、B57），效果如图 8.73 所示，"图层"调板如图 8.74 所示。

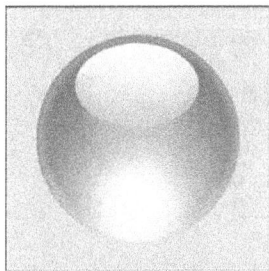

图 8.68　蒙版效果

图 8.69　"图层"调板

图 8.70　绘制路径

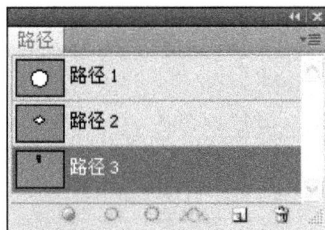

图 8.71　"路径"调板

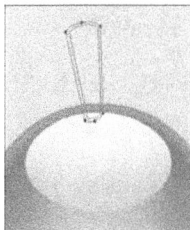

图 8.72　选择路径

图 8.73　填充路径

图 8.74　"图层"调板

11 使用路径选择工具 ▶ 参照图 8.75 所示选择路径，使用相同的方法创建选区，并在新建图层后为选区填充橙色（RGB 参考值分别为 R238、G179、B27），效果如图 8.76 所示，"图层"调板如图 8.77 所示。

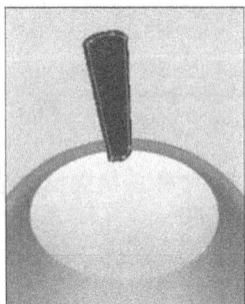

图 8.75 选择路径

图 8.76 填充路径

图 8.77 "图层"调板

12 为当前图层添加图层蒙版，绘制选区并设置适当的羽化值，在其蒙版缩览图中填充黑色，如图 8.78～图 8.80 所示，然后在图形的顶端绘制高光区域，并使用蒙版进行修饰，如图 8.81～图 8.83 所示。

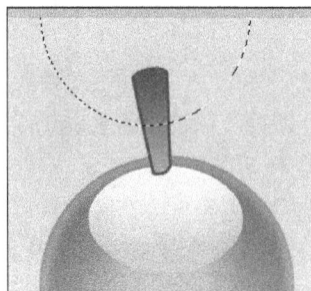

图 8.78 绘制并羽化选区

图 8.79 蒙版效果

图 8.80 "图层"调板

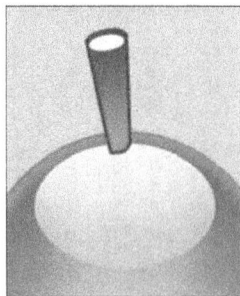

图 8.81 绘制高光点

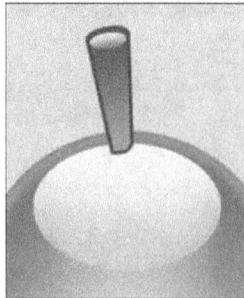

图 8.82 修饰蒙版

图 8.83 "图层"调板

13 使用钢笔工具 ✍ 在视图中依次绘制深绿色（RGB 参考值分别为 R8、G110、B36）、浅绿色（RGB 参考值分别为 R149、G228、B137）和白色的图形，作为苹果叶子，效果如图 8.84 所示，"图层"调板如图 8.85 所示。

图 8.84 绘制苹果叶子图像

图 8.85 "图层"调板

[14] 分别为浅绿色和白色图像添加蒙版，并使用画笔工具 ✐进行修饰，如图 8.86 所示，然后参照图 8.87 所示设置图层整体的不透明度，效果如图 8.88 所示。

图 8.86 修饰图像

图 8.87 "图层"调板

图 8.88 添加透明效果

[15] 使用钢笔工具 ✐绘制不规则图形，填充绿色（RGB 参考值分别为 R55、G131、B63），效果如图 8.89 所示，"图层"调板如图 8.90 所示。

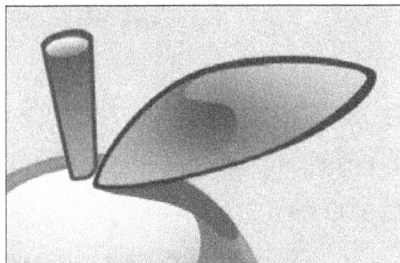

图 8.89 修饰图像

图 8.90 "图层"调板

[16] 选择"滤镜"|"模糊"|"高斯模糊"命令，打开"高斯模糊"对话框，参数设置如图 8.91 所示，单击"确定"按钮，柔化图像边缘，如图 8.92 所示。

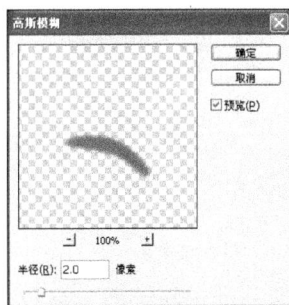

图 8.91 "高斯模糊"对话框

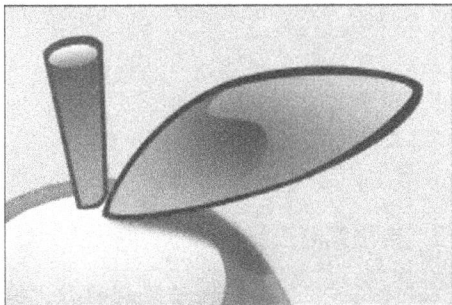

图 8.92 添加高斯模糊效果

[17] 使用蒙版对当前图形进行修饰，隐藏部分区域，然后降低图层整体的不透明度，作为叶子的阴影图像，效果如图 8.93 所示，"图层"调板如图 8.94 所示。

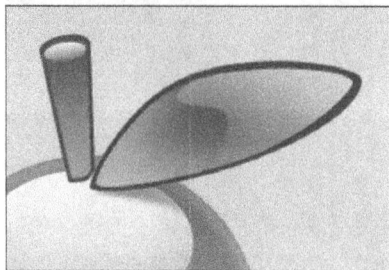

图 8.93　图像修饰效果

图 8.94　"图层"调板

[18] 在"颜色填充 1"图层的上方新建"阴影"图层组，新建"图层 10"，使用椭圆选框工具 ○ 参照图 8.95 所示绘制椭圆选区，然后进行羽化，同时在新建的图层中填充蓝色（RGB 参考值分别为 R60、G87、B175），效果如图 8.96 所示，"图层"调板如图 8.97 所示。

图 8.95　绘制选区

图 8.96　填充蓝色

图 8.97　"图层"调板

[19] 使用相同的方法，依次创建不同颜色且边缘柔和的椭圆图形，完成阴影及反光部分的制作，效果如图 8.98 所示，"图层"调板如图 8.99 所示。

图 8.98　绘制选区

图 8.99　"图层"调板

2. 自由钢笔工具

自由钢笔工具 以徒手绘制的方式建立路径。光标所移动的轨迹即为路径。在绘制路径的过程中，系统自动根据曲线的走向添加适当的锚点及设置曲线的平滑度。

使用自由钢笔工具 ✐ 为图像更换背景的具体操作步骤如下：

01 单击"文件"|"打开"命令，打开两张素材图像，如图 8.100、图 8.101 所示。

图 8.100　鞋图像

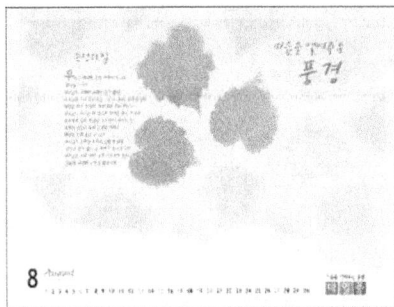

图 8.101　月历图像

02 单击工具箱中的自由钢笔工具 ✐，选项栏如图 8.102 所示。

图 8.102　自由钢笔工具选项栏

03 使用自由钢笔工具 ✐ 选取鞋图像，首先在鞋头位置单击，松开鼠标后，沿鞋的边缘进行拖动，回到起点后单击，封闭路径，如图 8.103～图 8.106 所示。

图 8.103　单击起点　　图 8.104　拖动鼠标　　图 8.105　回到起点单击　　图 8.106　封闭路径

04 在"路径"调板中单击"将路径作为选区载入"按钮 ◯，将路径转换为选区，如图 8.107 所示。

05 单击并拖曳选区中的鞋图像，将其添加至月历图像中，按快捷键 Ctrl+T，调整图像的大小和位置，效果如图 8.108 所示。

图 8.107　将路径作为选区载入

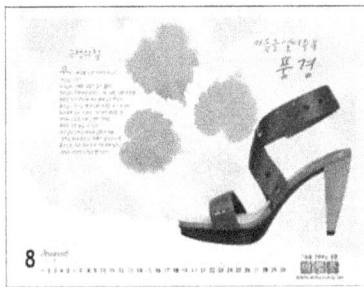

图 8.108　结合图像

8.2.2 随堂实训 2——绘制图形

使用 Photoshop 提供的矩形、圆角矩形、椭圆、多边形、直线等形状工具，可以创建规则的几何形状，使用自定形状工具可以创建不规则的复杂形状。

1. 矩形工具

使用矩形工具 ■可以绘制出矩形、正方形的形状、路径或填充区域，使用方法也比较简单。选择工具箱中的矩形工具 ■，在选项栏中适当地设置各参数，移动光标至图像窗口中拖动，即可得到所需的矩形路径或形状。

矩形工具选项栏如图 8.109 所示，在使用矩形工具前应适当地设置绘制的内容和绘制方式。

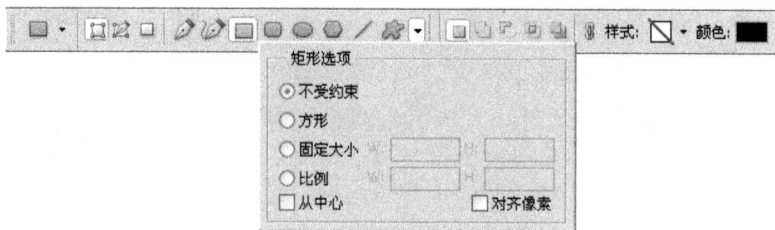

图 8.109 矩形工具选项栏

❖ 形状图层 □：单击此按钮，使用矩形工具将创建得到矩形形状图层，填充的颜色为前景色。

❖ 路径 ：单击此按钮，使用矩形工具将创建得到矩形路径。

❖ 填充像素 □：单击此按钮，使用矩形工具将在当前图层中绘制一个填充前景色的矩形区域。

❖ 样式：只有当单击"形状图层"按钮 □ 时该选项才有效。从"样式"下拉列表中选择一种图层样式，该样式将应用到绘制的形状图层中。

2. 多边形工具

使用多边形工具 ●可以绘制等边多边形，如等边三角形、五角星等。在使用多边形工具之前，应在选项栏中设置多边形的边数，如图 8.110 所示。

图 8.110 多边形工具选项栏

多边形工具选项栏中各参数的含义如下所述。

❖ 边：设置多边形的边数，系统默认为 5，取值范围为 3~100。

❖ 半径：用于设置多边形半径的大小，系统默认以像素为单位，右击该框，在弹出的快捷菜单中可以选择所需的单位。

❖ 平滑拐角：选中此复选框，可以平滑多边形的尖角。

❖ 星形：选中此复选框，可以绘制得到星形。

❖ 缩进边依据：设置星形边缩进的大小，系统默认为 50%。

❖ 平滑缩进：平滑星形凹角。

3. 直线工具

直线工具 ╱ 除了可以绘制直线形状或路径以外，还可以绘制箭头形状或路径。

若绘制线段，则先在图 8.111 所示的"粗细"文本框中输入线段的宽度，然后移动光标至图像窗口拖动鼠标即可。若想绘制水平、垂直或呈 45°角的直线，可以在绘制时按住 Shift 键。

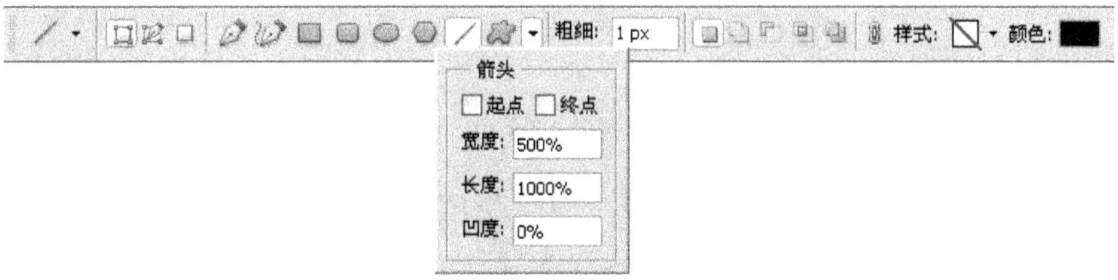

图 8.111　直线工具选项栏

如果绘制的是箭头，则需要在选项栏的"箭头"选项组中确定箭头的位置和形状。各种箭头效果如图 8.112 所示。

❖ 起点：箭头位于线段的开始端。

❖ 终点：箭头位于线段的终止端。

❖ 宽度：确定箭头宽度与线段宽度的比例，系统默认为 500%。

❖ 长度：确定箭头长度与线段宽度的比例，系统默认为 1000%。

❖ 凹度：确定箭头内凹的程度，范围在–50%～50%之间。

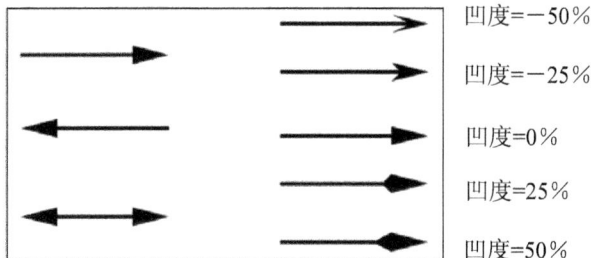

图 8.112　各种箭头效果

4. 自定形状工具

使用自定形状工具 ✿ 可以绘制 Photoshop 预设的各种形状。首先在工具箱中选择该工具，然后单击选项栏中的"形状"下三角按钮，如图 8.113 所示，从"形状"下拉列表中选择所需的形状，最后在图像窗口中拖动鼠标即可绘制相应的形状。

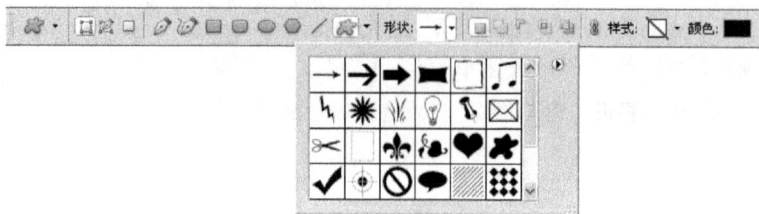

图 8.113 自定形状工具选项栏

如果所需的形状未显示在下拉列表中，则可以单击列表右上角的▶按钮，从弹出的菜单中选择"载入形状"选项，从保存形状的文件中载入所需的形状。

5．圆角矩形工具和椭圆工具

圆角矩形工具的使用方法如下：

01 单击"文件"｜"打开"命令，打开一张素材图像，如图 8.114 所示。

图 8.114 素材图像

02 按 D 键，恢复前景色和背景色的默认颜色，选择圆角矩形工具 ，在工具选项栏中设置各项参数，如图 8.115 所示。

图 8.115 工具选项栏参数

03 新建一个图层，在绘图窗口中单击并拖曳，绘制一个圆角矩形，如图 8.116 所示。

04 单击"窗口"｜"样式"命令，打开"样式"调板，单击调板右上角的按钮，在弹出的菜单中选择"Web 样式"选项，弹出如图 8.117 所示的提示对话框。

图 8.116 绘制圆角矩形

图 8.117 图层样式提示对话框

05 单击"追加"按钮，在原有的样式基础上添加新的样式，然后参照图 8.118 所示，在调板中选择"带投影的蓝色凝胶"样式，添加到圆角矩形上，如图 8.119 所示。

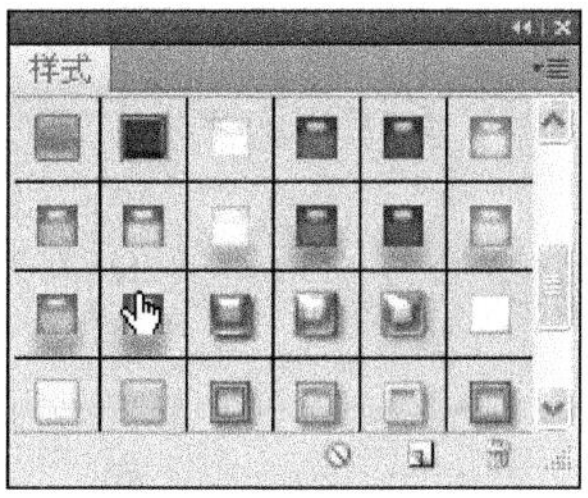

图 8.118 选择样式

图 8.119 添加图层样式效果

利用椭圆工具 ⬭ 可以建立圆形或椭圆的形状或路径，使用方法和圆角矩形工具相似。绘制的椭圆图形效果如图 8.120 所示。

图 8.120 使用椭圆工具绘制椭圆

8.3 进阶型实训

8.3.1 实训 1——制作虫虫特工队标志

实训分析：本实例主要通过制作标志，来讲解路径工具的用法。在制作的过程中，首先使用路径工具绘制出叶子图形，然后输入文字，再添加虫子素材，最终制作出标志效果，如图 8.121 所示。

图 8.121 特工队标志

视频路径	配套 DVD 光盘\视频\第 8 章\制作虫虫特工队标志.avi
素材路径	配套 DVD 光盘\素材与源文件\第 8 章\制作标志.psd

具体操作步骤如下：

01 双击桌面上的快捷图标，打开 Photoshop CS5。

02 单击"文件"|"新建"命令，在弹出的"新建"对话框中设置参数，如图 8.122 所示。单击"确定"按钮，新建一个文件。

03 选取钢笔工具 ，绘制一条路径，按住 Alt 键单击锚点中心，去掉锚点一侧的句柄，如图 8.123 所示。

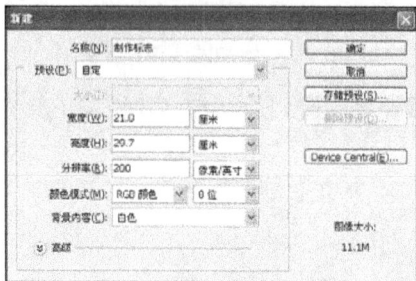

图 8.122 设置参数

图 8.123 绘制一条路径

04 释放 Alt 键，单击确定下一点，继续绘制路径，如图 8.124 所示。

05 参照上述操作方法，绘制出叶子图形，效果如图 8.125 所示。

图 8.124 绘制路径

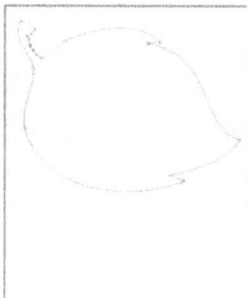

图 8.125 绘制出叶子图形

06 单击"设置前景色"色块，在弹出的对话框中设置颜色为绿色，参数设置如图 8.126 所示。

07 单击"确定"按钮，关闭对话框。在图形上右击，在弹出的快捷菜单中选择"填充路径"命令，按 Ctrl+H 快捷键隐藏路径，效果如图 8.127 所示。

图 8.126 设置前景色

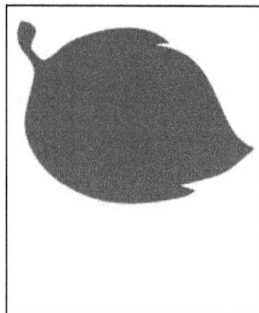

图 8.127 填充颜色

08 选取横排文字工具 **T**，设置字体为 Arial Black，颜色为黄色（RGB 参考值分别为 R253、G209、B24），字号为 12 点，输入文字 a，效果如图 8.128 所示。

09 参照上述操作方法，输入其他文字并设置好颜色、字体和字号，如图 8.129 所示。

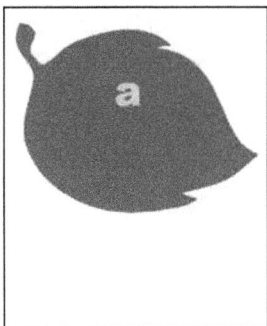

图 8.128 输入文字

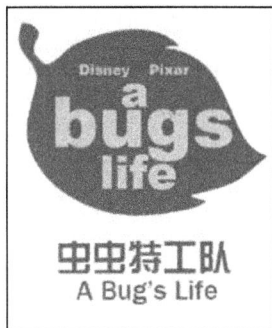

图 8.129 输入其他文字

10 单击"文件"|"打开"命令，打开一张素材图像，如图 8.130 所示。

11 复制"背景"图层，如图 8.131 所示。

12 选取魔棒工具 ✨，选择白色背景，按 Ctrl+Shift+I 快捷键反选，得到昆虫图形的选区，如图 8.132 所示。

13 单击并拖曳，将选区添加至文件中，并设置其大小及位置，效果如图 8.133 所示。

图 8.130 素材图像

图 8.131 复制图层

图 8.132 选择图形

图 8.133 添加素材

14 按住 Ctrl 键，同时单击昆虫图层，将其载入选区，如图 8.134 所示。

15 按 Alt+Delete 快捷键，填充前景色，如图 8.135 所示。

图 8.134 载入选区

图 8.135 填充颜色

16 将昆虫图层复制一层，按 Ctrl+T 快捷键，右击，在弹出的快捷菜单中选择"水平翻转"

命令，按 Enter 键确认并调整至合适位置。最终完成的特工队标志效果参见图 8.121。

8.3.2 实训 2——制作商场周年庆招贴

实训分析：本实例通过制作商场周年庆招贴，来讲解形状和路径工具的用法。在制作的过程中，首先使用矩形选框工具制作出背景效果，然后使用路径工具制作出文字效果，最后使用形状工具绘制蝴蝶和花的图形，制作出商场周年庆招贴。最终的完成效果如图 8.136 所示。

图 8.136　商场周年庆招贴

视频路径	配套 DVD 光盘\视频\第 8 章\制作商场周年庆招贴.avi
素材路径	配套 DVD 光盘\素材与源文件\第 8 章\制作商场周年庆招贴.psd

具体操作步骤如下。

1．制作背景效果

01 双击桌面上的快捷图标，打开 Photoshop CS5。

02 单击"文件"｜"新建"命令，在弹出的"新建"对话框中设置参数，如图 8.137 所示。单击"确定"按钮，新建一个文件。

03 选取矩形选框工具 ，绘制一个矩形选区，如图 8.138 所示。

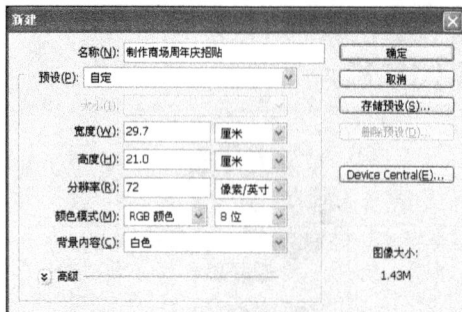

图 8.137　设置参数

图 8.138　绘制矩形选区

04 单击"设置前景色"色块，在弹出的对话框中设置参数，如图 8.139 所示。

05 新建一个图层，按 Alt+Delete 快捷键填充颜色，如图 8.140 所示。

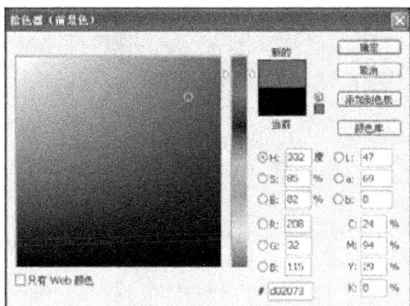

图 8.139　设置前景色

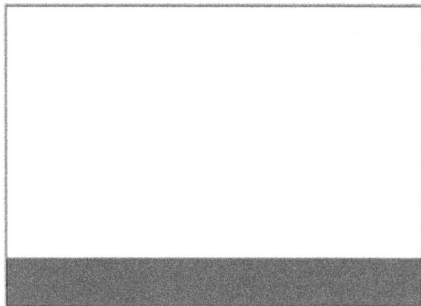

图 8.140　填充颜色

[06]　参照上述操作方法，继续绘制水平色块，完成背景的制作，效果如图 8.141 所示。

2．制作文字效果

[01]　选取横排文字工具 T，在图像窗口中单击，确定插入点，单击"窗口"｜"字符"命令，打开"字符"调板，参数设置如图 8.142 所示。

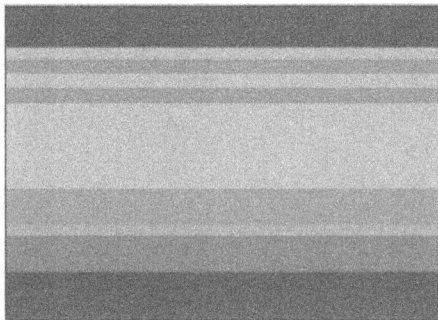

图 8.141　背景效果

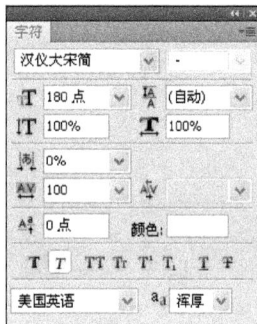

图 8.142　设置"字符"调板参数

[02]　输入文字"周年庆"，如图 8.143 所示。

[03]　选择钢笔工具 ，绘制路径，如图 8.144 所示。

图 8.143　输入文字

图 8.144　绘制路径

[04]　右击，在弹出的快捷菜单中选择"建立选区"命令，弹出如图 8.145 所示的"建立选区"对话框，单击"确定"按钮，效果如图 8.146 所示。

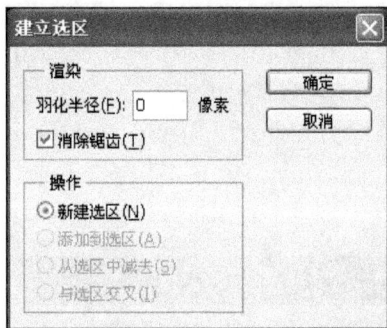

图 8.145 "建立选区"对话框

图 8.146 建立选区

05 新建一个图层，在选区中填充白色，按 Ctrl+D 快捷键取消选区，如图 8.147 所示。

06 隐藏背景图层，按 Shift+Ctrl+Alt+E 快捷键，盖印所见图层，如图 8.148 所示（盖印图层时无须新建图层）。

图 8.147 填充白色

图 8.148 盖印所见图层

07 按住 Ctrl 键，同时单击"图层"调板盖印图层，将文字载入选区，如图 8.149 所示。

08 设置前景色为紫红色（RGB 参考值分别为 R209、G33、B118），设置背景色为绿色（RGB 参考值分别为 R184、G208、B58），选取渐变工具，从上至下拖曳鼠标，填充渐变色，效果如图 8.150 所示。

图 8.149 载入文字选区

图 8.150 填充渐变

09 按 Ctrl+D 快捷键取消选区，双击图层，在弹出的"图层样式"对话框中设置描边参数，如图 8.151 所示。其中，描边颜色设置为白色。

10 单击"确定"按钮，得到如图 8.152 所示的描边效果。

图 8.151　设置描边参数

图 8.152　描边效果

3. 制作其他效果

[01]　单击"创建新组"按钮 [ ]，创建一个图层组，如图 8.153 所示。

[02]　在新组中新建一个图层，如图 8.154 所示。

[03]　选择自定形状工具 [ ]，在工具选项栏中选择"花 1"形状，如图 8.155 所示。

图 8.153　创建图层组

图 8.154　新建图层

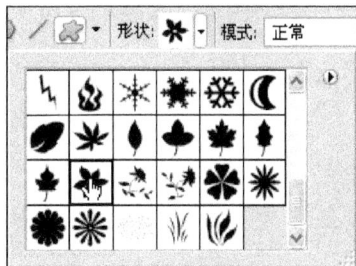

图 8.155　设置自定形状工具

[04]　设置颜色为黄色，在工具选项栏中单击"填充像素"按钮 [ ]，绘制花形状，效果如图 8.156 所示。

[05]　选择自定形状工具 [ ]，在工具选项栏中选择"蝴蝶"形状，如图 8.157 所示。

[06]　在工具选项栏中单击"绘制路径"按钮 [ ]，绘制蝴蝶图形路径，如图 8.158 所示。

图 8.156　绘制花形状

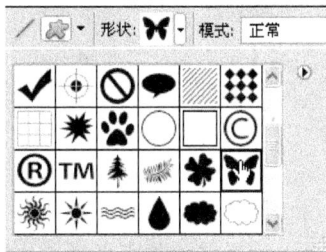

图 8.157　设置自定形状工具

图 8.158　绘制蝴蝶路径

[07]　右击，在弹出的快捷菜单中选择"建立选区"命令，在弹出的"建立选区"对话框中单击"确定"按钮，将路径转换为选区，如图 8.159 所示。

[08]　选择渐变工具 [ ]，选择透明彩虹模式，从左至右拖曳鼠标，填充渐变色，效果如图 8.160 所示。

09 参照上述操作方法，绘制其他图形，效果如图 8.161 所示。

图 8.159　建立选区　　　　　图 8.160　填充渐变色　　　　　图 8.161　绘制其他图形

10 参照上述操作方法，输入其他文字。最终效果参见图 8.136。

8.3.3　实训 3——绘制卡通图案

实训分析：本实例通过绘制卡通图案，讲解形状和路径工具的用法。在制作的过程中，首先使用钢笔工具，制作出人物图像，然后使用形状工具制作出装饰图像，最终制作出完整的卡通图案，最终的完成效果如图 8.162 所示。

图 8.162　绘制卡通图案

视频路径	配套 DVD 光盘\视频\第 8 章\绘制卡通图案.avi
素材路径	配套 DVD 光盘\素材与源文件\第 8 章\绘制卡通图案.psd

具体操作步骤如下：

01 双击桌面上的快捷图标，打开 Photoshop CS5。

02 单击"文件"｜"新建"命令，在弹出的"新建"对话框中设置参数，如图 8.163 所示。单击"确定"按钮，新建一个文件。

03 单击"文件"｜"打开"命令，打开一张素材图像，使用移动工具 ▶✛ 拖动图像到背景文件中，调整图像的位置，如图 8.164 所示。

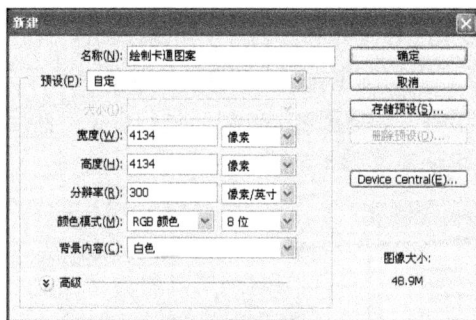

图 8.163　"新建"对话框

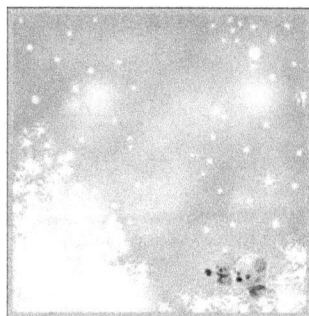

图 8.164　打开并添加素材图像

04 单击工具箱中的钢笔工具 ，新建"路径 1"，参照图 8.165、图 8.166 所示在视图中绘制路径，创建出人物的面部轮廓。

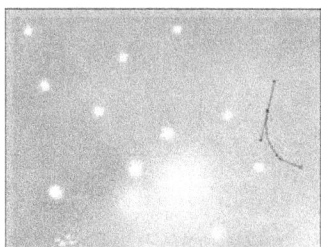

图 8.165　绘制路径

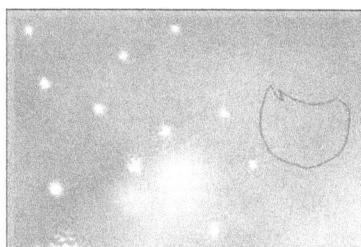

图 8.166　创建面部轮廓

05 使用钢笔工具 继续在视图中绘制路径，创建出耳朵轮廓，如图 8.167 所示，然后依次绘制出头发的轮廓图像，如图 8.168、图 8.169 所示。

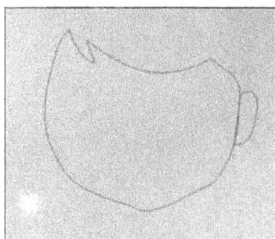

图 8.167　绘制耳朵轮廓

图 8.168　绘制头发轮廓

图 8.169　继续绘制头发

06 使用钢笔工具 参照图 8.170、图 8.171 所示在视图中绘制人物的上衣和下半身轮廓。

图 8.170　绘制上衣轮廓

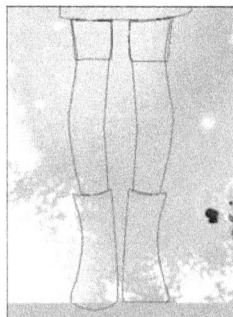

图 8.171　绘制下半身轮廓

07 设置前景色为粉色（RGB 参考值分别为 R245、G129、B132），使用路径选择工具 ![箭头]，参照图 8.172 所示选择路径，新建"图层 2"，在视图中右击，在弹出的菜单中选择"填充子路径"选项，打开"填充子路径"对话框，参照图 8.173 所示进行设置，然后单击"确定"按钮，为子路径填充颜色，效果如图 8.174 所示。

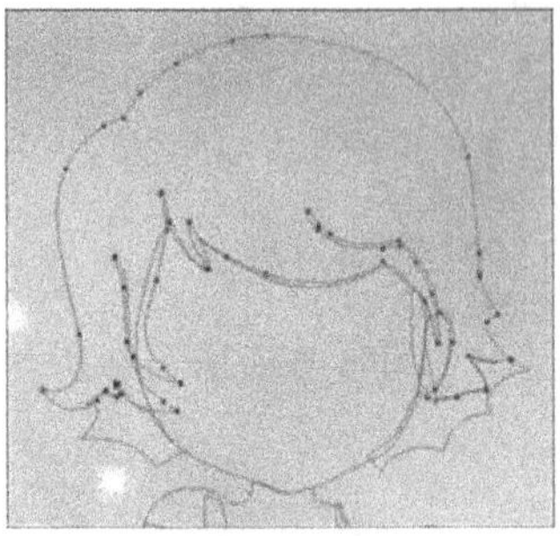

图 8.172　选择路径 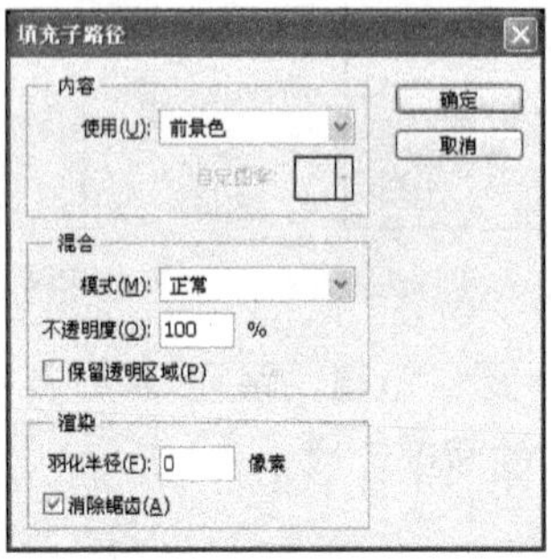　　　　图 8.173　"填充子路径"对话框 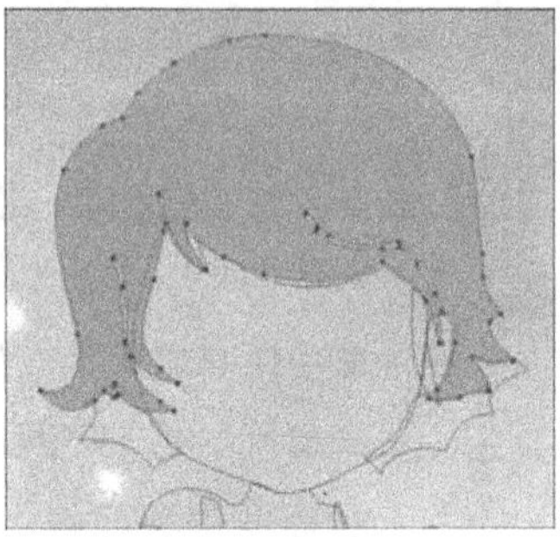　　　　图 8.174　填充子路径

08 使用相同的方法，为其余路径分别填充颜色，效果如图 8.175 所示。

09 选中"图层 2"，单击"图层"调板底部的"添加图层样式"按钮 ![fx]，在弹出的菜单中选择"描边"选项，弹出"图层样式"对话框，参照图 8.176 所示设置参数。

图 8.175　填充颜色 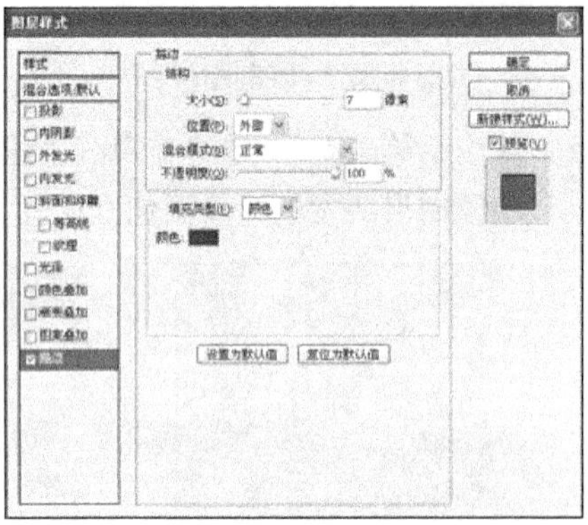　　　　　　　　　　图 8.176　"图层样式"对话框

10 单击"确定"按钮，为头发图像添加褐色（RGB 参考值分别为 R138、G23、B11）的描边效果，如图 8.177 所示。

11 使用相同方法，参照图 8.178 所示，为人物图像的其他一些部位添加描边。

图 8.177　添加描边效果　　　　　　　　图 8.178　继续添加描边效果

12 群组除背景外的图像，新建"路径 2"，使用钢笔工具 在视图中绘制小伞和手路径，如图 8.179 所示，并参照图 8.180、图 8.181 所示效果设置填充颜色和描边效果。

图 8.179　绘制路径　　　　　图 8.180　添加颜色　　　　　图 8.181　继续添加颜色

13 使用钢笔工具 在视图中绘制心形路径，如图 8.182 所示新建图层后，为路径填充深橙色（RGB 参考值分别为 R189、G104、B28），然后复制图像，调整大小和位置，然后合并图层，再调整图形整体的层次顺序，得到图 8.183 所示的效果。

图 8.182　绘制路径　　　　　　　　　　　　图 8.183　编辑图像

14 群组小伞和手图像，新建"路径 3"，将人物面部的路径复制到其中，并参照图 8.184 所示调整路径，新建图层，填充与面部相同的颜色，然后调整原来面部图像的颜色为褐色（RGB 参考值分别为 R138、G23、B11），形成阴影效果，如图 8.185 所示。

图 8.184　复制并调整路径　　　　　　　　　图 8.185　编辑图像

15 使用钢笔工具 配合画笔工具 与椭圆选框工具 在人物面部创建五官图像，并将五官图像群组，效果如图 8.186 所示。

图 8.186　创建五官图像

16 使用钢笔工具 和画笔工具 在人物上衣图像位置绘制装饰图像，效果如图 8.187 所示。

图 8.187　绘制装饰图像

17 使用钢笔工具 和椭圆选框工具 在人物下半身绘制装饰图像，效果如图 8.188 所示。

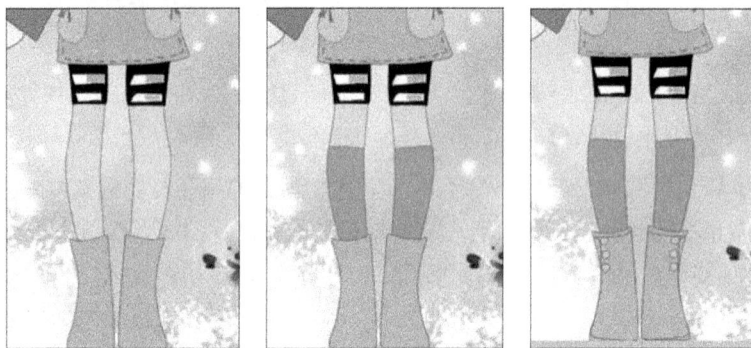

图 8.188　绘制装饰图像

18 使用钢笔工具 配合画笔工具 与椭圆选框工具 在人物头部、上半身及下半身绘制高光、阴影及装饰图像，如图 8.189 所示。

图 8.189　绘制高光及阴影图像

[19] 分别群组头部和下半身的装饰图像，新建图层，填充黑色，使用画笔工具 ✏ 在视图中绘制小白圆点图像，如图 8.190 所示。

[20] 参照图 8.191 所示在"图层"调板中设置图层混合模式和不透明度，效果如图 8.192 所示。

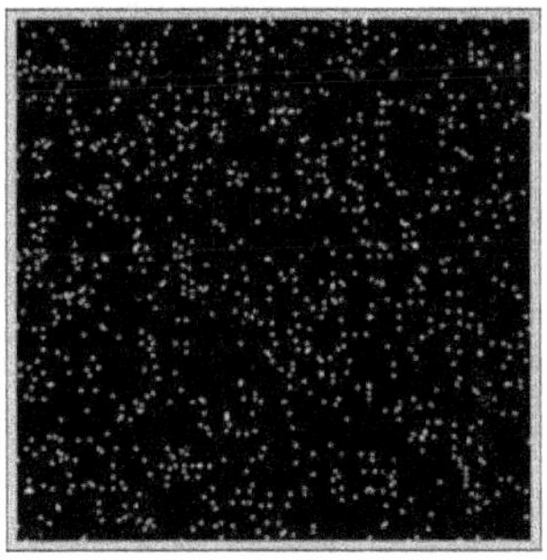

图 8.190 绘制装饰图像

图 8.191 "图层"调板

图 8.192 调整效果

[21] 新建图层，填充黑色，使用画笔工具 ✏ 在视图中绘制白点图像，如图 8.193 所示，然后参照图 8.194 所示在"图层"调板中设置图层混合模式和不透明度，完成卡通图案的全部绘制，效果参看图 8.162。

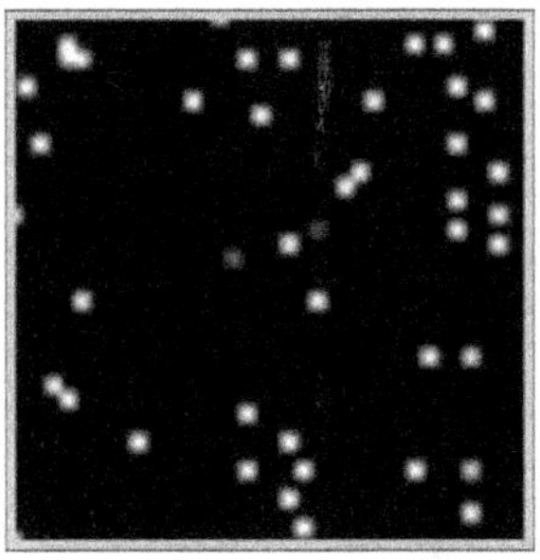

图 8.193 绘制装饰图像

图 8.194 "图层"调板

8.4 练习题

一、简答题

（1）钢笔工具组包括哪些工具？

（2）使用什么工具可以在曲线转折点和直线转折点之间进行转换？

（3）显示/隐藏路径的快捷键是什么？

（4）如何对路径进行填充？

（5）使用直接选择工具选择锚点时，按住 Ctrl 或者 Shift 键分别起到什么作用？

二、上机实验

1. 绘制卡通相框，效果如图 8.195 所示。

最终效果	配套 DVD 光盘\素材与源文件\第 8 章\习题 1.psd

图 8.195　卡通相框

要求：

（1）使用图案填充创建出背景。

（2）使用自定形状工具装饰背景。

（3）使用自定形状工具绘制其他图案。

2．制作印花图案，效果如图 8.196 所示。

最终效果	配套 DVD 光盘\素材与源文件\第 8 章\习题 2.psd

图 8.196　印花图案

要求：

（1）新建图层，填充颜色并添加图层样式。

（2）使用自定形状工具绘制花纹图案。

（3）更改图层模式。

第

9

章

滤镜

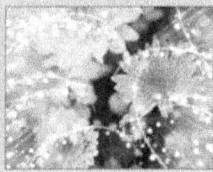

　　读者在学习本章后，可以对在 Photoshop CS5 中如何使用滤镜有一个翔实的了解。滤镜是 Photoshop 的万花筒，可以在顷刻之间完成许多令人眼花缭乱的特殊效果，比如指定印象派绘画或马赛克拼贴外观，或者添加独一无二的光照和扭曲。Photoshop 的所有滤镜都按类别放置在"滤镜"菜单中，使用时只需单击这些滤镜命令即可。Photoshop CS5 提供了将近100 个内置滤镜，本章通过几个精彩的实例，详细讲解滤镜在图像处理和平面设计中的应用方法和技巧。

基础知识
- ◆ 使用滤镜库
- ◆ 使用智能滤镜

重点知识
- ◆ 特殊效果滤镜

提高知识
- ◆ 扭曲滤镜
- ◆ 杂色滤镜
- ◆ 模糊滤镜
- ◆ 抽出滤镜

9.1 基础案例——制作油画

9.2.1 基础知识要点与制作思路

本实例主要通过制作油画，熟悉并掌握木刻、中间值、深色线条、智能锐化滤镜的基本用法。

在制作的过程中，分别使用了木刻、中间值、深色线条、智能锐化等滤镜，再通过更改图层模式，使效果更加融合，最终得到油画效果。

9.2.2 制作步骤

通过使用滤镜，可以将风景照片制作出油画的效果，色彩明快、质感强烈、效果逼真。制作完成的油画效果如图 9.1 所示。

图 9.1　油画效果

视频路径	配套 DVD 光盘\视频\第 9 章\制作油画.avi
素材路径	配套 DVD 光盘\素材与源文件\第 9 章\制作油画.psd

具体操作步骤如下：

01 打开一张风景素材图像，如图 9.2 所示。

02 将背景图层复制两层，如图 9.3 所示。

图 9.2　素材图像

图 9.3　复制图层

03 选择"背景"图层,单击"滤镜"|"艺术效果"|"木刻"命令,设置参数,如图9.4所示。单击"确定"按钮,关闭对话框。

04 选择"背景 副本"图层,单击"滤镜"|"杂色"|"中间值"命令,设置参数,如图9.5所示。单击"确定"按钮,关闭对话框。

图9.4 "木刻"滤镜参数设置

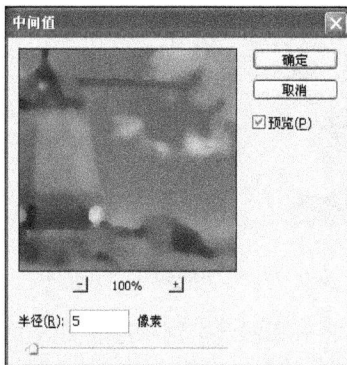

图9.5 "中间值"滤镜参数设置

05 更改"背景 副本"图层混合模式为"强光",如图9.6所示。

06 选择"背景 副本2"图层,单击"滤镜"|"画笔描边"|"深色线条"命令,设置参数,如图9.7所示。单击"确定"按钮,关闭对话框。

图9.6 更改图层模式

图9.7 深色线条

07 更改图层混合模式为"滤色",如图9.8所示。

08 按Ctrl+Alt+Shift+E快捷键,盖印当前所有可见图层,如图9.9所示。

图9.8 更改图层模式

图9.9 盖印图层

[09] 单击"滤镜"|"锐化"|"智能锐化"命令，设置参数，如图 9.10 所示。

[10] 单击"确定"按钮，得到如图 9.11 所示的效果。

图 9.10 "智能锐化"对话框

图 9.11 添加"智能锐化"滤镜效果

[11] 将盖印图层复制一层，更改图层模式为"柔光"。最终效果参见图 9.1。

9.2 滤镜的基础知识

Photoshop 滤镜种类繁多，功能和应用各不相同，但在使用方法上却有许多相似之处，了解和掌握这些方法和技巧对提高滤镜的使用效率很有帮助。

9.2.1 随堂实训 1——滤镜的使用方法

使用滤镜的具体操作步骤如下：

[01] 单击"文件"|"打开"命令，打开一张素材图像，如图 9.12 所示。

[02] 选择"滤镜"|"风格化"|"查找边缘"命令，得到如图 9.13 所示的滤镜效果。

图 9.12 素材图像

图 9.13 添加滤镜的效果

9.2.2 随堂实训 2——使用滤镜库

滤镜库是 Photoshop 提供给用户的一个快速应用滤镜的工具和平台。

使用滤镜库添加滤镜的具体操作步骤如下：

[01] 单击"文件"|"打开"命令，打开一张素材图像，如图 9.14 所示。

[02] 单击"滤镜"|"滤镜库"命令，打开"滤镜库"对话框。从滤镜缩览图列表窗口或滤镜

下拉列表框中选择所需的滤镜，然后在对话框的右侧调整滤镜参数。单击 按钮，在滤镜列表中添加新的滤镜。然后选择所需的滤镜并设置相应的参数，如图 9.15 所示。

图 9.14　素材图像

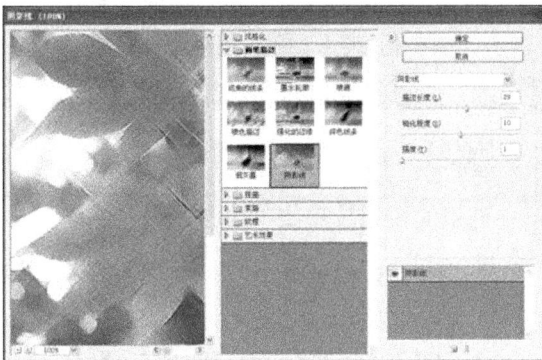

图 9.15　"滤镜库"对话框

03 单击"确定"按钮，效果如图 9.16 所示。

图 9.16　添加滤镜的效果

9.2.3　滤镜的使用原则

若要使用滤镜，可以从"滤镜"菜单中选取相应的子菜单命令，掌握以下滤镜使用原则可以加快操作速度，避免错误使用。

❖ 上一次选取的滤镜出现在"滤镜"菜单顶部，按 Ctrl+F 快捷键可以再次以相同的参数应用该滤镜，如图 9.17 所示。按 Ctrl+Alt+F 快捷键，可以再次打开该滤镜对话框。

使用"阴影线"滤镜

再次使用"阴影线"滤镜

图 9.17　再次使用滤镜效果对比

❖ 滤镜可以应用于当前选取范围、当前图层或通道，如果需要将滤镜应用于整个图层，不要选择任何图像区域。

❖ 有些滤镜只对 RGB 颜色模式图像起作用，不能将滤镜应用于位图模式或索引模式图像，有些滤镜不能应用在 CMYK 颜色模式图像。

❖ 有些滤镜完全在内存中处理，因而在处理高分辨率图像时非常消耗内存。

9.2.4 滤镜的使用技巧

滤镜的使用技巧如下：

❖ 重复使用滤镜。如果在使用一次滤镜后效果不明显，可以重复使用该滤镜，直到达到满意的效果。方法是按 Ctrl+F 快捷键。

❖ 对通道使用滤镜。如果分别对图像的各个通道使用滤镜，结果和对图像使用滤镜的效果是一样的。但是对图像的单独通道使用滤镜，则可以得到一种特殊的效果。图 9.18 所示为对蓝通道使用炭笔滤镜的效果。

图 9.18　对通道使用滤镜

❖ 对图像局部使用滤镜。如果当前图像中存在选区，则使用的滤镜效果将作用于选区中的图像；如果没有选区，使用的滤镜效果将作用于整幅图像，如图 9.19 所示。

原图像　　　　　　　对选区应用滤镜　　　　　对所有图像应用滤镜

图 9.19　局部使用滤镜效果

9.2.5 预览滤镜效果

有些滤镜允许在应用之前预览处理效果，以便调整得到最佳的滤镜参数。

预览滤镜效果大致有以下几种方法。

❖ 如果滤镜对话框中有"预览"复选框，则可以选中此复选框，以便在图像窗口预览到应用滤镜后的结果。此时，仍然可以使用 Ctrl++ 和 Ctrl+- 快捷键调整图像窗口的大小。

❖ 一般的滤镜对话框都有预览框，从中也可以预览滤镜效果，按住鼠标并拖动可以移动预览图像，以查看不同位置的图像效果，如图 9.20 所示。

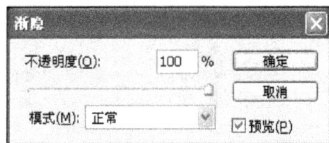

图像预览框

缩小预览图像按钮

选中此复选框，可在图像窗口中预览滤镜应用效果

按住鼠标可以移动预览图像

放大预览图像按钮

图 9.20 "动感模糊"对话框

❖ 移动光标至图像窗口，此时光标显示为□形状，单击即可在滤镜对话框中的预览框中显示该区域图像的滤镜效果。

9.2.6 混合滤镜效果

单击"编辑"|"渐隐"命令可以将应用滤镜后的图像与原图像进行混合，就像混合了两个单独的图层，其中一个图层是原图像，另一个图层是应用滤镜后的图像，这样可以得到一些特殊的效果。

"渐隐"对话框如图 9.21 所示。拖动滑块可以设置"不透明度"数值，在"模式"下拉列表框中可以选择混合的模式。

图 9.21 "渐隐"对话框

9.3 进阶型实训

9.3.1 实训 1——制作水彩插画

实训分析：本实例通过制作水彩插画，熟悉并掌握照亮边缘、去色、炭笔、绘图笔滤镜的用法。在制作的过程中，使用照亮边缘、去色、炭笔、绘图笔等滤镜，再通过更改图层模式使效果更加融合，最终制作出水彩插画效果，如图 9.22 所示。

图 9.22　水彩插画

视频路径	配套 DVD 光盘\视频\第 9 章\制作水彩插画.avi
素材路径	配套 DVD 光盘\素材与源文件\第 9 章\水彩插画.psd

具体操作步骤如下：

01 双击桌面上的快捷图标，打开 Photoshop CS5。

02 单击"文件"|"打开"命令，打开一张素材图像，如图 9.23 所示。

03 创建一个新图层，并填充为白色，如图 9.24 所示。

图 9.23　素材图像

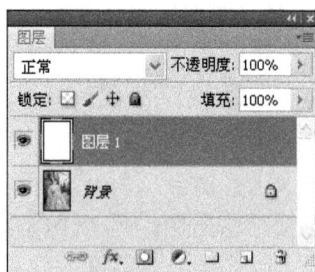

图 9.24　新建图层

04 将"背景"图层复制一层，并放置在"图层 1"的上方，如图 9.25 所示。

05 单击"图像"|"调整"|"去色"命令，效果如图 9.26 所示。

图 9.25　复制图层

图 9.26　去色效果

06 单击"滤镜" | "素描" | "绘图笔"命令，在弹出的"绘图笔"对话框中设置参数，如图 9.27 所示。

07 单击"确定"按钮，效果如图 9.28 所示。

图 9.27 "绘图笔"对话框

图 9.28 绘图笔效果

08 将"背景"图层复制一层，得到"背景 副本 2"图层，按 Ctrl＋Shift＋]快捷键，将其放置在最上层，如图 9.29 所示。

09 单击"滤镜" | "素描" | "炭笔"命令，在弹出的"炭笔"对话框中设置参数，如图 9.30 所示。

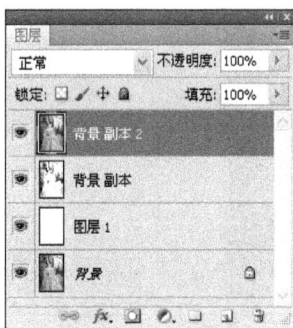

图 9.29 复制图层

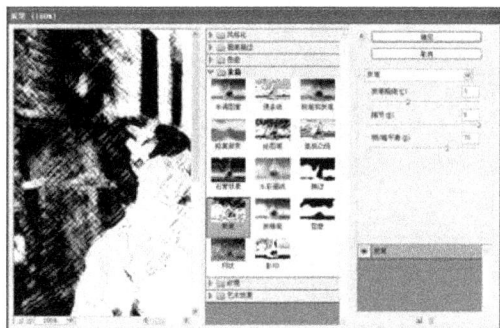

图 9.30 "炭笔"对话框

10 单击"确定"按钮，更改图层模式为"叠加"，得到如图 9.31 所示的效果。

11 单击前景色色块，在弹出的"拾色器（前景色）"对话框中设置参数，如图 9.32 所示。

图 9.31 炭笔效果

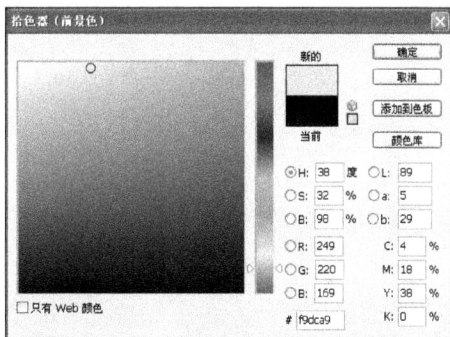

图 9.32 "拾色器（前景色）"对话框

12 单击"确定"按钮，新建一个图层，并填充前景色，更改图层模式为"变暗"，效果如图 9.33 所示。

13 将"背景"图层再复制一层，得到"背景 副本 3"图层，将其调整至"图层"调板顶端，如图 9.34 所示。

图 9.33　更改图层模式

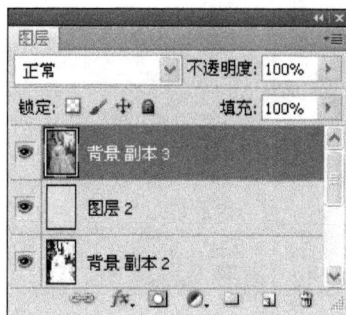

图 9.34　复制图层

14 单击"图像"|"调整"|"去色"命令，如图 9.35 所示。

15 单击"滤镜"|"风格化"|"照亮边缘"命令，在弹出的"照亮边缘"对话框中设置参数，如图 9.36 所示。

图 9.35　去色效果

图 9.36　"照亮边缘"对话框

16 单击"确定"按钮应用滤镜，按 Ctrl+I 快捷键反相，效果如图 9.37 所示。

17 更改图层的混合模式为"正片叠底"，效果如图 9.38 所示。

图 9.37　照亮边缘效果

图 9.38　更改图层模式

⑱ 将"背景"图层复制一层，得到"背景 副本 4"图层，并放置在"图层 2"下方，如图 9.39 所示。

⑲ 更改图层不透明度为 60%，效果如图 9.40 所示。

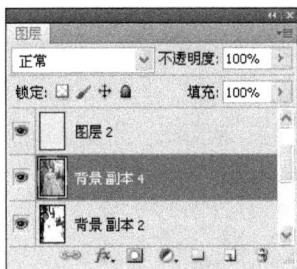

图 9.39 复制图层

图 9.40 更改图层不透明度

⑳ 选取仿制图章工具 ，对人物的嘴角进行修饰，人物水彩插画效果制作完成，最终效果参见图 9.22。

9.3.2 实训 2——修整变形的照片

实训分析：本实例通过制作修整变形的照片，主要讲解镜头校正滤镜的用法。在制作的过程中，首先使用镜头校正滤镜，将变形的小狗照片校正，然后使用曲线命令调整整个画面的色调，最终的完成效果如图 9.41 所示。

图 9.41 照片修整效果

视频路径	配套 DVD 光盘\视频\第 9 章\修整变形的照片.avi
素材路径	配套 DVD 光盘\素材与源文件\第 9 章\修整变形的照片.psd

具体操作步骤如下：

① 双击桌面上的快捷图标，打开 Photoshop CS5。

② 单击"文件"|"打开"命令，打开一张素材图像，如图 9.42 所示。

③ 将"背景"图层复制一层，如图 9.43 所示。

图 9.42　素材图像

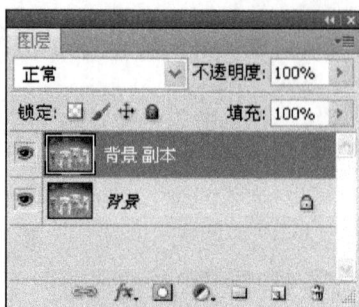

图 9.43　复制图层

04 单击"滤镜"|"镜头校正"命令，弹出"镜头校正"对话框，如图 9.44 所示。

图 9.44　"镜头校正"对话框

05 在该对话框中勾选"显示网格"复选框，以显示网格，然后参照图 9.45 所示进行设置，更改网格属性，以方便后面观察图像。

图 9.45　设置网格属性

06 切换到"自定"选项组，选择对话框中的移去扭曲工具，在视图底部的中间单击并向上拖动，校正图像的扭曲，如图 9.46 所示。

图 9.46 去除扭曲

07 去除扭曲的同时，图像被放大，拖动"比例"参数为 90%，将图像适当缩小，如图 9.47 所示。

图 9.47 设置比例

08 接下来在"晕影"选项组中，设置"数量"和"中点"参数，调整图像的明暗，如图 9.48 所示。

图 9.48 设置晕影

09 单击"确定"按钮，关闭对话框，得到如图 9.49 所示的效果，"图层"调板如图 9.50 所示。

图 9.49　图像校正效果

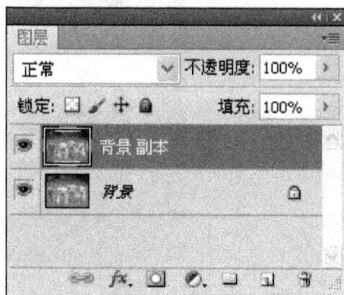

图 9.50　"图层"调板

10 选择仿制图章工具 ，参照图 9.51 所示在选项栏中进行设置。

图 9.51　仿制图章工具选项栏

11 使用仿制图章工具 依次在图像四周仿制图像，使其与背景图像相融合，效果如图 9.52 所示。

12 单击"图层"调板底部的"创建新的填充或调整图层"按钮 ，在弹出的菜单中选择"曲线"选项，打开"曲线"调板，同时创建"曲线 1"调整图层，如图 9.53 所示，然后参照图 9.54 所示进行设置，调整图像整体的亮度，完成照片的整个修整过程，效果参看图 9.41。

图 9.52　仿制图像

图 9.53　"图层"调板

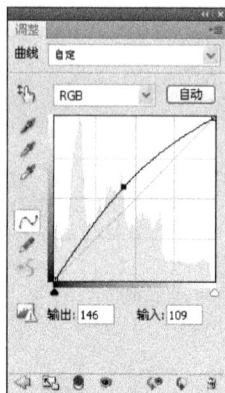

图 9.54　"曲线"调板

9.3.3　实训 3——绘制电脑壁纸

实训分析：本实例通过绘制电脑壁纸，主要讲解极坐标、高斯模糊等滤镜的用法。在制作的过程中，首先使用画笔工具、变换命令、极坐标滤镜制作出光束的效果，然后使用画笔工具、更改图层模式、高斯模糊滤镜制作出圆点效果，再通过添加素材图片、更改图层模式，制作出背景效果，最终得到电脑壁纸，最终的完成效果如图 9.55 所示。

图 9.55　电脑壁纸

视频路径	配套 DVD 光盘\视频\第 9 章\绘制电脑壁纸.avi
素材路径	配套 DVD 光盘\素材与源文件\第 9 章\电脑壁纸.psd

具体操作步骤如下。

1. 制作光束效果

01 双击桌面上的快捷图标，打开 Photoshop CS5。

02 单击"文件"|"新建"命令，在弹出的"新建"对话框中设置参数，如图 9.56 所示。

03 单击"确定"按钮，新建一个文件，按 D 键，恢复前景色与背景色为默认颜色，按 Alt+Delete 快捷键，将背景图层填充为黑色，如图 9.57 所示。

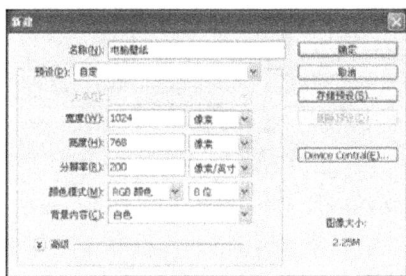

图 9.56　设置参数

图 9.57　填充黑色

04 选取画笔工具 ，执行"窗口"|"画笔预设"命令，打开"画笔预设"调板，单击调板右上角的按钮 ，在弹出的菜单中选择"基本画笔"选项，弹出如图 9.58 所示的提示对话框，单击"追加"按钮，然后参照图 9.59 所示在调板中设置参数。

图 9.58　提示对话框

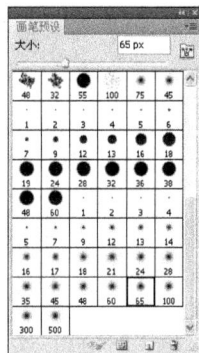

图 9.59　"画笔预设"调板

05 新建一个图层，设置前景色为白色，在绘图窗口中单击，绘制一个圆点，如图 9.60 所示。

06 按 Ctrl+T 快捷键开启自由变换，在水平方向放大图像，如图 9.61 所示。

图 9.60　绘制一个圆点

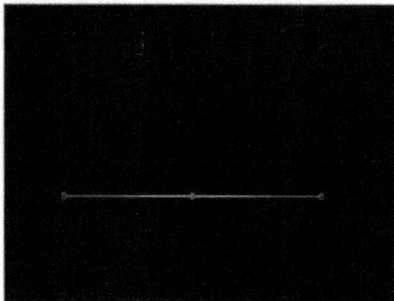

图 9.61　调整图像

07 按 Enter 键应用变换，得到如图 9.62 所示的水平光束效果。

08 单击"滤镜"|"扭曲"|"极坐标"命令，在打开的"极坐标"对话框中保持默认参数不变，得到如图 9.63 所示的弯曲光束效果。

图 9.62　调整后的效果

图 9.63　极坐标

09 按 Ctrl+T 快捷键，右击，在弹出的快捷菜单中选择"旋转"选项，旋转线条至如图 9.64 所示的位置。

10 使用上述操作方法，将"图层 1"多次复制并调整，然后合并图层，得到如图 9.65 所示的效果。

图 9.64　水平翻转

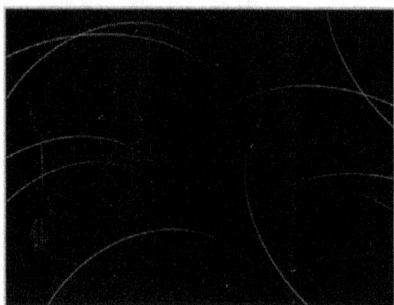

图 9.65　制作其他光束

2. 制作背景效果

01 单击"文件" | "打开"命令，打开一张素材图像，如图 9.66 所示。

02 将素材图像添加至文件中，并调整其大小及位置，如图 9.67 所示。

图 9.66　打开素材图像

图 9.67　调整素材图像大小

03 将素材放置在"图层 1"下方，如图 9.68 所示。

04 双击"图层 1"，在弹出的"图层样式"对话框中设置参数，如图 9.69 所示。

图 9.68　调整图层位置

图 9.69　"图层样式"对话框

05 单击"确定"按钮，得到如图 9.70 所示的外发光效果。

06 选取画笔工具 ，在"画笔"调板中设置参数，如图 9.71 所示。

图 9.70　图层样式效果

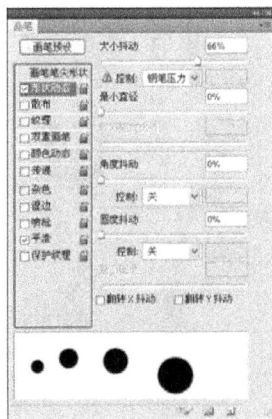

图 9.71　设置参数

227

07 选中"散布"复选框，设置参数，如图 9.72 所示。

08 在图像窗口绘制圆点图形，如图 9.73 所示。

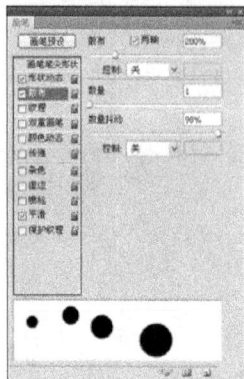

图 9.72　设置"散布"参数

图 9.73　绘制圆点图形

09 单击"滤镜"｜"模糊"｜"高斯模糊"命令，在弹出的"高斯模糊"对话框中设置参数，效果如图 9.74 所示。

10 单击"确定"按钮，得到如图 9.75 所示的效果。

图 9.74　"高斯模糊"对话框

图 9.75　高斯模糊效果

11 参照上述方法，新建一个图层并绘制圆点，更改图层模式为"叠加"，不透明度为 50%，效果如图 9.76 所示。

12 参照上述方法，新建一个图层并绘制圆点，单击"滤镜"｜"模糊"｜"高斯模糊"命令，在弹出的"高斯模糊"对话框中设置"半径"为 3，单击"确定"按钮，效果如图 9.77 所示。

图 9.76　更改图层模式

图 9.77　继续添加圆点

⑬ 单击"文件"|"打开"命令，打开一张素材图像，将素材图像添加至文件中，并调整大小及位置，效果如图 9.78 所示。

⑭ 将素材图层放置在"图层 2"的上方，更改图层模式为"叠加"，不透明度为 50%，如图 9.79 所示。

图 9.78　素材图像

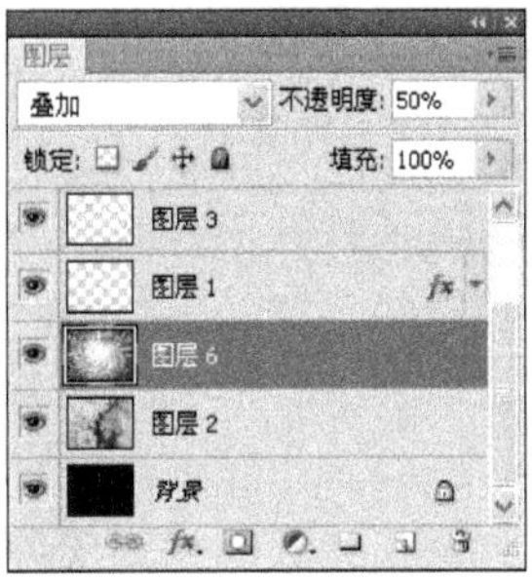

图 9.79　更改图层模式

得到的最终效果参见图 9.55。

9.4　练习题

一、简答题

（1）滤镜是否可以用于所有颜色模式的图像？
（2）如何对文本图层使用滤镜？
（3）滤镜的使用原则有哪些？
（4）滤镜的使用技巧有哪些？
（5）如何混合滤镜效果？

二、上机实验

1．制作水彩画效果，如图 9.80 所示。

原始素材	配套 DVD 光盘\素材与源文件\第 9 章\习题 1-1.jpg
最终效果	配套 DVD 光盘\素材与源文件\第 9 章\习题 1.psd

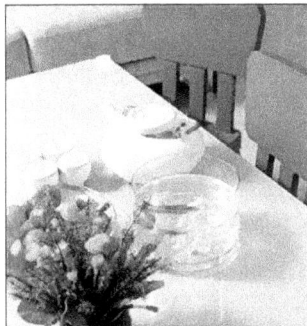

图 9.80　水彩画效果

要求：

（1）复制图层，去色。

（2）使用"水彩"滤镜。

（3）更改图层的混合模式为"柔光"。

2．制作非主流花朵，效果如图 9.81 所示。

原始素材	配套 DVD 光盘\素材与源文件\第 9 章\习题 2-1.jpg
最终效果	配套 DVD 光盘\素材与源文件\第 9 章\习题 2.psd

图 9.81　非主流花朵

要求：

（1）复制背景图层，去色。

（2）更改图层的混合模式为"线性加深"。

（3）添加"曲线"调整图层。

第10章

动作和任务自动化

读者在学习本章后，可以对在 Photoshop CS5 中如何实现动作和任务自动化有一个翔实的了解。随着 Photoshop 版本的升级和功能增强，其智能化程度越来越高。其中，动作和自动化是其智能功能的集中体现，共同特点是能够根据用户要求迅速完成一个文件或多个文件的成批处理。灵活使用动作和自动化功能，可以减少重复劳动、降低工作强度、提高工作效率。

基础知识
- ◆ 载入动作
- ◆ 播放动作
- ◆ 录制动作

重点知识
- ◆ 管理动作
- ◆ 编辑动作

提高知识
- ◆ 任务自动化
- ◆ 批处理

10.1 基础案例——使用动作统一调整多幅图像的大小

10.1.1 基础知识要点与制作思路

本实例通过调整图像大小，讲解如何为多幅图像应用同一个动作。

在制作过程中，首先打开素材图像，再针对一幅图像进行调整图像大小动作的录制，然后对其他图像播放同一个动作，最终达到使用动作统一调整多幅图像大小的效果。

10.1.2 制作步骤

在没有学习动作之前，要想调整图像的大小，需要多次打开"图像大小"对话框进行设置，如果使用了统一的动作，就会减少一些反复性的操作，使调整过程便捷起来。

视频路径	配套 DVD 光盘\视频\第 10 章\使用动作统一调整多幅图像的大小.avi
素材路径	配套 DVD 光盘\素材与源文件\第 10 章\01.jpg～09.jpg

具体操作步骤如下：

01 双击桌面上的快捷图标，启动 Photoshop CS5。

02 单击"文件"|"打开"命令，打开多张素材图片，如图 10.1 所示。

图 10.1 打开素材图像

03 切换到"04.jpg"图像,单击"窗口"|"动作"命令,打开"动作"调板,如图10.2所示。

04 单击调板底部的"创建新组"按钮 ,弹出"新建组"对话框,如图10.3所示。

图 10.2 "动作"调板   图 10.3 "新建组"对话框

05 参照图10.4所示在该对话框中更改组名称文字,然后单击"确定"按钮,创建新组,如图10.5所示。

图 10.4 更改组名称   图 10.5 创建新组

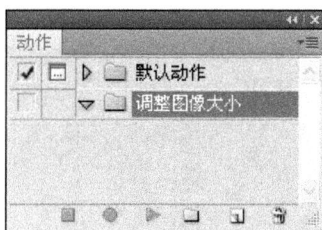

06 单击"动作"调板底部的"创建新动作"按钮 ,弹出"新建动作"对话框,如图10.6所示。

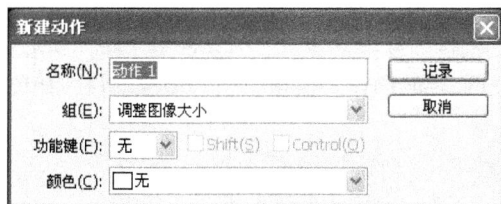

图 10.6 "新建动作"对话框

07 参照图 10.7 所示进行设置,单击"确定"按钮,创建新动作,并自动开始记录,如图10.8所示。

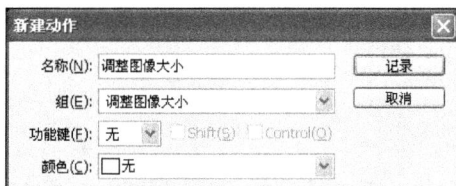

图 10.7 更改动作名称   图 10.8 创建新动作并开始记录

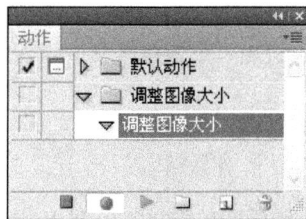

08 单击"图像"|"图像大小"命令,打开"图像大小"对话框,参照图10.9所示进行

设置，单击"确定"按钮，更改图像的大小，效果如图 10.10 所示，"动作"调板如
图 10.11 所示。

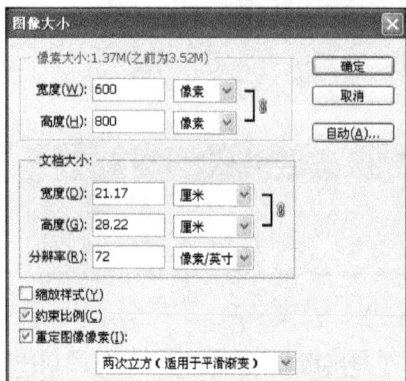

图 10.9　"图像大小"对话框　　　图 10.10　调整图像大小　　　图 10.11　"动作"调板

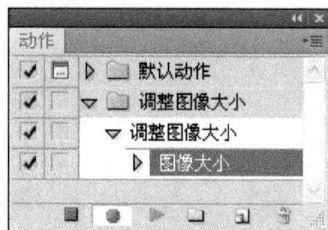

09 单击"动作"调板底部的"停止播放/记录"按钮 ■，停止动作的记录，如图 10.12、
图 10.13 所示。

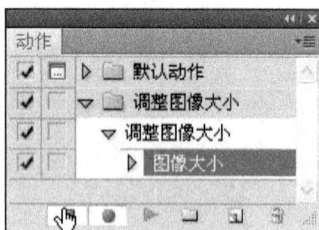

图 10.12　单击按钮　　　　　　　图 10.13　停止记录

10 切换到"05.jpg"素材图像中，保持"图像大小"动作在选定的状态，然后在"动作"
调板中单击"播放选定的动作"按钮 ▶，播放动作，如图 10.14～图 10.16 所示。

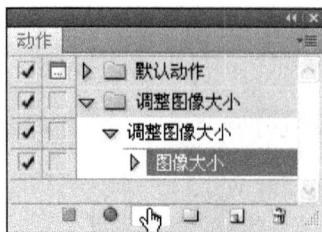

图 10.14　单击按钮　　　　　图 10.15　播放动作　　　　　图 10.16　"动作"调板

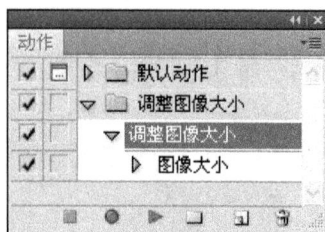

11 使用相同的方法在其他几幅图像中播放该动作，完成对图像大小的调整，如图 10.17
所示。

图 10.17　继续播放动作以调整图像大小

10.2　使用动作

动作是一系列有序操作的集合，其特点是一次录制，可以多次重复使用。

10.2.1　"动作"调板

"动作"调板是建立、编辑和播放动作的主要场所，单击"窗口"|"动作"命令，在图像窗口中显示"动作"调板，如图 10.18 所示。

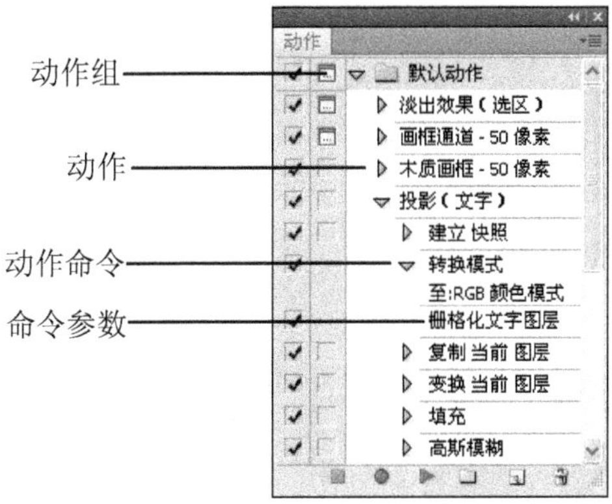

图 10.18　"动作"调板

❖ 动作组：组是一组动作的集合，包含一系列的相关动作，Photoshop 提供了"默认动作"、"文字效果"、"纹理效果"等多组动作。组就像是一个文件夹，单击其左侧的 ▷（▽）按钮可以展开或折叠其中的动作。Photoshop 在保存和载入动作时都是以组为单位的。

❖ 屏蔽切换开/关 ✔：单击动作中的某一个命令名称最左侧的 ✔，去掉"√"显示，可以屏蔽此命令，使其在播放动作时不被运行。如果当前动作中有一部分命令被屏蔽，动作名称最左侧的 ✔ 图标将显示为红色。

❖ 切换对话开/关 ☐：若动作中的命令显示 ☐ 标记，表示在单击该命令时会弹出对话框，以供用户设置参数。

10.2.2　随堂实训 1——载入动作

"动作"调板默认只显示"默认动作"组，如果需要使用 Photoshop 预设的或其他用户录制的动作组，可以选择载入动作组文件。

载入动作操作步骤如下：

01 单击调板右上角的 按钮，从调板菜单中单击"载入动作"命令。

02 在打开的如图 10.19 所示的"载入"对话框中选择扩展名为".atn"的动作组文件，单击"载入"按钮，即可在动作调板中看到载入的动作组。

03 单击"动作"调板菜单下面一栏的动作组名称，可以快速载入 Photoshop 的预置动作，如图 10.20 所示。

图 10.19　"载入"对话框

图 10.20　预置动作组

10.2.3　随堂实训 2——播放动作

在"动作"调板中，单击"播放选定的动作"按钮 ，或直接按播放该动作的快捷键即可开始播放动作。

播放动作操作步骤如下：

01 单击调板右上角的 按钮，在弹出的快捷菜单中选择"图像效果"选项，如图 10.21 所示。

02 在"动作"调板中可以看到载入的"图像效果"动作，如图 10.22 所示。

03 单击"文件"|"打开"命令，打开一张素材图片，如图 10.23 所示。

图 10.21　选择"图像效果"选项

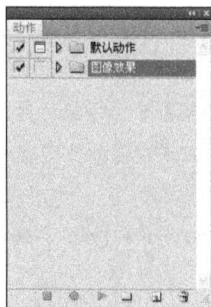

图 10.22　"图像效果"动作

图 10.23　素材图片

[04] 在"动作"调板中的"图像效果"动作组中选择"细雨"动作，单击"播放选定的动作"按钮 ▶，如图 10.24 所示。

[05] Photoshop CS5 依次执行"细雨"动作中的各个操作，得到下雨效果，如图 10.25 所示。

图 10.24　执行动作　　　　　　　　　　图 10.25　使用动作制作下雨效果

如果需要有选择地播放动作中的单个或部分命令。选择动作中的某个命令，然后单击"播放"按钮 ▶，可以从指定位置开始播放动作。若使用 Shift 或 Ctrl 键在"动作"调板中同时选中多个动作，然后单击"播放"按钮 ▶，可以按照次序依次播放选中的动作。

在播放动作时，可以有选择地跳过某个命令，从而使一个动作能够产生多个不同的效果。要跳过动作中的某个命令，可以单击该命令名称左边的切换项目开/关 ✔，以取消选区。

10.2.4　随堂实训 3——录制动作

录制动作的具体操作步骤如下：

[01] 按 Ctrl+O 快捷键，打开一张素材图像，如图 10.26 所示。

[02] 单击"动作"调板中的"创建新组"按钮 ▢，弹出"新建组"对话框，在"名称"文本框中输入组的名称，如图 10.27 所示。

[03] 单击"动作"调板中的"创建新动作"按钮 ▣，弹出"新建动作"对话框，设置各参数，如图 10.28 所示。

图 10.26　素材图像　　　　图 10.27　"新建组"对话框　　　图 10.28　"新建动作"对话框

[04] 单击"记录"按钮关闭"新建动作"对话框，进入动作记录状态，此时的"开始记录"按钮 ● 呈按下状态并显示为红色，如图 10.29 所示。

[05] 将背景图层复制一份，更改图层模式为"柔光"，如图 10.30 所示。

[06] 单击"滤镜"｜"像素化"｜"马赛克"命令，弹出"马赛克"对话框，设置"单元格

大小"为 150，如图 10.31 所示。

图 10.29 动作记录状态　　　图 10.30 更改图层模式　　　图 10.31 "马赛克"对话框

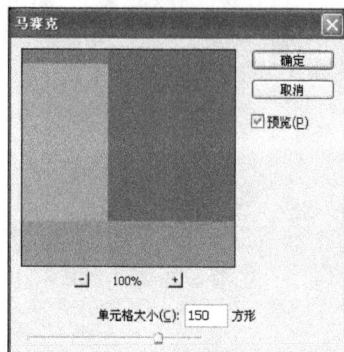

07 单击"确定"按钮，效果如图 10.32 所示。

08 单击"滤镜"|"锐化"|"锐化"命令，并按 Ctrl＋F 快捷键，重复执行该命令 3 次，效果如图 10.33 所示。

09 选取工具栏中的横排文字工具 T，在图像合适位置输入文字 Love story，设置好字体、字号与颜色，效果如图 10.34 所示。

图 10.32 马赛克效果　　　图 10.33 锐化效果　　　图 10.34 输入文字

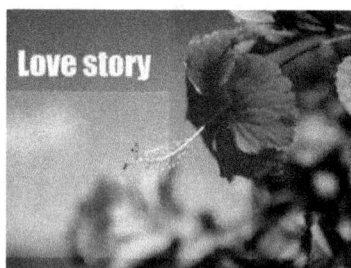

10 单击"动作"调板中的"停止播放／记录"按钮 ■，完成动作记录，此时"动作"调板如图 10.35 所示。

11 按 Ctrl＋O 快捷键，打开另一张素材图像，单击"播放选定的动作"按钮 ▶，系统即按照录制的动作对图像进行操作，效果如图 10.36 所示。

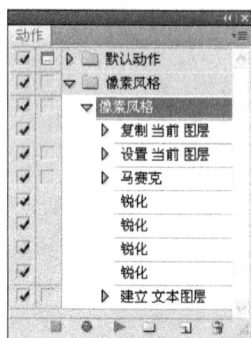

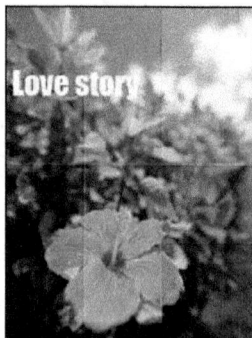

图 10.35 "动作"调板　　　图 10.36 处理另一幅图像

记录完成后，单击 ▣ 按钮，仍可以在动作中追加记录或插入记录。

🔵 **技巧** ....➤

Photoshop 可以记录大多数的操作命令，但不是所有的命令都可以被记录，如绘画、视图放大、缩小等操作就不能被记录。

10.2.5 随堂实训 4——管理动作

管理动作如下。

1．重命名动作

在"动作"调板菜单中单击"动作选项"命令，打开如图 10.37 所示的"动作选项"对话框，可以重新设置动作的名称、功能键和颜色等属性。双击动作名称位置，可以快速设置新的名称。

2．重新排列动作中的命令

在"动作"调板中，将命令拖至同一动作或另一动作中的新位置。当突出显示行出现在所需的位置时，松开鼠标即可。

图 10.37 "动作选项"对话框

3．复制动作或命令

选中动作或动作中的命令后，单击调板菜单中的"复制"命令或拖动该动作至调板上的"创建新动作"按钮 ▣ 即可完成复制。按住 Alt 键拖动，可以快速复制动作或命令。

4．删除动作或命令

先选中要删除的动作或命令，再选择调板菜单中的"删除"命令或直接单击调板中的 ▣ 按钮即可。

10.2.6 随堂实训 5——编辑动作

动作记录完成之后，可以使用下列方法对其进行修改。

1．插入操作

选择调板菜单中的"开始记录"命令可以在动作的中间或末尾添加新的操作。若当前所选的是动作，选择该命令或按下调板中的"开始记录"按钮 ▣，新记录的操作将被添加到动作的末尾；若当前所选的是动作中的某个命令，则新记录的操作将添加在该命令之后。

2．录制动作

选择调板菜单中的"再次记录"命令，可将动作重新记录，记录时仍以动作中的原有命令为基础，但会打开对话框，让用户重新设置对话框中的参数。如果用户仅需要更改动作中某个命令的单击参数，则可以直接在动作中双击该命令。

3．插入菜单项目

使用"插入菜单项目"命令可以将许多不可记录的命令插入到动作中。

具体操作步骤如下：

01 在动作中指定插入菜单项目的位置。

02 选择调板菜单中的"插入菜单项目"命令，打开如图 10.38 所示的对话框。

图 10.38 "插入菜单项目"对话框

03 在菜单中选取命令，单击"确定"按钮即可。

4．录制提示信息

（1）在动作中指定插入停止的位置，选择调板菜单中的"插入停止"命令，打开如图 10.39 所示的"记录停止"对话框。

（2）在"信息"编辑框中输入文本作为暂停对话框的提示信息。

（3）选中"允许继续"复选框，在"信息"对话框中将出现"继续"按钮，如图 10.40 所示。单击该按钮可以继续播放动作。

图 10.39 "记录停止"对话框

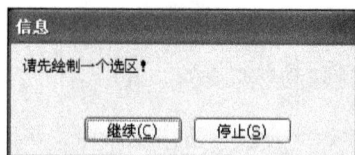

图 10.40 "信息"对话框

5．插入路径

在 Photoshop 中，绘制路径的过程无法使用动作记录，所以如果需要插入路径，在动作中指定插入路径的位置后，在"路径"调板中选择需要插入的路径，然后选择"动作"调板菜单中的"插入路径"命令即可。如果当前图像窗口中没有路径，则"插入路径"命令将显示为无效状态。

10.3 任务自动化

执行"文件"|"自动"命令，可弹出一个子菜单，如图 10.41 所示，其中包括"批处理"、"创建快捷批处理"、"裁剪并修齐照片"等 8 个命令组成，这里选取几个常用的命令进行讲解。

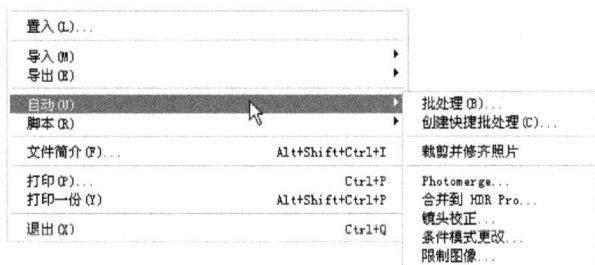

图 10.41 "自动"子菜单

10.3.1 随堂实训 6——批处理

所谓批处理，是指将一个指定的动作应用于某文件夹下的所有图像或当前打开的多个图像，从而大大节省操作时间。

使用批处理时，要求所处理的图像必须保存于同一个文件夹或者全部打开，单击的动作也需要先载入至"动作"调板。

此命令的使用方法如下：

01 单击"文件"|"自动"|"批处理"命令，打开"批处理"对话框，如图 10.42 所示。

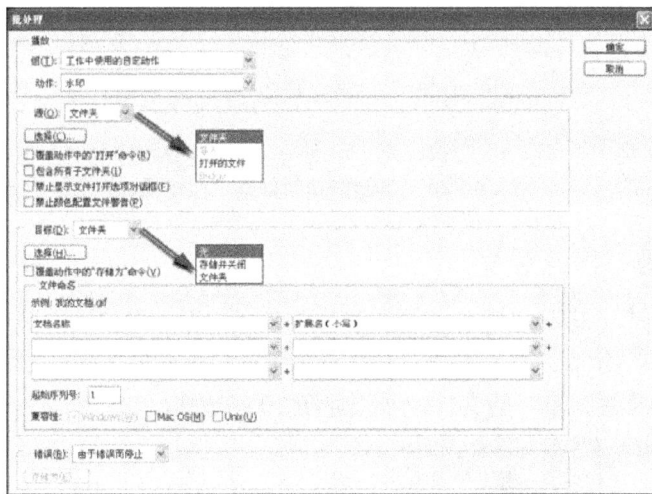

图 10.42 "批处理"对话框

02 在"播放"选项组中选择先前录制的"转换大小"动作所在的组及"转换大小"动作。"源"选项组用于选择处理图像的来源。这里单击"选择"按钮，在打开的"浏览文件夹"对话框中指定处理图像所在的文件夹。"目标"选项组用于设置播放动作后文件的保存位置和方式，共 3 个选项：①无，不保存文件也不关闭已经打开的文件；②存储并关闭；③文件夹，将处理后的文件保存至一个指定的文件夹中。

03 单击"确定"按钮，Photoshop 自动依次打开各个图像文件，并播放指定的"转换大小"动作。

10.3.2　创建快捷批处理

在 Photoshop 未启动的情况下，也可以进行批处理操作，前提是要创建快捷批处理程序。

创建快捷批处理程序，首先执行"文件"|"自动"|"创建快捷批处理"命令，打开如图 10.43 所示的对话框。单击"将快捷批处理存储为"选项卡中的"选择"按钮，指定存储的位置，其余的参数与"批处理"对话框中的参数非常相似，在此不再重复。设置完毕后关闭对话框。当需要使用该功能时，将带有图片的文件夹或图片直接拖动到创建的程序图标上，自动运行 Photoshop，并且使用创建快捷批处理时的自动动作对图像进行处理。

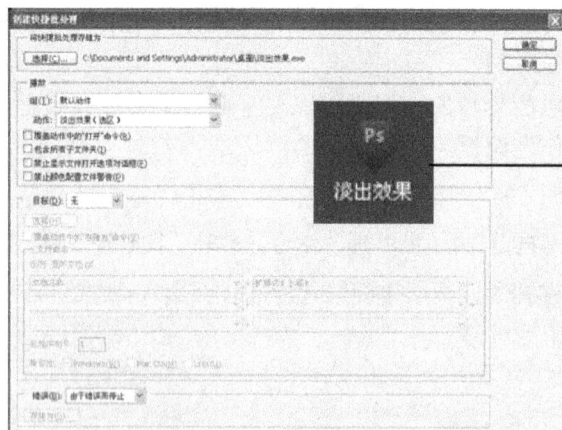

保存到桌面的
快速批处理图标

图 10.43　"创建快速批处理"对话框

10.3.3　裁剪并修齐照片

使用"文件"|"自动"|"裁剪并修齐照片"命令，可以将扫描的图片从大的图像分割出来，并生成单独的图像文件。图 10.44 所示为扫描后得到的图像，单击"裁剪并修齐照片"命令，将图像分割为单独的文件，效果如图 10.45 所示。

图 10.44　扫描的图片

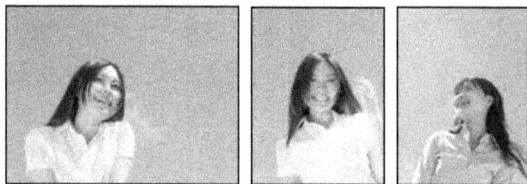

图 10.45　分离的照片

10.3.4　随堂实训 7——使用 Photomerge 功能自动拼合全景照片

在 Photoshop CS5 中，如果要拼合全景照片,可以通过单击"文件"|"自动"|"Photomerge"

命令来实现。

此命令的具体使用方法如下：

01 双击桌面上的快捷图标，打开 Photoshop CS5。

02 单击"文件"|"打开"命令，打开三张具有关联的宫殿图像，如图 10.46 所示。

图 10.46　打开素材图像

03 单击"文件"|"自动"|"Photomerge"命令，打开"Photomerge"对话框，如图 10.47 所示，在"版面"选项组中选择"拼贴"单选按钮，然后在"源文件"选项组中单击"添加打开的文件"按钮，完成设置，如图 10.48、图 10.49 所示。

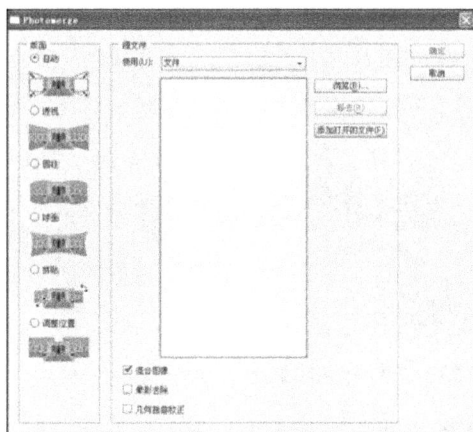

图 10.47　"Photomerge"对话框

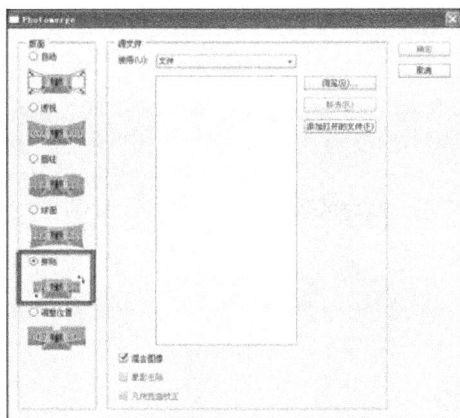

图 10.48　设置版面

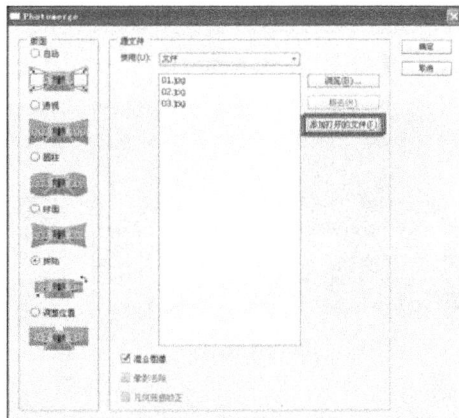

图 10.49　添加源文件

04 单击"确定"按钮，等待数秒后，会显示"进程"对话框，待进度完成后，会自动创建一个未标题的新文档，其内容就是拼接全景照片的雏形，如图 10.50 所示，"图层"调板如图 10.51 所示。

图 10.50　拼合全景照片

图 10.51　"图层"调板

05 在"图层"调板中新建"图层 1"，单击工具箱中的仿制图章工具 ，参照图 10.52 所示在选项栏中进行设置，然后在透明区域相邻的天空图像处进行取样并绘制，将天空图像补充完整，效果如图 10.53 所示，"图层"调板如图 10.54 所示。

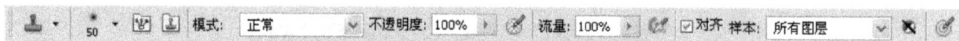

图 10.52　仿制图章工具选项栏

图 10.53　仿制天空图像

图 10.54　"图层"调板

06 使用仿制图章工具 在水面上取样并进行绘制，将小河图像补充完整，效果如图10.55所示。

07 使用裁剪工具 将图像两侧的透明像素裁切掉，完成整个全景照片的合成工作，效果如图 10.56 所示。

图 10.55　仿制河面图像

图 10.56　裁剪图像

10.4 进阶型实训——制作扇子

实训分析:本实例主要通过制作一把扇子,讲解动作录制和应用的方法。在制作的过程中,首先使用滤镜和变换制作出一根扇子羽毛,然后创建动作,再将图形旋转,播放动作,得到扇了图形,最后应用渐变工具和图层模式,填充颜色,制作出扇子效果,最终完成效果如图 10.57 所示。

图 10.57 扇子效果

视频路径	配套 DVD 光盘\视频\第 10 章\制作扇子.avi
素材路径	配套 DVD 光盘\素材与源文件\第 10 章\扇子.psd

具体操作步骤如下。

1.制作羽毛

01 双击桌面上的快捷图标,打开 Photoshop CS5。

02 单击"文件"|"新建"命令,弹出"新建"对话框,设置参数,如图 10.58 所示。

03 单击"确定"按钮,新建一个文件,按 D 键,恢复前景色与背景色的默认设置,按 Alt+Delete 快捷键,填充背景图层为黑色,并新建一个图层,如图 10.59 所示。

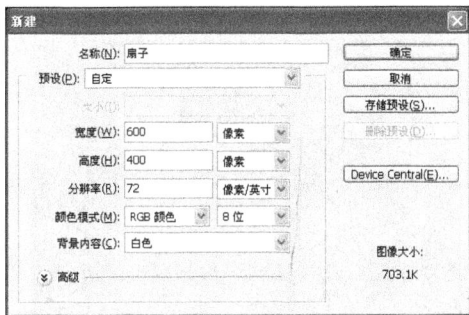

图 10.58 设置参数

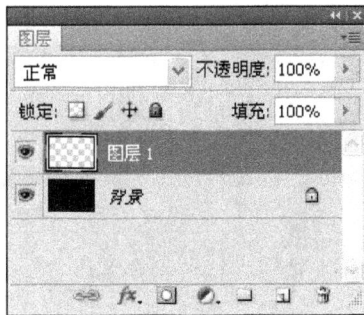

图 10.59 新建图层

04 确认"图层 1"为当前图层,选择矩形选框工具 [], 绘制一个矩形选框,填充白色,按 Ctrl+D 快捷键取消选区,如图 10.60 所示。

05 按 Ctrl+T 快捷键,在工具选项栏中设置旋转角度为 45°, 按 Enter 键确定,效果如图 10.61 所示。

图 10.60　绘制矩形

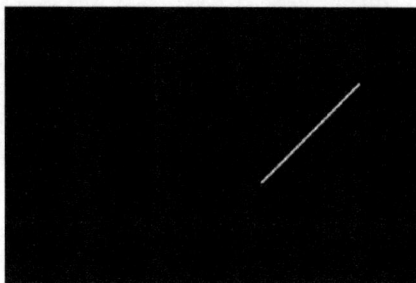

图 10.61　旋转

06 单击"滤镜"|"风格化"|"风"命令,在弹出的"风"对话框中设置参数,如图 10.62 所示。

07 单击"确定"按钮,得到如图 10.63 所示的风吹效果。

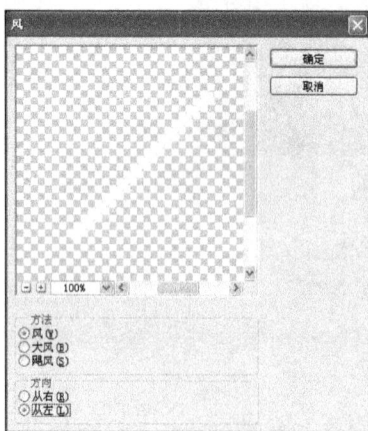

图 10.62　"风"对话框

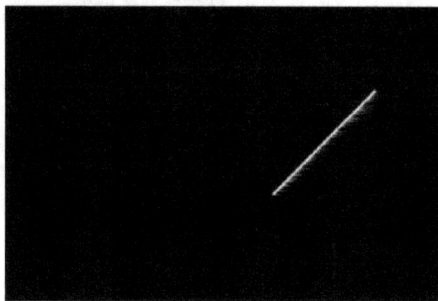

图 10.63　风吹效果

08 按 Ctrl+F 快捷键两次,增强风吹效果,如图 10.64 所示。

09 按 Ctrl+T 快捷键,在工具选项栏中设置旋转角度为-45。按 Enter 键确定,效果如图 10.65 所示。

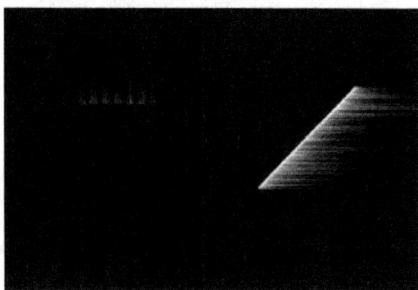

图 10.64　增强效果

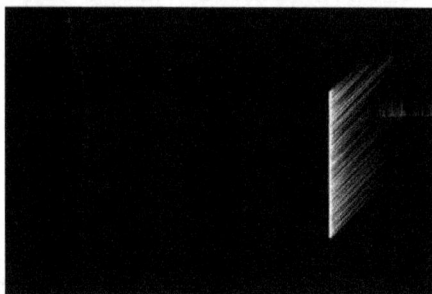

图 10.65　旋转

10 将"图层 1"复制一层,单击"编辑"|"变换"|"水平翻转"命令,调整图像至合适位置,如图 10.66 所示。

11 选取椭圆选框工具 ,绘制一个椭圆选区,效果如图 10.67 所示。

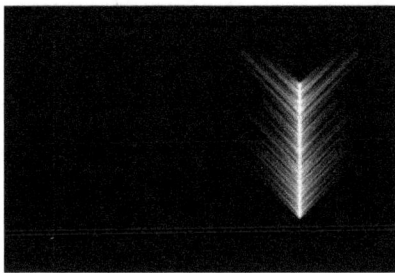

图 10.66　水平翻转

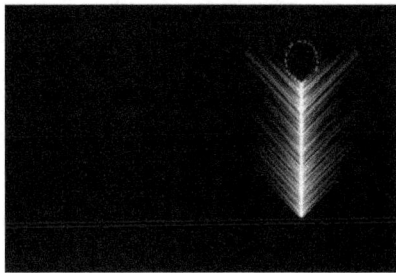

图 10.67　绘制一个椭圆选区

[12] 填充颜色为白色，单击"选择"|"修改"|"收缩"命令，在弹出的"收缩选区"对话框中设置"收缩量"为 1 像素，单击"确定"按钮，按向上光标移动键↑，再按 Delete 键删除，效果如图 10.68 所示。

[13] 参照上述操作方法，制作出其他图形，如图 10.69 所示。

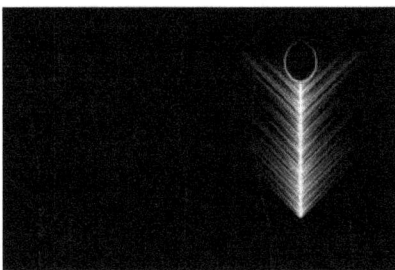

图 10.68　填充颜色并收缩

图 10.69　制作出其他图形

[14] 选择矩形选框工具 ，绘制一个矩形选框，并填充白色，效果如图 10.70 所示。

[15] 将除背景图层以外的图层合并，如图 10.71 所示。

[16] 按 Ctrl+T 快捷键，调整图像的大小及位置，效果如图 10.72 所示。

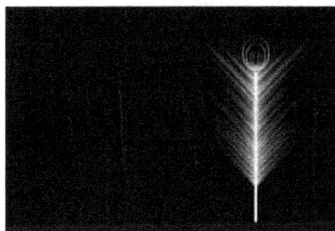

图 10.70　绘制一个矩形

图 10.71　合并图层

图 10.72　调整图像的大小及位置

2．制作扇子

[01] 在"动作"调板中单击"创建新组"按钮 ，在弹出的"新建组"对话框中设置参数，如图 10.73 所示。

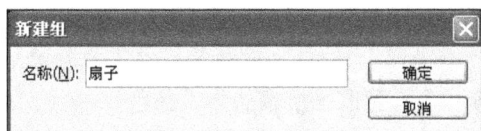

图 10.73　"新建组"对话框

02 单击"创建新动作"按钮 ，在弹出的"新建动作"对话框中设置参数，如图 10.74 所示。

03 单击"记录"按钮开始记录动作，将"图层 1"复制一层，如图 10.75 所示。

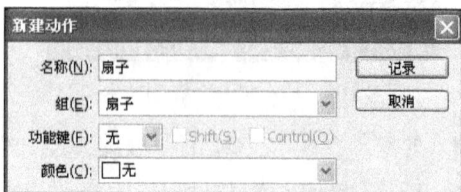

图 10.74　"新建动作"对话框

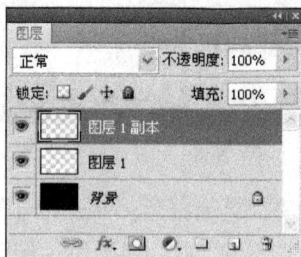

图 10.75　复制图层

04 按 Ctrl+T 快捷键，移动中心点至合适位置，效果如图 10.76 所示。

05 旋转图形至合适位置，如图 10.77 所示。

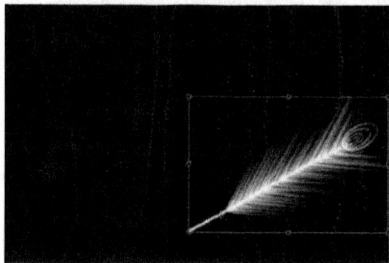

图 10.76　移动中心点

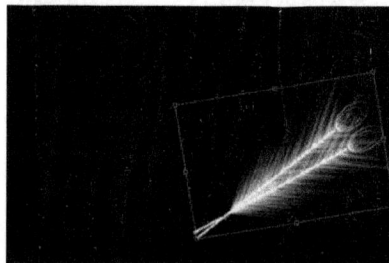

图 10.77　旋转图形

06 按 Enter 键应用变换，单击"停止播放/记录"按钮 ，完成动作记录，如图 10.78 所示。

07 单击"播放选定的动作"按钮 ，系统即按照录制的动作自动复制图层并调整图像旋转角度，如图 10.79 所示。

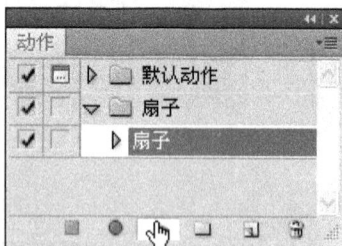

图 10.78　完成动作记录

图 10.79　播放选定的动作

08 将除背景图层以外的图层合并，效果如图 10.80 所示。

09 新建一个图层，选取渐变工具 ，设置渐变模式为色谱、渐变类型为径向渐变，单击并拖曳，填充渐变色，更改图层模式为"颜色"，如图 10.81 所示。

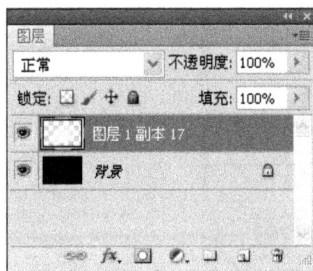

图 10.80 合并图层

图 10.81 填充渐变色

扇子的最终效果参见图 10.57。

10.5 练习题

一、简答题

（1）如何载入动作？

（2）如何录制与播放动作？

（3）如何管理与编辑动作？

（4）如何批处理图像，有什么前提？

（5）如何拼贴全景照片？

二、上机实验

1. 制作照片边框效果，效果如图 10.82 所示。

原始素材	配套 DVD 光盘\素材与源文件\第 10 章\习题 1-1.jpg
最终效果	配套 DVD 光盘\素材与源文件\第 10 章\习题 1.psd

图 10.82 照片边框效果

要求：

（1）打开一张素材图像。

（2）打开画框动作组。

（3）依次执行滴溅形画框、投影画框及照片卡角动作。

2．制作渐变映射效果，效果如图 10.83 所示。

| 原始素材 | 配套 DVD 光盘\素材与源文件\第 10 章\习题 2-1.jpg |
| 最终效果 | 配套 DVD 光盘\素材与源文件\第 10 章\习题 2.psd |

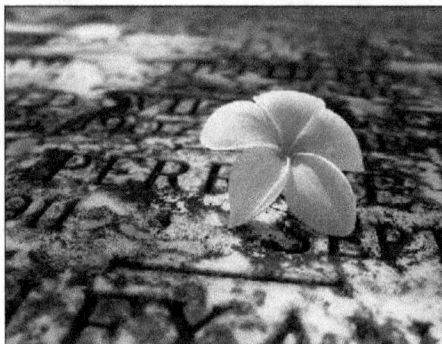

图 10.83　渐变映射效果

要求：
（1）打开一张素材图像。
（2）打开图像效果动作组。
（3）执行渐变映射动作。

第 11 章

综合案例

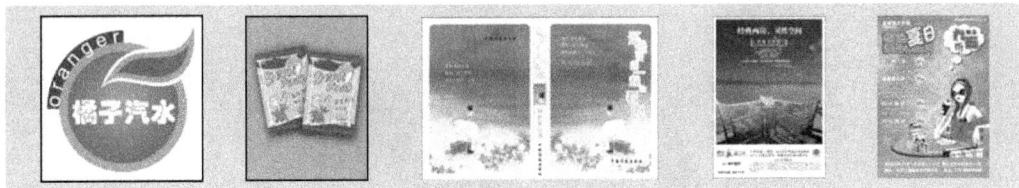

　　读者在学习本章后，可以对在 Photoshop CS5 中如何进行平面设计有一个综合的了解。本章从实际的平面设计实例出发，通过橘子汽水的 Logo 设计、橡皮糖的包装制作、流行小说的书籍装帧、精美房产的海报设计、POP 广告设计 5 个综合案例，综合并巩固前面所学的 Photoshop 中的各种工具与命令，读者也可以从中领会到各种平面设计的创意思路、制作流程、表现手法与技术要领。

基础知识
- ◆ 路径工具
- ◆ 路径文字
- ◆ 选框工具

重点知识
- ◆ 图层蒙版
- ◆ 滤镜
- ◆ 图层模式

提高知识
- ◆ 图层的混合模式
- ◆ 图层样式

11.1 综合案例 1——橘子汽水的 Logo 设计

11.1.1 基础知识要点与制作思路

本实例通过设计橘子汽水的标志，学习标志设计的制作流程和方法，练习路径工具的使用和路径文字的制作。

在制作的过程中，首先使用椭圆选框工具制作出橘子标志图形，然后使用路径工具制作出叶子图形，最后添加文字，完成标志的制作。

11.1.2 制作步骤

标志的英文名为 logo，是指一个商标或者品牌的图形化表现，是由特定的字体和图形元素组合而成的，被称为"浓缩"的设计艺术。标志是一种特殊的语言，是人类社会活动与生产活动中不可缺少的一种符号，具有特殊的传播功能。

本实例制作了一款橘子汽水的标志。整个标志以橘子图形作为主体元素，直接体现标志主题；富有动感的叶子图形与主体元素巧妙结合，使整个标志清快活泼、充满灵气；在色彩运用上，以绿色作为主色调，体现产品的健康和环保，整个色调清新自然，让人想到爽口的汽水味道，制作完成的标志效果如图 11.1 所示。

图 11.1　标志

视频路径	配套 DVD 光盘\视频\第 11 章\橘子汽水的 Logo 设计.avi
素材路径	配套 DVD 光盘\素材与源文件\第 11 章\标志设计.psd

具体操作步骤如下：

01 双击桌面上的快捷图标，打开 Photoshop CS5。

02 单击"文件"|"新建"命令，在弹出的"新建"对话框中设置参数，如图 11.2 所示。

03 单击"确定"按钮，选取椭圆选框工具，按 Shift 键绘制一个正圆，如图 11.3 所示。

04 选取矩形选框工具 ，按住 Alt 键减选选区，得到如图 11.4 所示的扇形选区。

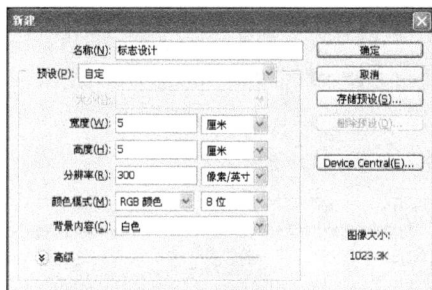

图 11.2 设置参数

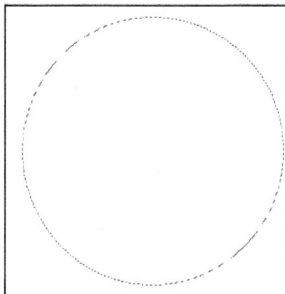

图 11.3 绘制一个正圆

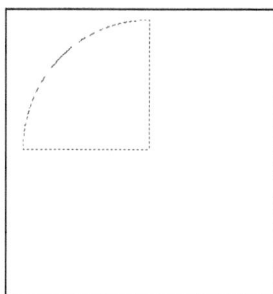

图 11.4 创建扇形选区

05 新建一个图层，在选区填充绿色（RGB 参考值分别为 R0、G100、B40），效果如图 11.5 所示。

06 新建一个图层，绘制一个正圆选区，填充颜色为绿色（RGB 参考值分别为 R144、G198、B19），如图 11.6 所示。

07 新建一个图层，绘制一个略小的正圆选区，选取渐变工具 ，设置前景色为绿色（RGB 参考值分别为 R138、G186、B20）、背景色为深绿色（RGB 参考值分别为 R44、G137、B34），单击工具选项栏中的"径向渐变"按钮 ，单击并拖曳，在选区内填充渐变色，效果如图 11.7 所示。

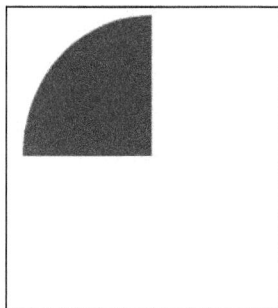

图 11.5 填充绿色

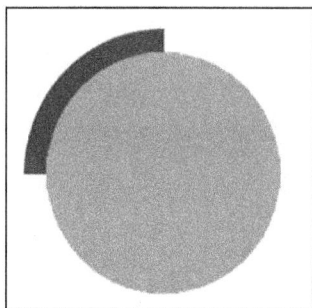

图 11.6 绘制正圆

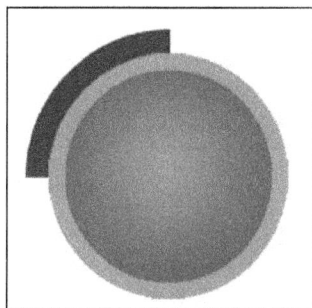

图 11.7 绘制另一个正圆

08 选取钢笔工具 ，绘制一条闭合路径，如图 11.8 所示。

09 设置前景色为绿色（RGB 参考值分别为 R42、G135、B35），右击，在弹出的快捷菜单中选择"填充路径"选项，填充效果如图 11.9 所示。

10 按住 Alt 键，切换为直接选择工具 ，调整路径形态，如图 11.10 所示。

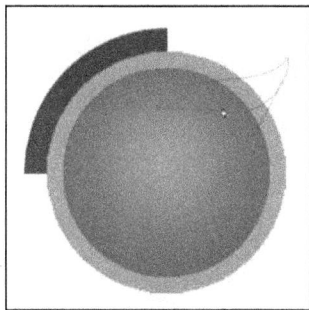

图 11.8 绘制闭合路径

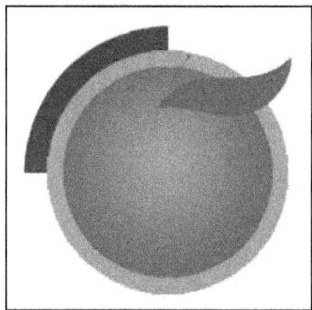

图 11.9 填充路径 1

图 11.10 调整路径

⑪ 设置前景色为绿色（RGB 参考值分别为 R144、G189、B19），新建一个图层，右击，在弹出的快捷菜单中选择"填充路径"选项，将图层向下移一层，效果如图 11.11 所示。

⑫ 使用上述方法，调整路径，并填充为白色，如图 11.12 所示。

⑬ 切换至"路径"调板，在空白处单击，隐藏路径，如图 11.13 所示。

图 11.11　填充路径 2　　　　图 11.12　调整路径并填充颜色　　　　图 11.13　隐藏路径

⑭ 选择横排文字工具 T，设置字体为方正琥珀简体，字号为 22，颜色为白色，输入文字"橘子汽水"。选取椭圆工具 ⬭，绘制一个椭圆，如图 11.14 所示。

⑮ 选择横排文字工具 T，移动光标至路径上方，此时光标会显示为 ⮌ 形状，单击确定插入点，在工具选项栏中单击 ▤ 按钮，在弹出的"字符"调板中设置各参数，如图 11.15 所示。

⑯ 输入文字 orange，并调整至合适位置，如图 11.16 所示。

图 11.14　绘制椭圆　　　　图 11.15　设置参数　　　　图 11.16　输入文字

⑰ 切换至"路径"调板，在空白处单击，隐藏路径。最终效果参见图 11.1。

11.2　综合案例 2——橡皮糖的包装制作

11.2.1　基础知识要点与制作思路

本实例通过制作一个糖果塑料包装，学习包装制作的流程和方法，同时也综合练习了多种工具的应用。

在制作平面效果的过程中，首先使用选框工具制作出包装的背景，然后使用图层样式制作出文字效果，再通过添加图层蒙版和变形文字制作出平面效果。

在制作立体效果的过程中，首先使用多边形套索工具制作锯齿形状，然后使用矩形工具和直线工具制作封口，最后运用液化滤镜、钢笔工具、图层蒙版、图层样式等制作出立体效果。

11.2.2 制作步骤

包装是平面设计的一个重要分支，在市场经济越来越规范的今天，人们对产品包装的认识也越来越深刻，好的包装能促进商品的销售，提高商品的销量。

本实例制作了一款鲨鱼套餐橡皮糖的袋式食品包装，整体色调明快、图案丰富、字体活泼，符合儿童和青少年的审美需求，制作完成的包装效果如图 11.17 所示。

图 11.17　橡皮糖包装

视频路径	配套 DVD 光盘\视频\第 11 章\橡皮糖的包装制作.avi
素材路径	配套 DVD 光盘\素材与源文件\第 11 章\包装平面.psd、包装立体.psd

具体操作步骤如下。

1．制作平面效果

01 双击桌面上的快捷图标，打开 Photoshop CS5。

02 单击"文件"|"新建"命令，在弹出的"新建"对话框中设置参数，如图 11.18 所示。

03 新建一个图层，填充颜色为黄色（RGB 参考值分别为 R252、G229、B0），效果如图 11.19 所示。

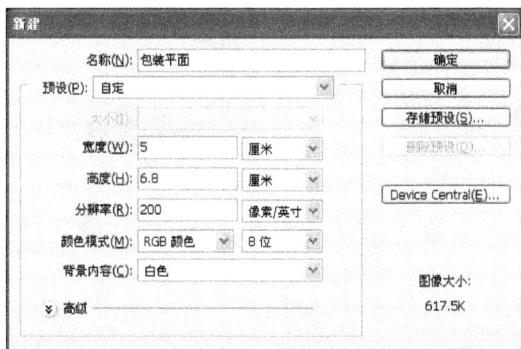

图 11.18　设置参数

图 11.19　填充颜色

04 新建图层，使用矩形选框工具 □ 和椭圆选框工具 ○ 绘制选区，并填充颜色为嫩绿
（RGB 参考值分别为 R212、G224、B40），效果如图 11.20 所示。

05 使用上述方法，绘制其他图形，效果如图 11.21 所示。

06 单击"文件"|"打开"命令，打开素材文件，如图 11.22 所示。

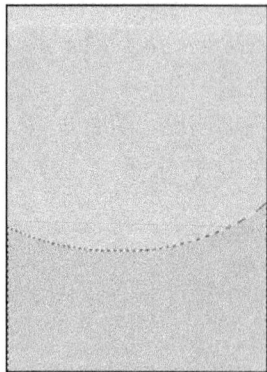

图 11.20　绘制图形　　　　图 11.21　绘制其他图形　　　　图 11.22　素材文件

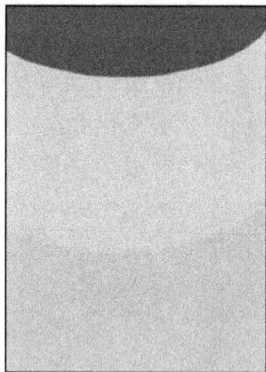

07 将其添加至文件中，并放置在合适位置处，如图 11.23 所示。

08 设置前景色为蓝色（RGB 参考值分别为 R0、G100、B145），新建图层，选择钢笔工
具 ✎，在视图中绘制一条闭合路径，切换至"路径"调板，在空白处单击，隐藏路
径，效果如图 11.24 所示。

09 新建一个图层，选取横排文字工具 T，设置字体为"汉仪黑咪体简"，大小为 38，颜
色为黄色（RGB 参考值分别为 R253、G197、B16），输入文字 S，并调整文字至合
适的位置和角度，如图 11.25 所示。

图 11.23　添加素材　　　　图 11.24　绘制闭合路径　　　　图 11.25　输入文字

10 单击"添加图层样式"按钮 ƒx，在弹出的"图层样式"对话框中设置参数，如图 11.26
所示。

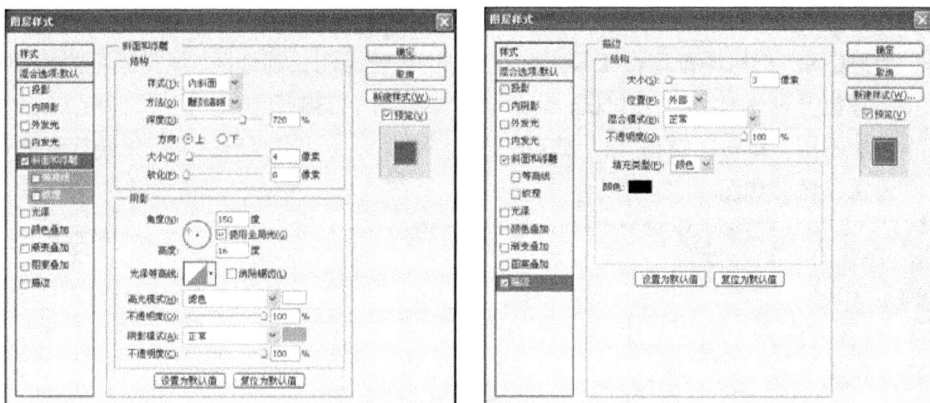

图 11.26　设置图层样式参数

11 单击"确定"按钮，效果如图 11.27 所示。

12 参照上述操作方法，制作其他文字，效果如图 11.28 所示。

13 单击"文件"|"打开"命令，打开素材文件并放置在合适的位置处，如图 11.29 所示。

14 隐藏其他图层，只显示文字及鱼素材图层，新建一个图层，按 Ctrl+Shift+Alt+E 快捷键，盖印所有可见图层，如图 11.30 所示。

图 11.27　图层样式效果　　图 11.28　制作其他文字效果　　图 11.29　添加素材文件　　图 11.30　盖印图层

15 双击图层，在弹出的"图层样式"对话框中设置参数，如图 11.31 所示。

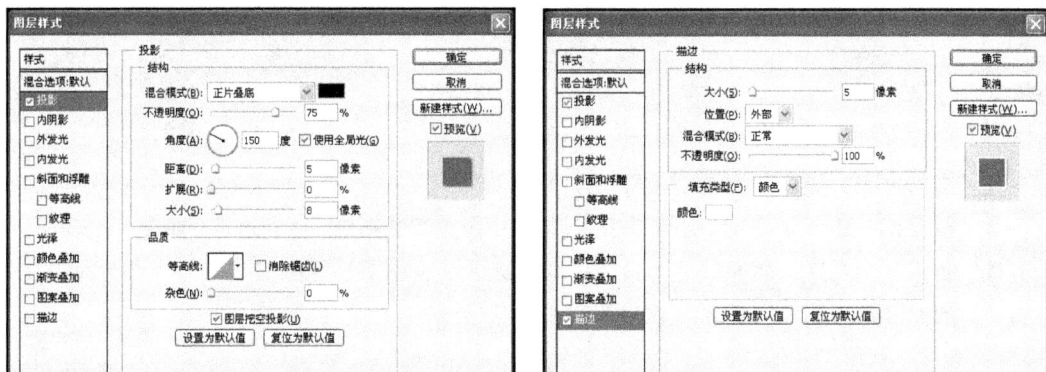

图 11.31　设置图层样式参数

16 将隐藏的图层全部显示，效果如图 11.32 所示。

17 新建图层，选取椭圆选框工具 ⬭，按住 Shift 键绘制正圆选区，填充颜色为橙色（RGB 参考值分别为 R240、G116、B44），效果如图 11.33 所示。

18 新建图层，单击"选择"｜"修改"｜"收缩"命令，在弹出的"收缩选区"对话框中设置参数，如图 11.34 所示。

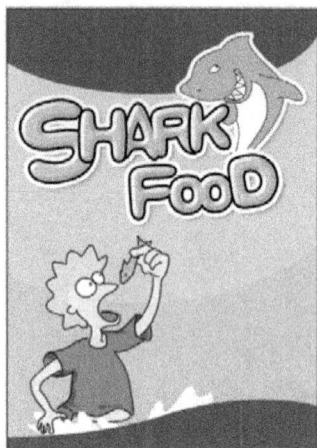

图 11.32　图层样式效果　　　图 11.33　绘制正圆　　　图 11.34　"收缩选区"对话框

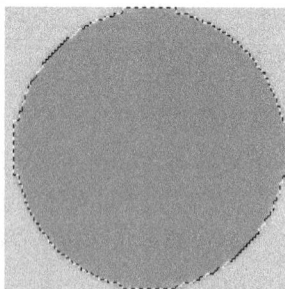

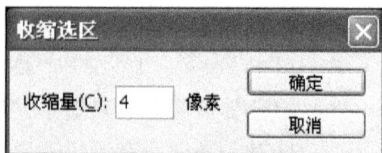

19 单击"确定"按钮，在选区内填充白色，按 Ctrl+D 快捷键取消选区，效果如图 11.35 所示。

20 按 D 键，恢复前景色和背景色的默认值，单击"添加图层蒙版"按钮 ◙，添加图层蒙版。选取渐变工具 ▰，在图层蒙版中进行上下径向渐变，效果如图 11.36 所示。

21 按 Ctrl+E 快捷键合并图层，复制合并的图层，并调整好位置大小，效果如图 11.37 所示。

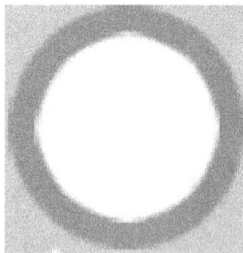

图 11.35　填充白色并取消选区　　　图 11.36　添加蒙版　　　图 11.37　复制图层

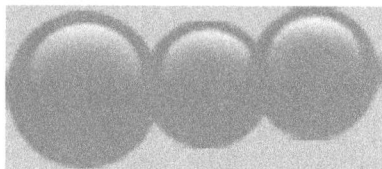

22 添加文字，效果如图 11.38 所示。

23 按 Ctrl+Shift 快捷键，分别单击 21 中合并和复制的图层，得到选区，如图 11.39 所示。

24 新建一个图层，填充颜色为白色，取消选区，将图层移至图层 7 下方，并分别向左、向右移动大约 5 个像素。效果如图 11.40 所示。

图 11.38 添加文字　　　　　　　　图 11.39 得到选区　　　　　　　图 11.40 填充白色

25　选取横排文字工具 T，输入文字，在工具选项栏中单击"创建文字变形"按钮 ，弹出"变形文字"对话框，设置参数，如图 11.41 所示。

26　单击"确定"按钮，效果如图 11.42 所示。

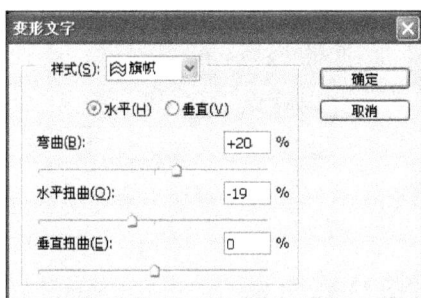

图 11.41 　"变形文字"对话框　　　　　　　　　图 11.42 变形文字

27　单击"添加图层样式"按钮 ，打开"图层样式"对话框，设置参数，如图 11.43 所示。

28　单击"确定"按钮，效果如图 11.44 所示。

29　参照上述操作方法，制作出其他文字，效果如图 11.45 所示。至此包装平面图制作完成。

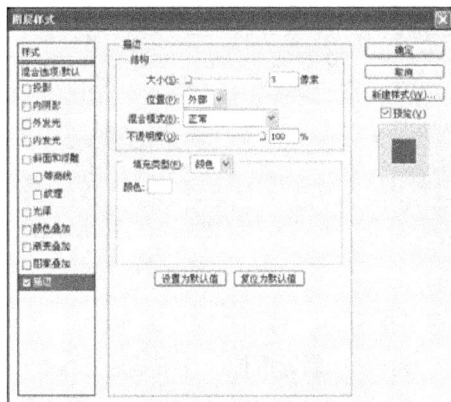

图 11.43 　"图层样式"对话框　　　　图 11.44 图层样式效果　　　图 11.45 制作其他文字

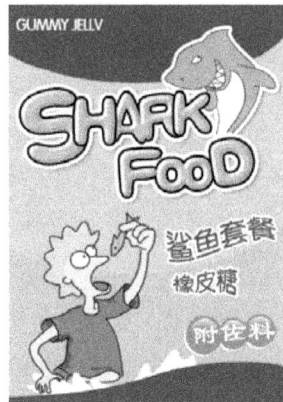

2．制作立体效果图

01 单击"文件"|"新建"命令，在弹出的"新建"对话框中设置参数，如图 11.46 所示。

02 新建一个图层，填充颜色为黄色（RGB 参考值分别为 R242、G148、B26），效果如图 11.47 所示。

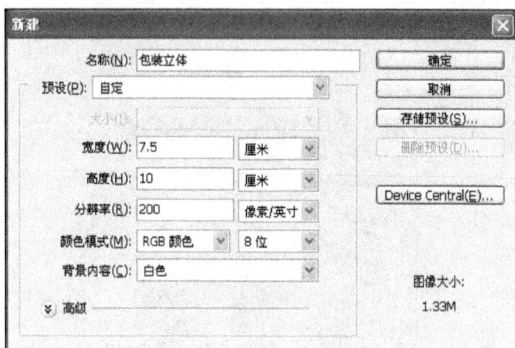

图 11.46 "新建"对话框

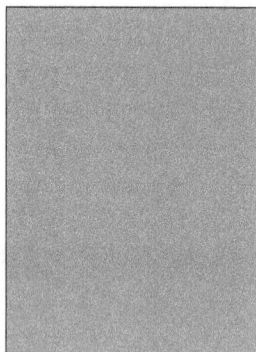

图 11.47 填充颜色

03 切换至包装平面图像窗口，按 Ctrl+Shift+Alt+E 快捷键，盖印所有可见图层，如图 11.48 所示。

04 选取多边形套索工具 ，绘制锯齿选区，如图 11.49 所示。

05 选取吸管工具 ，在图像中蓝色处单击，选取油漆桶工具 ，在选区内单击，填充蓝色，取消选区，效果如图 11.50 所示。

图 11.48 盖印图层

图 11.49 绘制锯齿选区

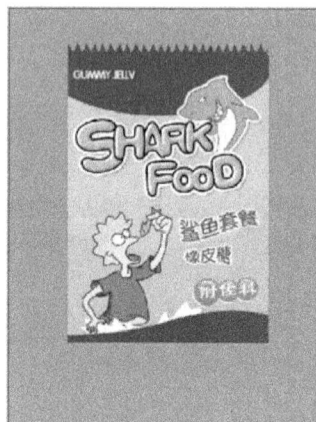

图 11.50 填充蓝色

06 将"锯齿"图层复制一份并垂直翻转，调整至包装的下方，如图 11.51 所示。

07 设置前景色为蓝色（RGB 参考值分别为 R0、G80、B158），新建图层，选取矩形工具 ，单击工具选项栏中的"填充像素"按钮 ，绘制一个矩形，效果如图 11.52 所示。

08 设置前景色为淡蓝色（RGB 参考值分别为 R100、G149、B196），新建图层，选取直线工具 ，设置大小为 4 个像素，绘制直线，效果如图 11.53 所示。

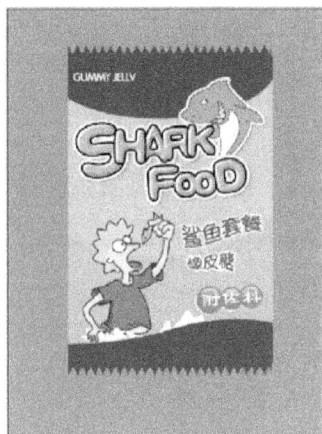

图 11.51　复制图层　　　　图 11.52　绘制一个矩形　　　　图 11.53　绘制直线

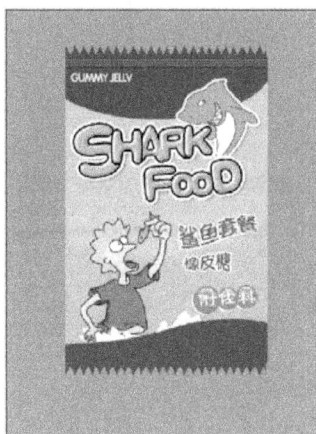

[09] 将"图层 6"和"图层 7"分别复制一份，调整至包装下端，效果如图 11.54 所示。

[10] 按 Ctrl+Shift+Alt+E 快捷键，盖印所有可见图层，单击"滤镜"|"液化"命令，在图像的两侧涂抹，把图像左右两边挤进一点，如图 11.55 所示。

[11] 新建"图层 2"，设置前景色为白色，选择钢笔工具 ✐，单击工具选项栏中的"形状图层"按钮 □，绘制填充，如图 11.56 所示。

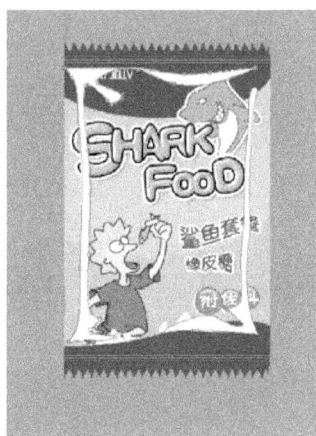

图 11.54　复制图层　　　　图 11.55　液化　　　　图 11.56　绘制填充

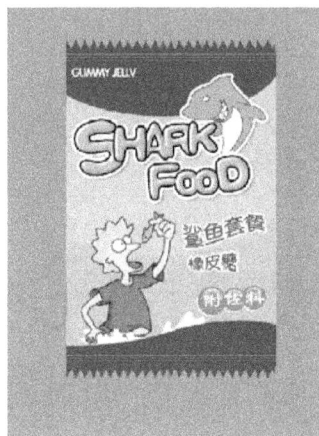

[12] 添加图层蒙版，选择工具箱的画笔工具 ✐，设置前景色为黑色，对图层蒙版进行修饰，如图 11.57 所示。

[13] 添加图层蒙版后效果如图 11.58 所示。

[14] 隐藏背景图层，新建图层，按 Ctrl+Shift+Alt+E 快捷键，盖印所有可见图层，效果如图 11.59 所示。

[15] 双击图层，打开"图层样式"对话框，设置参数，如图 11.60 所示。

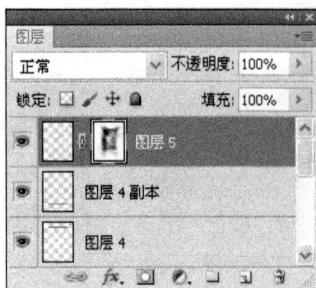

图 11.57　添加图层蒙版

图 11.58　添加图层蒙版效果

图 11.59　盖印图层

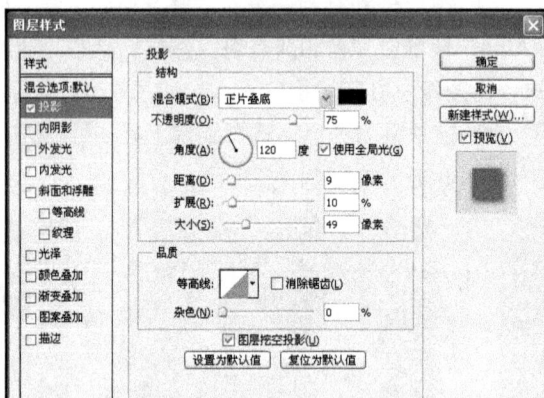

图 11.60　"图层样式"对话框

16 单击"确定"按钮，显示背景图层，效果如图 11.61 所示。

17 隐藏其他图层，只显示背景图层和"图层 6"，调整大小及位置，效果如图 11.62 所示。

图 11.61　图层样式效果

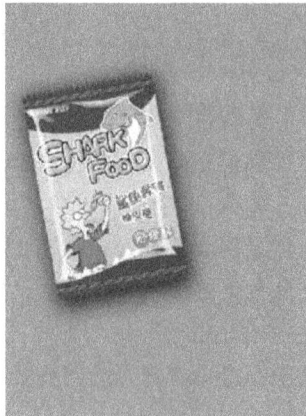

图 11.62　调整大小及位置

18 将图层 6 复制一层，调整大小及位置。最终效果参见图 11.17。

11.3 综合案例 3——流行小说的书籍装帧

11.3.1 基础知识要点与制作思路

本实例通过一本流行小说的封面设计，学习书籍封面设计的流程和方法，并同时练习 Photoshop 多种工具的应用。

在制作平面效果的过程中，首先通过添加素材更改图层模式，制作出书籍的背景，然后使用图层样式制作出文字效果，再通过复制制作出书脊和封底，最终得到平面效果。在制作立体效果的过程中，主要使用"变换"命令制作出立体效果。

11.3.2 制作步骤

本实例制作了一本流行小说的封面，色调优雅清新，卡通图像的封面效果体现了图书的校园文学特征，具有流行的时代特色，制作完成的书籍效果如图 11.63 所示。

图 11.63　书籍装帧

视频路径	配套 DVD 光盘\视频\第 11 章\流行小说的书籍装帧.avi
素材路径	配套 DVD 光盘\素材与源文件\第 11 章\书籍平面.psd、书籍立体.psd

具体操作步骤如下。

1．制作平面效果

01 双击桌面上的快捷图标，打开 Photoshop CS5。

02 单击"文件"|"新建"命令，在弹出的"新建"对话框中设置参数，如图 11.64 所示。

03 单击"确定"按钮，新建一个文件，单击"视图"|"新建参考线"命令，在弹出的"新建参考线"对话框中设置参数，如图 11.65 所示。

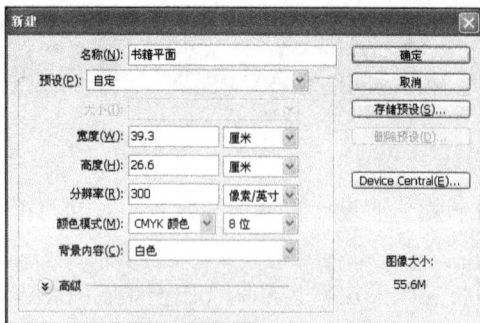

图 11.64 "新建"对话框

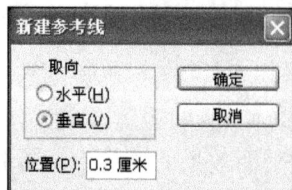

图 11.65 "新建参考线"对话框

04 单击"确定"按钮，添加的参考线效果如图 11.66 所示。

05 参照上述操作方法，添加其他参考线，以确定书脊和出血的位置，效果如图 11.67 所示。

图 11.66 参考线效果

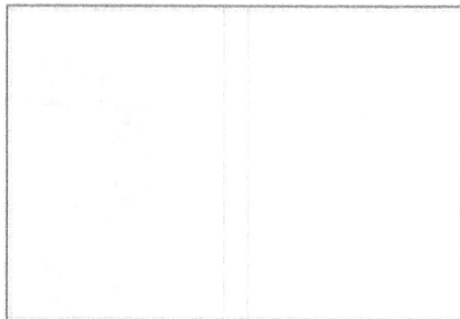

图 11.67 添加其他参考线

06 单击"文件"|"打开"命令，打开素材图像，并将其添加至文件中，如图 11.68 所示。

07 将图层复制一层，选取加深工具，在海面和天空涂抹，加深颜色，如图 11.69 所示。

图 11.68 素材图像

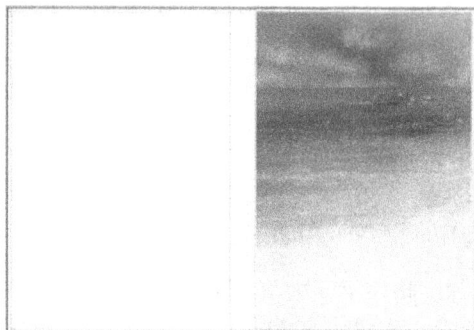

图 11.69 加深颜色

08 单击"设置前景色"色块，在弹出的对话框中设置参数，如图 11.70 所示。

09 新建一个图层，填充前景色，更改图层模式为"叠加"，效果如图 11.71 所示。

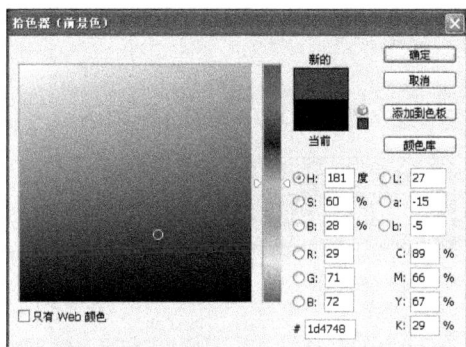

图 11.70 设置前景色

图 11.71 更改图层模式为"叠加"

[10] 单击"文件"|"打开"命令,打开素材文件,如图 11.72 所示。

[11] 将其添加至书籍装帧文件中,如图 11.73 所示。

图 11.72 素材文件

图 11.73 添加素材效果

[12] 单击"文件"|"打开"命令,打开一张素材图像,将其添加至文件中,如图 11.74 所示。

[13] 单击"添加图层蒙版"按钮 ,为图层添加蒙版,设置前景色为黑色,在蒙版中涂抹,隐藏多余图像,如图 11.75 所示。

图 11.74 素材图像

图 11.75 添加蒙版

14 按 D 键, 恢复前景色和背景色的默认值, 选取画笔工具, 在图像上涂抹, 效果如图 11.76 所示。

15 将植物素材复制一份, 调整至合适的大小及位置, 如图 11.77 所示。

图 11.76　蒙版效果

图 11.77　复制素材

16 按 Ctrl+Shift+Alt+E 快捷键, 盖印所有可见图层, 得到 "图层 6" 图层, 按住 Alt 键, 同时单击 "图层 6" 前面的眼睛按钮, 只显示该图层, 如图 11.78 所示。

17 选取圆角矩形工具 ▭, 设置圆角半径为 100px, 绘制一个圆角矩形, 右击, 在弹出的快捷菜单中选择 "建立选区" 选项, 建立选区, 如图 11.79 所示。

18 按 Ctrl+Shift+I 快捷键反选, 按 Delete 键删除多余的图像, 按 Ctrl+D 快捷键取消选区, 并适当调整图像的大小及位置, 效果如图 11.80 所示。

图 11.78　盖印图层

19 选取直排文字工具 ⏐T, 设置字体为 "方正细倩简体", 大小为 55 点, 颜色为绿色 (CMYK 参考值分别为 C51、M6、Y97、K1), 输入文字 "还", 如图 11.81 所示。

图 11.79　建立选区

图 11.80　删除多余的图像

图 11.81　输入文字

20 参照上述操作方法，输入其他文字，如图 11.82 所示。单击"图层"|"栅格化"|"文字"命令，将文字栅格化，并将所有文字图层合并。

21 单击"添加图层样式"按钮 *fx.*，在弹出的"图层样式"对话框中设置参数，描边颜色设置为白色，如图 11.83 所示。

图 11.82　输入其他文字

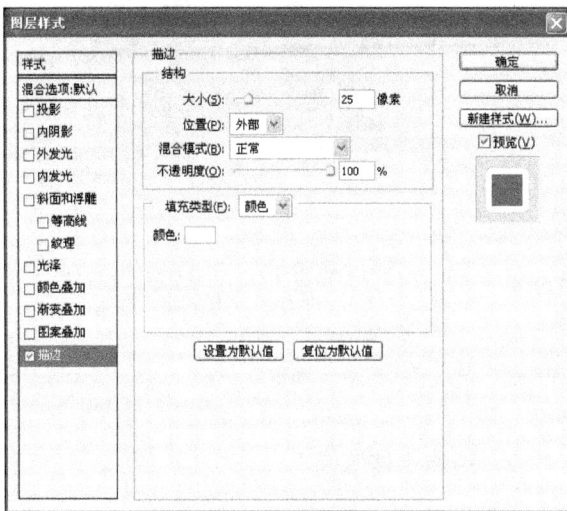

图 11.83　"图层样式"对话框

22 单击"确定"按钮，关闭"图层样式"对话框，效果如图 11.84 所示。

23 参照上述方法，输入其他文字，如图 11.85 所示。

图 11.84　图层样式效果

图 11.85　输入其他文字

24 参照上述方法，制作书脊和封底，如图 11.86 所示。

图 11.86　制作书脊和封底

2. 制作立体效果

01 单击"文件"|"打开"命令，打开书籍立体素材图像，如图 11.87 所示。

02 切换至平面效果文件，按 Ctrl+Shift+Alt+E 快捷键，盖印所有可见图层，选取矩形选框工具囗，创建封面矩形选区，按 Ctrl+C 快捷键复制，如图 11.88 所示。

图 11.87　素材图像

图 11.88　复制封面图形

03 切换至立体素材效果图像窗口，按 Ctrl+V 快捷键粘贴，并调整大小及位置，如图 11.89 所示。

04 按 Ctrl+T 快捷键，右击，在弹出的快捷菜单中选择"斜切"选项，调整封面效果，如图 11.90 所示。

图 11.89　粘贴封面图形

图 11.90　斜切变换

05 切换平面效果文件，选取矩形选框工具 [::]，选择书籍书脊区域，按 Ctrl+C 快捷键复制，如图 11.91 所示。

06 切换至立体效果图像窗口，新建"图层 2"，按 Ctrl+V 快捷键粘贴，调整大小及位置，如图 11.92 所示。

图 11.91　复制书脊图形

图 11.92　粘贴书脊图形

07 按 Ctrl+T 快捷键，右击，在弹出的快捷菜单中选择"斜切"选项，调整书脊透视的位置，如图 11.93 所示。

08 按住 Ctrl 键，同时单击"图层 2"图层，得到书脊的选区，如图 11.94 所示。

图 11.93　斜切

图 11.94　得到书脊的选区

09 新建一个图层，选取渐变工具 ，填充渐变色，按 Ctrl+D 快捷键，取消选区，如图 11.95 所示。

10 更改图层模式为"线性加深"，不透明度为 40%（如图 11.96 所示），以制作出背光阴影效果，加强书籍的立体感。

图 11.95　填充渐变色

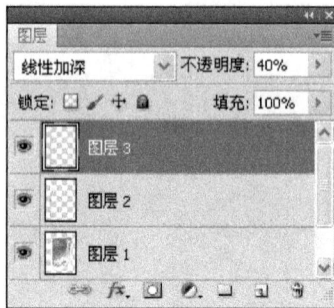

图 11.96　更改图层模式

最终效果参见图 11.63。

11.4　综合案例 4——精美房产的海报设计

11.4.1　基础知识要点与制作思路

本实例通过制作一张房产海报，学习海报设计的流程和方法。

在制作的过程中，首先通过添加素材、更改图层模式，制作出背景效果，然后运用绘图工具、添加文字及素材，最终制作出房产海报效果。

11.4.2 制作步骤

"海报"又称招贴或"宣传画"，常分布在各街道、影剧院、展览会、商业闹区、车站、码头、公园等公共场所，被称为"瞬间"的街头艺术。与其他广告类型相比，招贴具有画面大、内容广泛、艺术表现力丰富、远视效果强烈的特点。

本实例制作一款房产广告的海报设计，整个画面以蓝天大海为背景，体现楼盘的地域和环境特色，都市中的人群都向往自然，在广告中蓝色的大海与天相接，让人觉得大气清新、贴近自然，木质阳台及桌椅上撒满阳光，温馨舒适。制作完成的海报效果如图 11.97 所示。

图 11.97 房产海报

视频路径	配套 DVD 光盘\视频\第 11 章\精美房产的海报设计.avi
素材路径	配套 DVD 光盘\素材与源文件\第 11 章\海报设计.psd

具体操作步骤如下。

1．制作背景效果

01 双击桌面上的快捷图标，打开 Photoshop CS5。

02 单击"文件"|"新建"命令，在弹出的"新建"对话框中设置参数，如图 11.98 所示。

03 单击"确定"按钮，新建一个文件。选择矩形选框工具 ，绘制一个矩形选框，如图 11.99 所示。

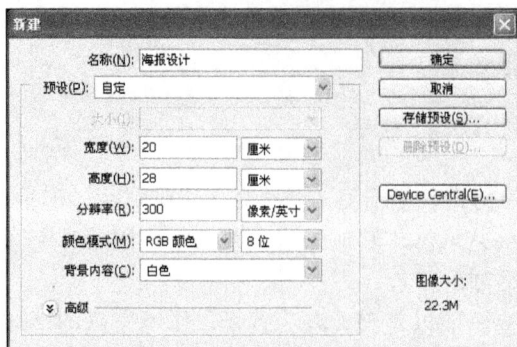

图 11.98 "新建"对话框

图 11.99 绘制矩形选框

04 新建一个图层,按 D 键恢复前景色和背景色的默认值,按 Ctrl+Delete 快捷键,填充背景色,隐藏背景图层后,可以看到矩形效果如图 11.100 所示。

05 显示背景图层,单击"文件"|"打开"命令,打开一张素材图像,如图 11.101 所示。

图 11.100 矩形效果

图 11.101 素材图像

06 调整素材图像至合适的大小及位置,如图 11.102 所示。

07 按住 Alt 键,同时移动鼠标至图层 2 和图层 1 之间,当光标呈 形状时单击,创建剪贴蒙板,如图 11.103 所示。

图 11.102 调整素材

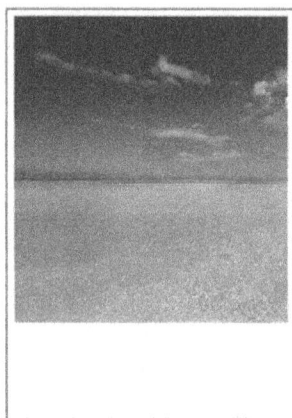

图 11.103 创建剪贴蒙板

08 单击"设置前景色"色块，在弹出的对话框中设置参数，如图 11.104 所示。

09 新建一个图层，按 Alt＋Delete 快捷键，填充颜色，并创建剪贴蒙板，效果如图 11.105 所示。

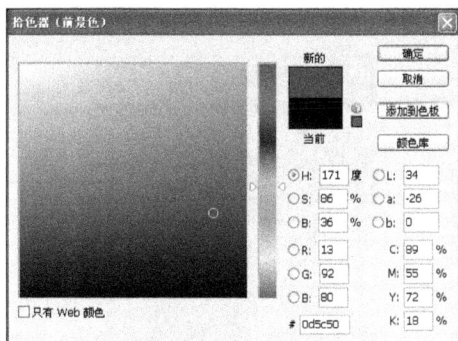

图 11.104　设置前景色

图 11.105　填充颜色

10 设置"图层 3"的混合模式为"叠加"，效果如图 11.106 所示。

11 单击"文件"｜"打开"命令，打开一张素材图像，如图 11.107 所示。

图 11.106　设置图层混合模式

图 11.107　素材图像

12 单击"选择"｜"色彩范围"命令，弹出"色彩范围"对话框，在白色背景上单击，并选中"反相"复选框，如图 11.108 所示。

13 单击"确定"按钮，得到椅子的选区，如图 11.109 所示。

图 11.108　"色彩范围"对话框

图 11.109　得到椅子的选区

14 单击并拖曳，将椅子素材添加至文件中，调整至合适的位置及大小，效果如图 11.110 所示。

15 按住 Alt 键，同时移动鼠标至"图层 3"和"图层 4"之间，当光标呈 形状时单击，创建剪贴蒙版，如图 11.111 所示。

图 11.110　添加椅子素材

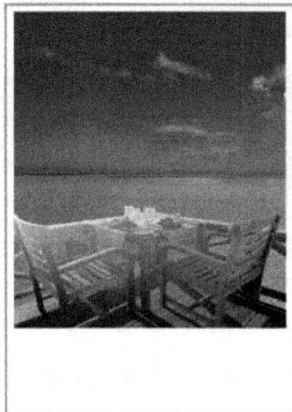

图 11.111　创建剪贴蒙版

2. 制作文字效果

01 单击"图层"调板中的"创建新组"按钮 ，创建"组 1"图层组，如图 11.112 所示。下面添加的文字将全部在"组 1"图层中创建，以便"图层"调板保持简洁。

02 选取横排文字工具 ，单击确定插入点，设置字体为"方正标宋简体"，字体大小为 38 点，字距为-60，输入文字"经典两房，灵性空间"，效果如图 11.113 所示。

03 参照上述操作方法，输入其他文字，如图 11.114 所示。

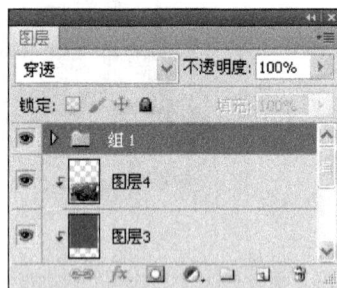

图 11.112　创建"组 1"图层组

图 11.113　输入文字

图 11.114　输入其他文字

04 新建一个图层，绘制如图 11.115 所示的图形并填充白色。

05 复制图层，按 Ctrl+T 快捷键，右击，在弹出的快捷菜单中选择"水平翻转"选项，调整至合适的位置，效果如图 11.116 所示。

图 11.115　绘制图形

图 11.116　复制图形

06 继续添加房产标志素材，效果如图 11.117 所示。

07 在海报下方输入其他文字，如图 11.118 所示，以对该房产项目进行介绍。

图 11.117　添加标志素材

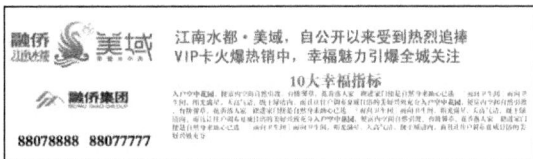

图 11.118　输入其他文字

08 新建一个图层，选取直线工具 ，在工具选项栏中单击"填充像素"按钮 ，绘制如图 11.119 所示的直线。

09 继续添加标志素材，如图 11.120 所示。

图 11.119　绘制直线

图 11.120　添加标志素材

制作完成的房产海报最终效果参见图 11.97。

11.5 综合案例 5——POP 广告设计

11.5.1 基础知识要点与制作思路

本实例通过制作一张 POP 设计，学习 POP 设计的流程和方法。

在制作的过程中，首先通过绘制背景图像，然后运用绘图工具、添加文字及素材，最终制作出房产海报效果。

11.5.2 制作步骤

POP 广告是许多广告形式中的一种，它是英文 pointof purchase advertising 的缩写，意为"购买点广告"，简称 POP 广告。POP 广告的概念有广义的和狭义的两种：广义的 POP 广告的概念，指凡是在商业空间、购买场所、零售商店的周围、内部及在商品陈设的地方所设置的广告物，都属于 POP 广告。如商店的牌匾、店面的装潢和橱窗，店外悬挂的充气广告、条幅，商店内部的装饰、陈设、招贴广告、服务指示，店内发放的广告刊物，进行的广告表演，以及广播、录像电子广告牌广告等。狭义的 POP 广告概念，仅指在购买场所和零售店内部设置的展销专柜以及在商品周围悬挂、摆放与陈设的可以促进商品销售的广告媒体。

本实例制作一款 POP 设计，整个画面以蓝色为主色调，体现冰点屋给人的清爽感觉，画面以一个时尚女孩形象与新产品介绍为主，既彰显轻松愉悦的氛围，又将主要的文字信息展示出来，方便人们查看。制作完成的 POP 广告效果如图 11.121 所示。

图 11.121 POP 广告

视频路径	配套 DVD 光盘\视频\第 11 章\ POP 广告设计.avi
素材路径	配套 DVD 光盘\素材与源文件\第 11 章\ POP 广告设计.psd

具体操作步骤如下：

1. 创建背景效果

01 双击桌面上的快捷图标，打开 Photoshop CS5。

02 执行"文件"|"新建"命令，打开"新建"对话框，参照图 11.122 所示设置页面大小，单击"确定"按钮，创建一个新文档。

03 按快捷键 Ctrl+Delete，为背景填充前景色（C72、M28、Y0、K0），如图 11.123 所示。

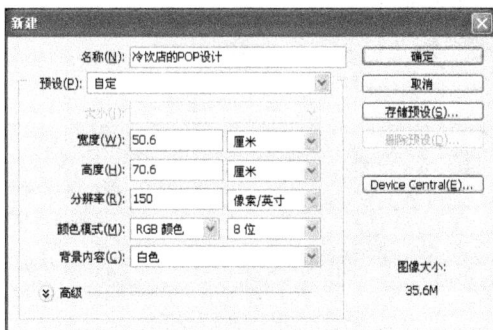

图 11.122 "新建"对话框

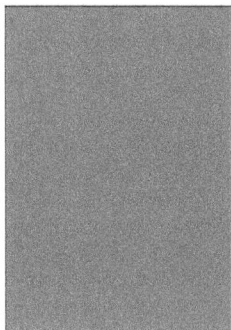

图 11.123 为背景设置颜色

04 按快捷键 Ctrl+R，打开标尺。参照图 11.124 所示，配合键盘上 Shift 键为文档添加 3mm 的出血线。

05 参照图 11.125 所示，使用画笔工具在视图中绘制装饰图像。

图 11.124 添加参考线

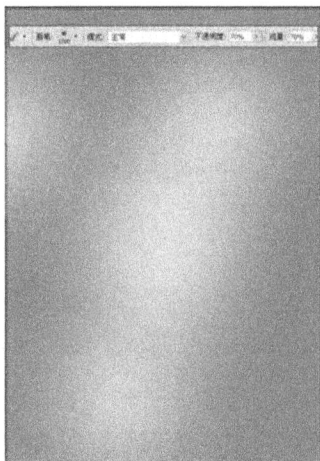

图 11.125 绘制图像

06 新建"图层 2"，选择椭圆选框工具○，配合键盘上 Shift 键在视图左上角位置绘制绿色（C78、M28、Y14、K0）正圆图像，如图 11.126 所示。

07 在"图层"调板中拖动"图层 2"到"创建新图层"按钮位置，释放鼠标后，将该图层复制，按快捷键 Ctrl+T，调整正圆位置，如图 11.127 上图所示。按快捷键 Ctrl+Alt+Shift+T，重复上一次的移动操作并复制移动的图像，如图 11.127 下图所示。

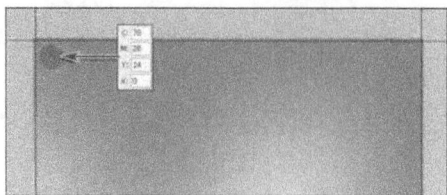

图 11.126　绘制正圆

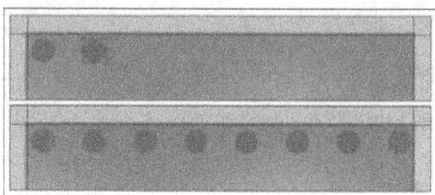

图 11.127　重复并复制变换图像

08 选择复制的所有正圆图像,配合键盘上 Alt 键复制图像并调整其位置,得到如图 11.128 所示的效果, 选择所有的正圆图像, 按快捷键 Ctrl+E 合并图层。

09 使用以上相同的方法, 继续复制图像, 如图 11.129 所示。

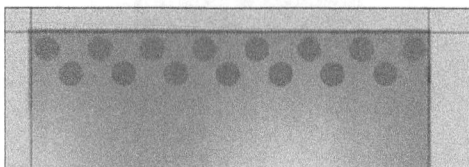

图 11.128　复制图像并合并图层

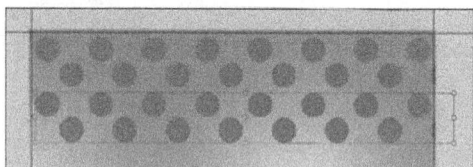

图 11.129　复制图像

10 配合快捷键 Ctrl+Alt+Shift+T, 复制多个副本图像, 然后按快捷键 Ctrl+E 将复制的 正圆合并图层, "图层" 调板如图 11.130 所示, 效果如图 11.131 所示。

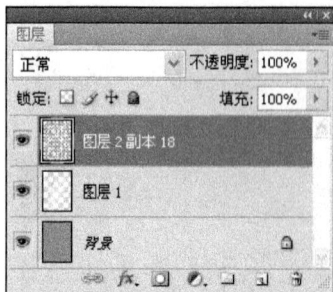

图 11.130　"图层" 调板

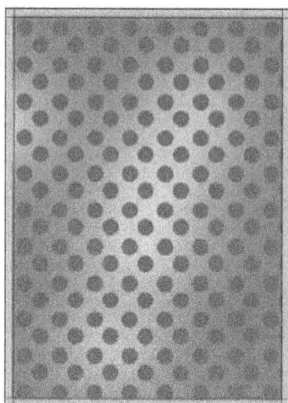

图 11.131　复制图像

11 新建 "图层 2", 选择椭圆选框工具 ○, 单击选项栏中的 "从选区减去" 按钮, 在 视图中绘制圆环选区, 并为选区填充白色, 如图 11.132 所示。

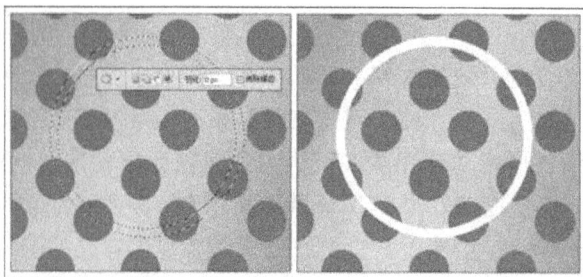

图 11.132　绘制圆环图像

12 使用相同的方法，使用椭圆选框工具 ◯ 继续在视图中绘制圆环及椭圆图像，分别为其设置颜色，得到如图 11.133 所示的效果。

13 设置前景色为白色，使用自定形状工具 ❀ 在视图中绘制多个大小不一的星形图像，添加装饰效果，如图 11.134 所示。

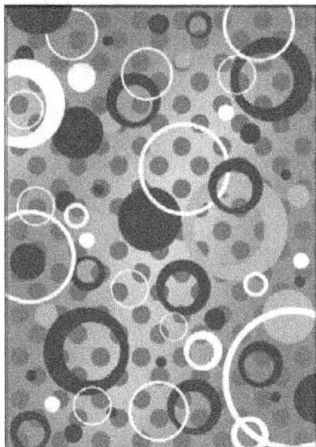
图 11.133　继续绘制圆环图像

图 11.134　绘制星形

14 选择"图层 2"和"图层 2 副本"两个图层，按快捷键 Ctrl+E 将其合并。然后在"图层"调板中为该图层设置"不透明度"参数为 20%，设置总体不透明度，"图层"调板如图 11.135 所示，效果如图 11.136 所示。

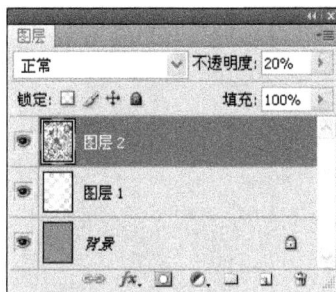
图 11.135　"图层"调板

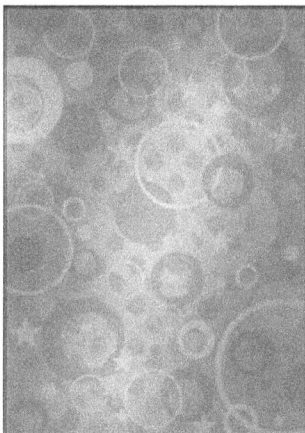
图 11.136　设置透明效果

2. 调整主题图像的颜色

01 执行"文件" | "打开"命令，打开素材文件，如图 11.137 所示。

02 使用移动工具 ⊕ 拖动图像到正在编辑的文档中，配合快捷键 Ctrl+T，调整图像大小与位置，得到如图 11.138 所示的效果。

03 配合键盘上 Ctrl 键将女孩的衣服图像载入选区，为选区填充玫红色（C0、M93、Y27、K0），如图 11.139 所示。

图 11.137 打开图像

图 11.138 调整图像

图 11.139 设置颜色

04 参照图 11.140 所示，将部分图层及图层组隐藏，只显示女孩及背景图像。

05 选择魔棒工具 ，单击背景图像，得到图 11.141 所示选区。

图 11.140 隐藏图像

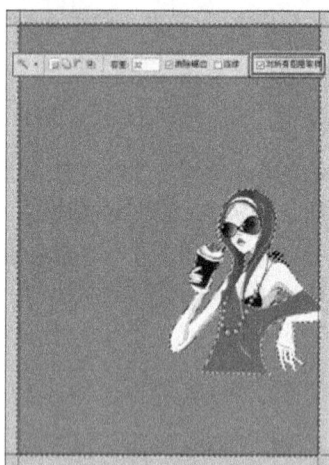

图 11.141 选取背景

06 按快捷键 Ctrl+Shift+I，反转选区，将女孩图像选取。然后将隐藏的图像显示，"图层"调板如图 11.142 所示，效果如图 11.143 所示。

图 11.142 "图层"调板

图 11.143 选取女孩图像

07 保留选区，单击"调整"调板中的"创建新的色相/饱和度调整图层"按钮，切换到"色相/饱和度"调板，参照图 11.144 所示设置参数，调整图像颜色，得到图 11.145 所示的效果。

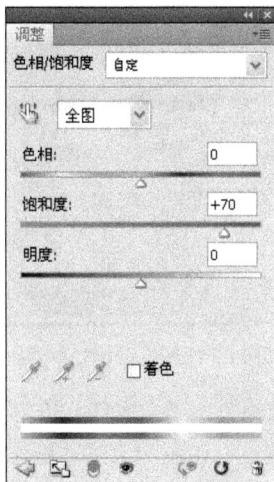

图 11.144 "调整"调板

图 11.145 调整图像颜色

08 使用以上相同的方法，将桌子图像载入选区，单击"调整"调板中的"创建新的色相/饱和度调整图层"按钮，切换到"色相/饱和度"调板，参照图 11.146 所示设置参数，调整图像颜色。

09 参照图 11.147 所示，配合键盘上 Ctrl+G，将图层编组，并更改图层组名称。然后单击"创建新组"按钮，新建"主体文字"图层组。

图 11.146 将图像载入选区并调整其颜色

图 11.147 将图层编组

3. 添加主体文字

01 使用横排文字工具 T,分别在视图中输入文本"激情"、"夏日"和"SUMMER"，如图 11.148 所示。

02 选择"夏日"文本图层，单击"图层"调板底部的"添加图层样式"按钮 fx.，在弹出的快捷菜单中选择"描边"命令，打开"图层样式"对话框，参照图 11.149 所示设置对话框参数，单击"确定"按钮完成设置，为文本添加描边效果。

图 11.148　添加主体文字

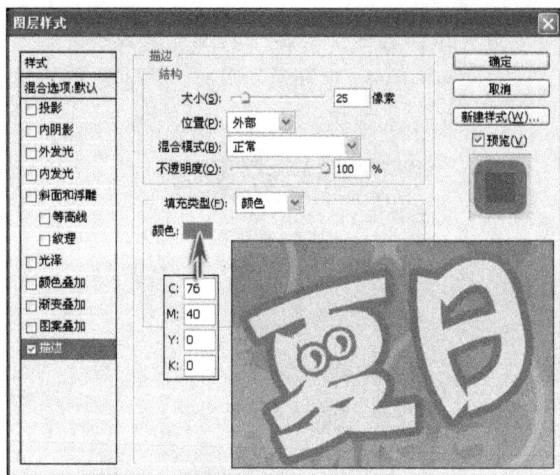

图 11.149　设置描边效果

[03] 配合键盘上 Alt 键拖动"夏日"文本图层上的图层效果分别到"激情"和"SUMMER"文本图层上，释放鼠标后，复制图层样式到文本图层上，如图 11.150、图 11.151 所示。

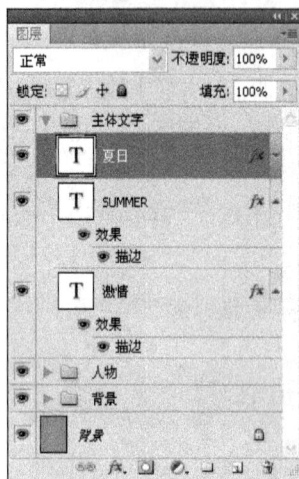

图 11.150　复制图层效果

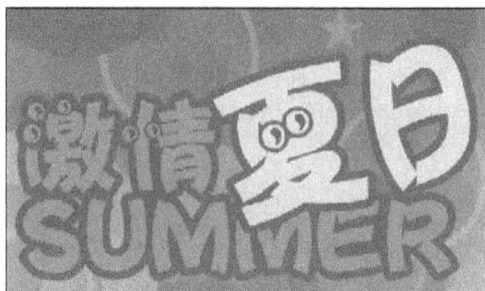

图 11.151　应用描边效果

[04] 按住键盘上 Ctrl 键单击"创建新图层"按钮 ⬚ ，在当前图层下方新建"图层 3"。配合键盘上 Ctrl 键单击"夏日"文本图层缩览图，将其载入选区，如图 11.152 所示。

[05] 执行"编辑"|"描边"命令，打开"描边"对话框，参照图 11.153 所示，设置描边参数，单击"确定"按钮完成设置，为选区添加描边效果，并调整图像位置，如图 11.154 所示。

图 11.152　将文本图层载入选区

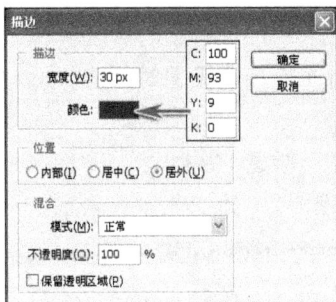

图 11.153 "描边"对话框

图 11.154 添加描边效果

06 新建"图层 4",配合键盘上 Ctrl+Shift 键将"激情"和"SUMMER"文件图层载入选区,为其添加描边效果,其中参数不变,"图层"调板如图 11.155 所示,效果如图 11.156 所示。

图 11.155 "图层"调板

图 11.156 为文本添加描边效果

07 选择"夏日"文本图层,使用横排文字工具 T.在视图左上角位置分别输入文本"HAWALL"和"夏威夷冰点屋",如图 11.157 所示。

08 单击"图层"调板底部的"添加图层样式"按钮 fx.,在弹出的快捷菜单中选择"描边"命令,打开"图层样式"对话框,参照图 11.158 所示设置对话框参数,单击"确定"按钮完成设置,为文本添加描边效果。

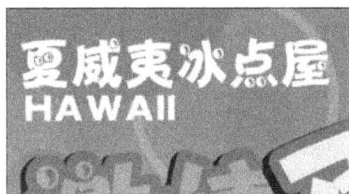

图 11.157 添加文本

09 参照图 11.159 所示,使用钢笔工具 在视图中绘制形状图形。

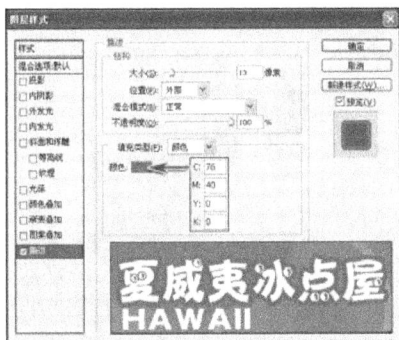

图 11.158 设置描边效果

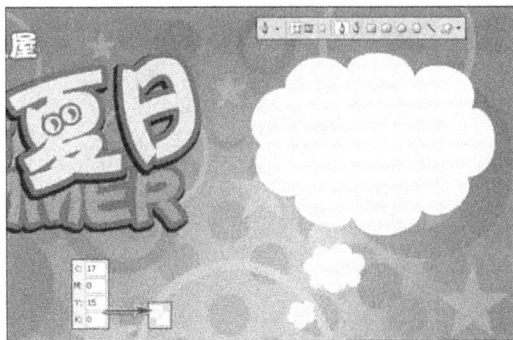

图 11.159 绘制形状图形

[10] 选择"形状 1"图层,单击"添加图层样式"按钮 *fx.*,在弹出的快捷菜单中选择"投影"命令,打开"图层样式"对话框,参照图 11.160 所示设置对话框参数,单击"确定"按钮完成设置,为图像添加投影效果。

[11] 单击"路径"调板底部"创建新路径"按钮 ,新建"路径 1"。参照图 11.161 所示,使用"钢笔工具" 绘制"九五"字样路径。

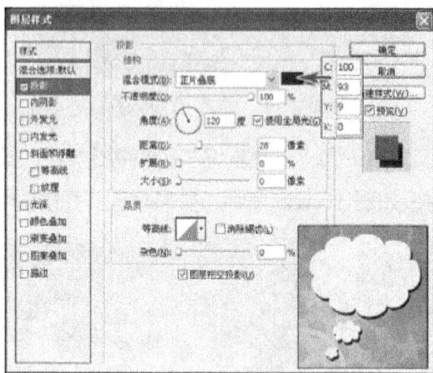

图 11.160　设置投影效果

图 11.161　绘制路径

[12] 按快捷键 Ctrl+Enter,将路径转换为选区。然后在新建的图层中为选区填充粉红色(C5、M95、Y19、K0),如图 11.162 所示。

图 11.162　将路径转换为选区并填充颜色

[13] 保留选区,执行"编辑"|"描边"命令,打开"描边"对话框,参照图 11.163 所示设置描边参数,单击"确定"按钮完成设置,得到如图 11.164 所示的效果。

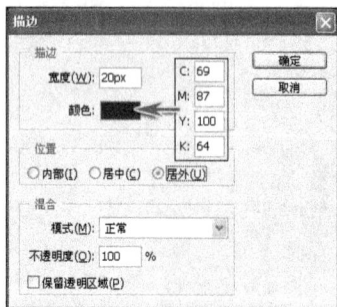

图 11.163　设置描边效果

图 11.164　添加描边效果

14 保留选区，再次执行"描边"命令，打开"描边"对话框，如图 11.165 所示，设置对话框参数，单击"确定"按钮，关闭对话框，为图像添加描边效果，如图 11.166 所示。

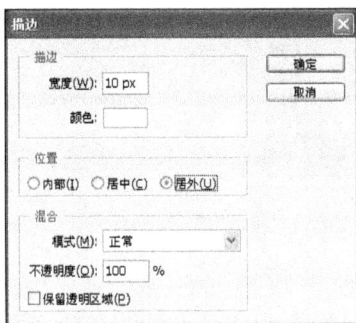

图 11.165 设置描边效果

图 11.166 添加描边效果

15 新建"路径 2"，使用钢笔工具 ✐ 在视图中绘制"折"字样路径，如图 11.167 所示。然后按快捷键 Ctrl+Enter，将路径转换为选区，并为其填充粉红色（C5、M95、Y19、K0），保留选区。

图 11.167 为选区填充颜色

16 参照图 11.168 所示，执行"描边"命令，在打开的"描边"对话框中设置其参数，单击"确定"按钮完成设置，得到如图 11.169 所示的效果。

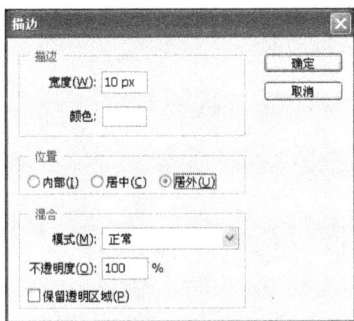

图 11.168 设置描边效果

图 11.169 添加描边效果

17 参照图 11.170 所示，使用横排文字工具 T 在视图右上角输入相关文字信息。

图 11.170　添加文字

4．添加其他文字信息

<u>01</u>　设置前景色为橙色（C0、M66、Y91、K0），参照图 11.171、图 11.172 所示，使用
矩形工具 ▭ 在视图中绘制形状图形。

图 11.171　"图层"调板

图 11.172　绘制形状图形

<u>02</u>　参照图 11.173、图 11.174 所示，使用自定形状工具 ✎ 继续在视图中绘制形状图形，
并配合键盘上 Alt 键复制多个形状图形。

图 11.173　"图层"调板

图 11.174　绘制形状图形

03 使用横排文字工具 T，在视图中输入文本"大风车"，并设置文本格式，"字符"调板如图 11.175 所示，效果如图 11.176 所示。

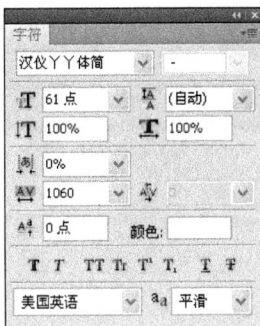

图 11.175 "字符"调板

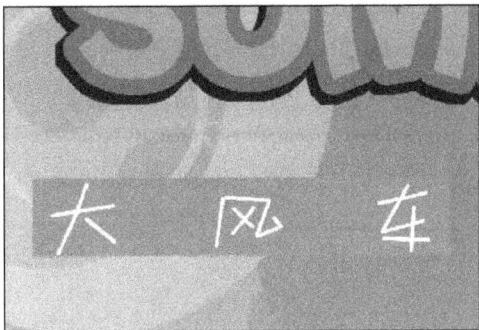

图 11.176 添加文字

04 参照图 11.177 所示，在"图层样式"对话框中设置参数，单击"确定"按钮完成设置，为文本添加描边效果。

05 使用横排文字工具 T，在视图中输入文本"48"。参照图 11.178 所示，为文本添加描边效果，单击"确定"按钮完成设置。

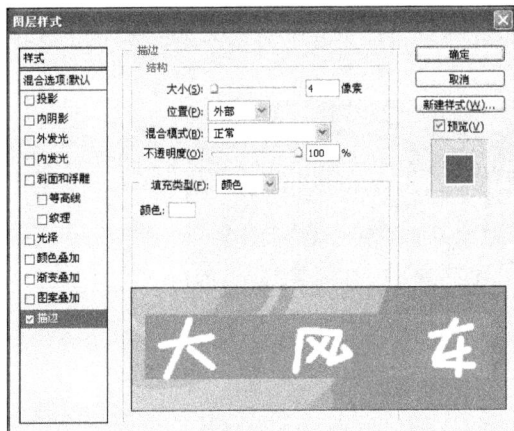

图 11.177 设置描边效果

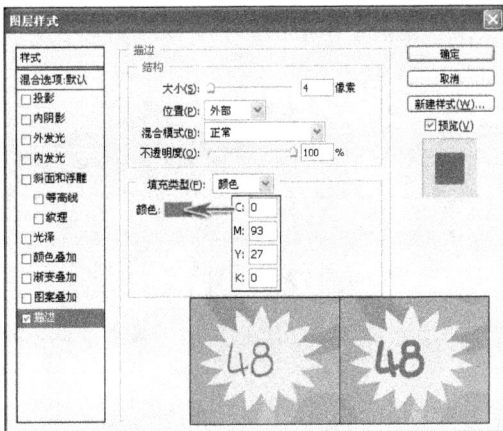

图 11.178 为文字添加描边效果

06 使用横排文字工具 T，在视图中输入文本"元"，配合键盘上 Alt 键复制"48"文本图层中的图层效果到该图层中，得到如图 11.179 所示的效果。

07 参照图 11.180 所示，使用横排文字工具 T，在视图中输入相关文字信息。

图 11.179 复制描边效果

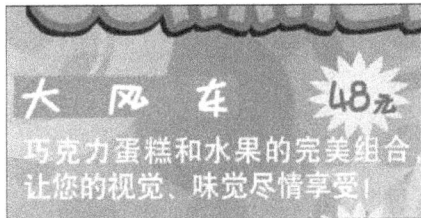

图 11.180 添加文字

08 单击"添加图层样式"按钮 _fx._，在弹出的快捷菜单中选择"投影"命令，打开"图层样式"对话框，参照图 11.181 所示设置对话框参数，单击"确定"按钮完成设置，为图像添加投影效果。

09 继续添加相关文字信息，得到如图 11.182 所示的效果。

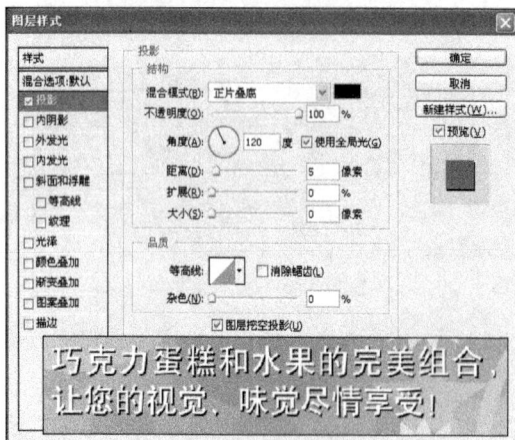

图 11.181 设置投影效果

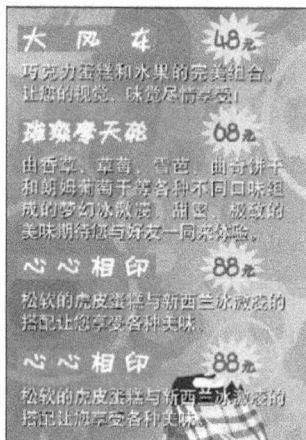

图 11.182 添加相关文字信息

10 最后使用横排文字工具 T 在视图底部输入活动时间、地址和电话文本信息，效果如图 11.183 所示。

图 11.183 继续添加文字信息